电子元器件手工焊接技术

第 2 版

朱延枫　王春霞　王俊生　编著

机械工业出版社

本书从最基本的焊接知识、焊接机理及焊接材料开始，介绍了电子产品手工焊接工具、拆焊工具及相关设备，详细介绍了焊接技术与焊接工艺，导线、端子及印制电路板的焊接、拆焊方法，焊接质量检验及缺陷分析，常用电子元器件，电子装连技术，电子产品整机装配工艺以及常用的仪器仪表使用方法，并以收音机焊接为例详细介绍了焊接及装配过程。

本书是电子爱好者必备的参考资料，同时也可以作为相关专业大中专院校师生实习实训的参考用书。

图书在版编目（CIP）数据

电子元器件手工焊接技术/朱延枫，王春霞，王俊生编著. —2 版. —北京：机械工业出版社，2014. 9（2020. 11 重印）
ISBN 978-7-111-47732-7

Ⅰ. ①电… Ⅱ. ①朱…②王…③王… Ⅲ. ①电子元件－焊接②电子器件－焊接 Ⅳ. ①TN05

中国版本图书馆 CIP 数据核字（2014）第 191784 号

机械工业出版社（北京市百万庄大街 22 号　邮政编码 100037）
策划编辑：罗　莉　责任编辑：罗　莉
版式设计：赵颖喆　责任校对：丁丽丽
封面设计：陈　沛　责任印制：常天培
北京捷迅佳彩印刷有限公司印刷
2020 年 11 月第 2 版·第 8 次印刷
184mm×260mm·13. 75 印张·331 千字
12901—13900 册
标准书号：ISBN 978-7-111-47732-7
定价：39. 00 元

第 2 版前言

本书为《电子元器件手工焊接技术》的修订本，新版本的内容更加适合广大电子爱好者以及广大高等院校学生，为广大电子爱好者及广大高等院校学生掌握手工焊接技术，熟练进行手工焊接操作，合理完成整机装配及组装提供了参考。

与第 1 版对比，修订本加强和充实了电子装连技术及电子产品整机装配工艺，并调整了部分章节顺序。本书变动较大的地方有：增加了第 2 章第 5 节紧固工具，第 8 章电子装连技术，第 9 章电子产品整机装配工艺；删除了第 1 版第 4 章第 3 节印制电路板的设计，第 6 章工业产品电子元器件的焊接工艺简介，第 8 章第 5 节 SP1641D/SP164E/SP1641B 型函数信号发生器/计数器，第 11 章无铅焊钎料、焊接工艺简介；将第 1 版第 7 章改为第 6 章，第 8 章改为第 10 章，第 9 章改为第 7 章，第 10 章改为第 11 章。经过增加及删除的改动之后，更适合于电子爱好初学者及广大的大中专院校的师生阅读及参考，是其必备的参考用书。

本书由辽宁工业大学王春霞拟定编写大纲和编写目录，负责工作安排，并编写第 1章，第 2 章 2.1 ~ 2.5 节，第 3 章，第 4 章，第 11 章；辽宁工业大学朱延枫编写第 5 章，第 6 章，第 7 章，第 9 章，第 10 章；辽宁工业大学王俊生编写第 8 章，第 2 章 2.6 节。

本书在写作过程中得到了陈永真老师的指导与帮助，插图的制作得到了李洋洋的帮助，在此表示衷心的感谢。

本书在编写过程中参考了大量的资料，学习并借鉴了一些编写的思想，在此向这些作者致以衷心的感谢。

由于编者水平有限，本书虽然在第 1 版的基础上做了修订，但是书中难免存在错误与不足之处，恳请广大读者批评指正，以便今后修订提高。

作　者

于辽宁工业大学

第 1 版前言

随着电子行业的迅速发展，焊接技术也得到了迅速的发展，在医疗、通信、航空航天等各种电子领域中得到了广泛的应用，焊接质量的好坏直接影响到这些电子产品的质量与性能，尤其是在各种精密的设备中。

对于广大电子爱好者以及广大高等院校学生来说，经常会自己设计电路并自己动手焊接印制电路板上的元器件，如果设计出现问题还需要对其进行拆焊等，这都需要用到手工焊接操作。很多情况下设计电路不成功的原因都是焊接质量问题，一个焊点不可靠就会导致整个设计出现问题，需要花费大量时间去检查，既费时又费力，很多时候查不出问题所在，因此必须掌握手工焊接技术，熟练进行手工焊接操作，才能保证焊接质量，才能在手工制作和维修时保证电子产品焊接的可靠性，提高工作效率。

本书从焊接机理及焊接材料最基本的焊接知识开始，介绍了电子产品手工焊接工具、拆焊工具及相关设备，详细介绍了焊接技术与焊接工艺，导线、端子及印制电路板的焊接、拆焊方法，焊接质量检验及缺陷分析，常用的仪器仪表，常用电子元器件，并以焊接收音机电路为例详细介绍了焊接过程。简单介绍了工业生产中电子元器件的焊接工艺，无铅钎料、焊接技术。本书中配有大量插图介绍，使得读者更容易理解和掌握知识要点，适合于电子爱好者和初学者及相关专业大中专院校师生阅读和参考。

本书由王春霞拟定编写大纲和编写目录，负责具体安排，并编写第 1~4 章、第 8 章、第 10 章；朱延枫编写第 5~7 章、第 9 章、第 11 章。

本书在写作过程中得到了陈永真老师的指导与帮助，插图的制作得到了李洋洋的帮助，在此表示衷心的感谢。

本书在编写过程中参考了大量的参考资料，学习并借鉴了一些编写的思想，在此向这些作者致以衷心的感谢。

由于编者水平有限，书中难免存在错误与不足之处，恳请广大读者批评指正，以便今后修订提高。

作　者
于辽宁工业大学

目 录

第 **1** 章

焊接机理及焊接材料

19世纪80年代，焊接技术只局限于铁匠锻造上，在其他领域中还没有涉及焊接技术。但是随着工业化的发展和两次世界大战的爆发，对现代焊接的快速发展产生了影响。基本焊接方法有电阻焊、气焊和电弧焊，这几种焊接方法都是在第一次世界大战前发明的。到20世纪早期，气体焊接切割在制造和修理工作中占主导地位。过些年后，电焊得到了同样的认可。随着电子产品在各个领域如医疗、通信、航空航天以及各种电子设备中的广泛应用，锡焊接技术也越来越占据主导地位，锡焊接的好坏直接影响到电子产品的质量、性能。

1.1 钎焊及其特点

钎焊就是利用熔点比母材低的金属经过加热熔化后，渗入焊件接缝间隙内，与母材结合到一起实现连接的焊接方法，在这个过程中母材是不熔化的。其中熔点比母材低的金属称为钎料。电子工业中是利用熔点较低的锡合金将其他熔点比较高的个体金属连接在一起，因此电子产品中的焊接称为锡钎焊，本书中未作特别说明所写的焊接均指锡钎焊。

钎料从温度上可以分为硬钎料和软钎料，软钎料的熔点在450℃以下，硬钎料的熔点在450℃以上。根据硬钎料和软钎料将焊接分为硬钎焊和软钎焊两类。但是不管是硬钎焊还是软钎焊，它们在焊接金属的时候母材都是不熔化的。不对焊件施加压力，这也是钎焊和熔焊、压焊的区别所在。

锡钎焊是最早得到广泛应用的电子产品的焊接方法之一。锡钎焊熔点低，适合半导体等电子材料的连接，适用范围广，焊接方法简单，容易形成焊点，并且焊点有足够的强度和电气性能，成本低并且操作简单方便。锡钎焊过程可逆，易于拆焊。锡钎焊技术操作简单，感觉小孩子都可以做好，在工作中很容易被轻视，但是如果电子产品中有一个焊点有问题，那么就会导致整个装置出问题，所以锡钎焊不容忽视，锡钎焊技术也是一门需要大家学习的技术。

1.2 焊接机理

焊接的过程就是用熔化的钎料将母材金属与固体表面结合到一起的过程。使用一般常用的锡-铅系列钎料焊接铜和黄铜等金属时，钎料就在金属表面产生润湿，作为钎料成分之一的锡金属就会向母材金属里扩散，在界面上形成合金层，即金属化合物，使两者结合在一起。在结合处形成的合金层，因钎料成分、母材性质、加热温度及表面处理等而不同，单纯根据一个条件下结论是片面的。下面分别对上述几个概念进行阐述。

1.2.1 钎料的润湿作用

钎料的润湿与润湿力。举个非常简单的例子，在光滑清洁的玻璃板上滴一滴水，水滴可在玻璃板上完全铺开，水对玻璃板完全润湿；如果滴的是一滴油，那么油滴会形成一球块，虽然油滴在玻璃板上也有铺开，但是却是有限铺开，而不是完全铺开，这时我们说油滴在玻璃板上能润湿；如果滴一滴水银，那么水银将形成一个球体在玻璃板上滚动，这时我们说水银对玻璃不润湿。钎料对母材的润湿与铺展也是一样的道理，焊接中的"润湿"就是熔化的钎料在准备接合的固体金属表面进行充分的扩散，形成均匀、平滑、连续并且附着固定的合金的过程。润湿必须具备一定的条件：首先熔化的钎料即液态钎料与母材之间应能相互溶解，两种原子之间有良好的亲和力，这样钎料才能很好地填充焊缝间隙和润湿焊件金属；其次钎料和金属表面必须"清洁"，只有这样，钎料与母材原子才能接近到能够相互吸引结合的距离，"清洁"指的是钎料与母材两者表面没有氧化层，没有污染。

固体金属表面的钎料润湿情况如图1-1所示。

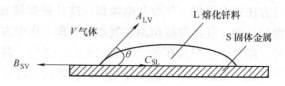

图1-1　固体金属表面的钎料润湿

当固液气三相达到平衡时，可由众所周知的杨氏公式（YOING）来表示，如式(1-1)所示。

$$B_{SV} = C_{SL} + A_{LV}\cos\theta \tag{1-1}$$

式中　B_{SV}——固体和气体之间的界面张力，即固体金属和气体之间的界面张力，称为润湿力；

C_{SL}——固体和液体之间的界面张力，即熔化钎料和固体金属之间的界面张力；

A_{LV}——液体和气体之间的界面张力，即熔化钎料的表面张力；

θ——钎料附在铜板上的接触角，也叫润湿角。即钎料和母材之间的界面与钎料表面切线之间的夹角。润湿角越小，润湿力越大。

钎料的润湿效果图如图1-2所示，其中θ的大小反应润湿情况。$\theta = 0°$表示钎料完全润湿母材；$0° < \theta < 90°$表示润湿效果良好，钎料润湿母材；$\theta = 90°$是润湿效果好坏的界限，表示润湿效果不太好；$90° < \theta < 180°$表示润湿效果差，钎料不润湿母材；$\theta = 180°$表示钎料完全不润湿母材。通常电子产品焊接中焊点的最佳润湿角：Cu—Pb/Sn 为 15°～45°。

1.2.2 表面张力

多相体系中相之间存在着界面，在不同相共同存在的体系中，由于相界面分子与体相分子之间的作用力不同，导致液体

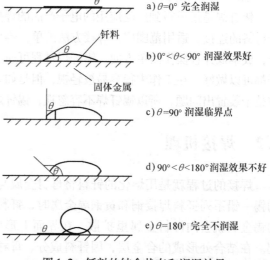

a) $\theta = 0°$ 完全润湿

b) $0° < \theta < 90°$ 润湿效果好

c) $\theta = 90°$ 润湿临界点

d) $90° < \theta < 180°$ 润湿效果不好

e) $\theta = 180°$ 完全不润湿

图1-2　钎料的结合状态和润湿效果

表面积具有自动收缩的趋势，结果在表面切线方向上有一种缩小表面的力作用着，这个力即为表面张力。表面张力是物质的特性，其大小与温度和界面两相物质的性质有关。表面张力的方向和液面相切，并和两部分的分界线垂直。如果液面是平面，表面张力就在这个平面上；如果液面是曲面，表面张力就在这个曲面的切面上。

熔融钎料在母材金属表面也有表面张力现象，表面张力与润湿力的方向相反，是一个不利于焊接的重要因素。在自动化焊接生产线上，表面张力如果不平衡，焊接后会出现元器件位置偏移、吊桥、桥接等焊接缺陷，但是表面张力是物质的本性，是物理特性，不能消除，只能对其进行改变，尽量减小表面张力，从而提高钎料的润湿力，达到改善焊接性能的效果。

锡铅合金配比与表面张力和粘度的关系（280°测试）见表1-1。

表1-1 锡铅合金配比与表面张力和粘度关系

配比（%）		表面张力/（N/cm）	粘度/（mPa·s）
Sn	Pb		
0	100	1.39×10^3	2.44（390℃）
20	80	4.67×10^3	2.72
30	70	4.7×10^3	2.45
50	50	4.76×10^3	2.19
63	37	4.9×10^3	1.97
80	20	5.14×10^3	1.92

为了改善焊接性能，必须降低表面张力和粘度。降低表面张力和粘度的措施如下：

1. 提高焊接温度

表面张力一般随着温度的升高而降低，因此采用提高温度的方法可以降低粘度和表面张力。

2. 改善钎料的合金成分

选择合适的金属比例，Sn的表面张力很大，不利于焊接，但是如果在其中加入Pb，随着Pb的含量增加，表面张力降低，改善了焊接性能。其中锡铅的比例为：Sn含量为63%，Pb含量为37%，此时表面张力明显减小，这也是钎料中最合适的锡铅比例。

粘度和表面张力与温度的关系如图1-3和图1-4所示。

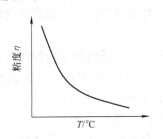

图1-3 温度对粘度的影响

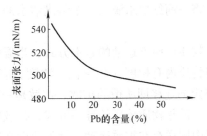

图1-4 250℃时Pb含量与表面张力的关系

3. 增加活性剂

在电子产品焊接中加入钎剂，能去掉钎料表面的氧化层，还能有效地降低钎料的表面张力。

4. 改善焊接环境

采用不同的气体保护，介质不同，钎料表面张力不同，例如采用氮气保护焊接可以减少高温氧化，提高润湿性。

1.2.3 毛细管现象

毛细管现象又称虹吸现象，将毛细管插入水中时，水会进入毛细管，使得毛细管中的液位要高于水平面，固体金属在液体中也有毛细管现象，如图1-5所示，它是液体在狭窄间隙中流动时所表现出来的固有特性。液体在毛细管作用下上升或下降的高度表达式见式（1-2）。

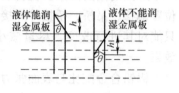

图1-5 固体金属在液体中的毛细管现象

$$h = \frac{2\sigma\cos\theta}{g\rho r} \tag{1-2}$$

式中 h ——毛细管中液面的高度；

σ ——液体与气相之间（钎料）的表面张力；

θ ——润湿角；

g ——当地的重力加速度；

ρ ——液体（钎料）的密度；

r ——毛细管半径。

由此可以看出液体在毛细管中上升或者下降的高度与表面张力成正比，与液体的密度，当地的重力加速度成反比，与毛细管的直径成反比。在焊接过程中，为了获得良好的焊接效果，通常需要钎料完全填满两个焊件的缝隙，由于焊件的缝隙都很小，钎料在缝隙中流动就是一种毛细管现象，钎料是否能充分地填满缝隙，取决于它的毛细管特性。其中 $\theta < 90°$ 即 $\cos\theta > 0$ 时，液体在毛细管中上升；$\theta > 90°$ 即 $\cos\theta < 0$ 时，液体在毛细管中下降；只有当 $\cos\theta > 0$，$h > 0$ 时液态钎料才能流入缝隙。θ 越小，h 值越大，液态钎料填充的缝隙越长，反之，液态钎料不能流入到缝隙中。由此可知，液态钎料能否流入缝隙取决于它对母材的润湿性。

1.2.4 扩散

首先举两个最简单的例子，在房间中某处打开香水的瓶子，过一会儿整个房间都会有香水的味道；将一滴红墨水滴入一个装满清水的杯子，很快一杯水就变红了；这两种现象都是扩散现象。

扩散是物质内质点运动的基本方式，当温度高于绝对零度时，任何物质内的质点都在做热运动。当物质内有梯度（化学位、浓度、应力梯度等）存在时，由于热运动而触发（导致）的质点定向迁移即所谓的扩散。扩散是一种传质过程，宏观上表现出物质的定向迁移。在固体中，扩散是物质传递的唯一方式，扩散的本质是质点的无规则运动。

在金属中同样存在扩散运动，例如我们在物理学中的一个实验，将一个铅块和一个金块表面平整加工后紧紧压在一起，经过一段时间后两者"粘"在了一起，将它们分开之后我们发现在银灰色铅的表面上金光闪烁，而在金块的表面上也有银灰色的铅的足迹，这种现象说明两种金属接近到一定距离是能相互"入侵"的，界面晶体紊乱导致部分原子从一个晶格点阵移动到另一个晶格点阵，交换了位置，这就是金属学上的扩散。

金属之间扩散要满足两个基本条件：

（1）距离要足够小：即两种金属必须接近到足够小的距离，这样两种金属原子之间的引力才能产生作用，才能达到金属扩散的要求，如果金属表面不够平整光滑，不够清洁，有氧化物，那么就不能实现扩散，这也就是为什么电子产品焊接时必须加入钎剂，防氧化剂，其目的就是为了清除母材表面的氧化物。

（2）温度：在一定温度下金属分子才会有动能，才能使得扩散进行下去，理论上"绝对零度"时是不可能进行扩散运动的，温度必须达到一定值时扩散运动才会比较活跃。

总体来说，扩散可分为两大类：自扩散和化学扩散。自扩散指的是同种金属间的原子移动，化学扩散指的是异种原子间的扩散。而从现象上扩散可分为三大类：晶内扩散、晶界扩散和表面扩散。

焊接中的扩散程度因钎料的成分和母材金属的种类及不同的加热温度而异。扩散可分为表面扩散、晶界扩散、体扩散和选择扩散几种类型，如图1-6所示。

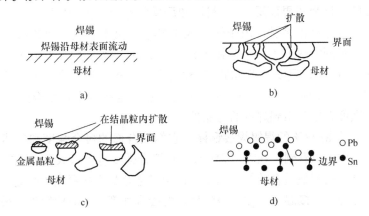

图1-6 扩散图
a）表面扩散 b）晶界扩散 c）体扩散 d）选择扩散

1. 表面扩散

在结晶表面和空间交界上，熔化的钎料原子总是易沿着被焊接金属结晶表面流动、扩散，这种扩散叫做表面扩散。

对于锡铅焊接来说，锡－铅钎料在焊接金属时，锡在其表面上有选择地扩散，由于铅的加入，使得表面张力下降，还会促进扩散，这也是表面扩散。

2. 晶界扩散

熔化的钎料原子向固体金属的晶粒扩散，叫做晶界扩散，也叫晶粒扩散。在金属内部的粒界上，扩散很容易，所以在低温下晶界扩散的速度也比较快。

3. 体扩散

熔化的钎料扩散到晶粒中去的过程叫做体扩散，也叫晶内扩散。

这种扩散在母材内部的晶粒上形成了另外一种不同成分的合金，沿不同的结晶方向，扩散程度也不相同。由于扩散在母材内部形成各种组成的合金，在不同的条件下，晶型也会发生变化。

4. 选择扩散

用两种以上的金属元素组成的钎料焊接时，在结合的时候，钎料的金属元素之中仅有一种元素扩散得快，或者是仅是一种元素扩散，其余的元素都处于不扩散状态，这种扩散叫做选择性扩散。这是熔化的金属自身的扩散方式。

在锡焊接中，用锡－铅钎料焊接金属时，钎料中的锡向固体金属中扩散，而铅的作用是减小表面张力，不进行扩散，这就是选择扩散。

影响扩散的因素分为外在因素和内在因素。外在因素有温度、杂质（第三组元）、气氛及固溶体类型等的影响；内在因素有扩散物质的性质、原子键力的影响、晶体结构的影响等。

1.2.5 焊接界面结合层

焊接时，熔化的钎料向母材金属组织扩散，同时，母材金属也向钎料中扩散溶解，这种钎料和母材金属相互扩散的结果使得在温度冷却到室温时，钎料和母材金属界面上形成由钎料、合金层和母材层组成的接头结构，此结构决定焊接的结合强度。其中的合金层是钎料在母材界面上生成的，称为"界面层"，钎料层和母材层称为"扩散层"。

合金层的金属成分有很多种，由于锡向铜中扩散，铅不扩散，因此形成铜－锡－铜组合，形成的合金示意图如图1-7所示，锡焊接中把250～300℃称为低温焊接，此时在结合层处生成Cu_3Sn、Cu_6Sn_5，温度高于300℃时称为高温焊接，此时除了生成前两种合金之外还生成$Cu_{31}Sn_8$以及很多尚未弄清楚的金属间化合物。这些合金在结合焊件中起着关键作用，合金的结合强度直接关系到焊点的可靠性。

用含锡63%，含铅37%的焊锡焊接铜棒，它们接合面的接合强度和加热温度的曲线如图1-8所示，从图中可以看到，在温度250℃左右接合强度有个最大值，此前此后接合强度都会降低，由此可以找到最适合的焊接温度，这个最适合的焊接温度为焊锡的熔点向上浮动40～50℃，在最适合的焊接温度上才能得到最好的接合强度，才能使得焊点最为牢固可靠。

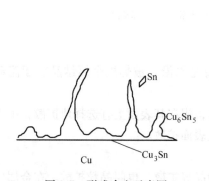

图1-7　形成合金示意图

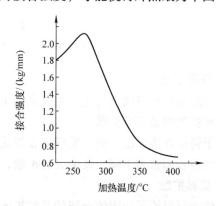

图1-8　加热温度和接合强度关系曲线

合金层最佳厚度为1.2～3.5μm，当厚度小于0.5μm时合金层太薄，几乎没有抗拉强度，当厚度大于4μm时，合金层的厚度太厚，结合处几乎没有弹性，抗拉强度也很小。合金层的质量与厚度有关。影响合金层质量的因素有钎料的合金成分和氧化程度、钎剂的质量、母材的氧化程度、焊接温度和时间，只有这些条件都满足了，才能获得良好的焊接效果，因此在焊接过程中，我们要选择合适的钎料。钎剂能有效地净化母材表面，消除母材表面的氧化物，清除杂质，提高润湿性，同时掌握好最佳的焊接温度和时间。

1.3 锡铅钎料介绍

钎料是易熔金属，在焊接过程中，钎料在母材表面形成合金，将连接点连在一起，钎料的性能在很大程度上决定了焊接接头的质量，为了使钎料能够满足焊接要求，钎料金属必须满足以下要求：

（1）钎料必须由与母材金属不同的金属组成，钎料的熔点要比母材金属的熔点低，熔化温度合适，一般钎料的熔点应该至少低于母材金属熔点几十度以上。

（2）钎料在熔化温度时必须能很好地润湿母材金属，要具有良好的流动性，同时与母材金属之间要有良好的扩散能力和溶解能力，能很好地填充焊缝间隙，获得牢固的接头。

（3）钎料组成成分要稳定、均匀、不应有对母材有害的元素存在。

（4）钎料的热膨胀系数应与焊件金属接近，从而避免焊缝产生裂纹，钎料还应不易被氧化，满足焊接接头性质的要求。

钎料从温度上可以分为硬钎料和软钎料。

1.3.1 软钎料

软钎料的熔点在 450℃ 以下，主要是以锡、铅、铋、镉、锌为基本原料的合金。软钎料特点是熔点低、塑性好、抗疲劳性能好、强度低。软钎料对应软焊接，主要用于焊接强度要求不高，工作温度不高的焊件，如焊接钢、铜、铝等及其合金。软钎料的熔化温度范围如图 1-9 所示。

常用软钎料有锡铅钎料，低熔点软钎料，耐热软钎料等，在电子产品焊接中主要采用锡铅钎料，下面对锡铅钎料做具体介绍。

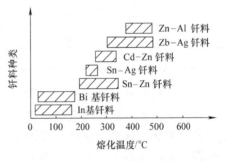

图 1-9 软钎料的熔化温度范围

1. 锡铅钎料

了解锡铅钎料首先要了解锡和铅的温度特性，纯锡是一种质软的金属，高于 13.2℃ 时是银白色金属，低于 13.2℃ 时是灰色金属，低于 -40℃ 时变成粉末状，熔点是 232℃；常温下抗氧化性强，并且容易同多数金属形成金属化合物；纯锡质脆，低温机械性能差。纯铅是一种浅青白色软金属，熔点是 327℃，塑性好，有较高抗氧化性和抗腐蚀性；铅属于对人体有害的重金属，在人体中积蓄能引起铅中毒；铅的机械性能也很差。

锡铅两种金属各有各的优缺点，但是锡铅合金却具备了两者都不具有的优点，而且两者合金的熔点温度与两种金属在合金中所占的比例有关，比例不同，熔点不同，性能也随之变化。

焊接过程中锡与母材金属形成合金，但是铅在任何情况下几乎都不起反应，那么为什么还要加入铅呢？这是因为加入铅之后可以获得锡和铅都不具有的优良特性，有利于焊接操作，其特点如下：

（1）加入铅之后可以降低熔点。纯锡的熔点是 232℃，铅的熔点是 327℃，而锡铅钎料的熔点是 183℃（锡占 63%，铅占 37% 时）。

（2）可以改善机械特性。锡铅钎料的抗拉强度剪切度都比两者单独时要大很多，使得机械特性得到改善。

（3）可以降低界面张力。界面张力降低，钎料的润湿性能就相应得到改善，增加了流动性；表面张力和粘度的关系见表1-1。

（4）增加了钎料的抗氧化能力，减少了氧化量。

（5）节约成本。锡是很贵的金属，但是铅却很便宜，加入铅之后可以降低钎料的价格，节约成本。

锡铅含量不同，锡铅钎料的物理特性则不同，不同锡铅含量的钎料物理特性见表1-2。

表1-2　锡铅钎料的物理特性

特性　　　锡钎含量（%）		熔点/℃	比重/（g/cm³）	电导率（以铜为100%）	抗拉强度/（kg/mm²）	延伸率（%）	剪切强度/（kg/mm²）
锡	铅						
100	0	232	7.29	13.9	1.49	55	2.02
95	5	222	7.40	13.6	3.15	47	3.15
60	40	188	8.45	11.6	5.36	30	3.47
50	50	214	8.8	10.7	4.73	40	3.15
42	58	243	9.15	10.2	4.41	38	3.15
35	65	247	9.45	9.7	4.57	25	3.36
30	70	252	9.73	9.3	4.73	22	3.47
0	100	327	11.34	7.91	1.42	39	1.39

锡铅钎料随着锡和铅的配比和温度变化，其固相、液相等金属状态也随之发生变化，这种变化的关系图就是相图，也叫状态图。锡铅钎料的状态图如图1-10所示。

在详细介绍状态图之前先了解几个概念：共晶反应是一种液相在恒温下同时结晶出两种不同成分和不同晶体结构的反应，发生共晶反应的这一点就是共晶点，反应所生成的两种固相机械地混合在一起，形成有固定化学成分的基本组织，统称为共晶体。

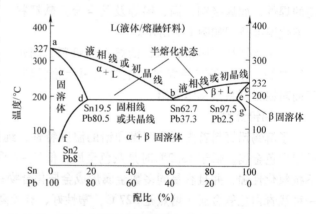

图1-10　锡铅系钎料状态图

把以铅为溶剂，锡为溶质时，即锡溶于铅中形成的固溶体称为 α 固溶体；以锡为溶剂，铅为溶质，即铅溶于锡中形成的固溶体称为 β 固溶体。

如图1-10所示，a 点是铅的熔点，温度为327℃，c 点是锡的熔点，温度为232℃，b 点是共晶点。共晶点时 b 点合金的熔点和凝固点相同，此时的锡铅比重为锡占62.7%、铅占37.3%，该点合金熔点、凝固点均为183℃，这种比例的合金熔点低，结晶间隔短，流动性好，机械强度高。如图1-10所示有三个单相区分别为 α 相、β 相、L 相，其中 L 相是具有共晶成分的液体，是熔化的钎料液体，在共晶点发生共晶反应时这三相是共存的；有三个双相区：α+L相、β+L相、α+β相。其中 a、b、c 为液相线，也叫液相温度线或者是初晶线，不管合金的配比如何，在该液相线以上部分均为熔化的液体。其中 adbec 线为固相线，在固相线和液相线之间的部分为半熔化状态的钎料。在固相线 adbec 以下的钎料为固体。dbe 水平线是固相线，也称为共晶反应线，成分在 de 之间的合金平衡结晶时都会发生共晶反应，df 线为 α 固溶体的溶解度线，eg 线为 β 固溶体的溶解度线。

锡铅钎料的相图是以共晶型转变为主要结晶方式的相图，在靠近组元两端各有一个有限固溶的均晶型结晶区域。α 固溶体的最大溶解度在 d 点；β 固溶体的最大溶解度在 e 点。固溶体 α 和固溶体 β 相交在共晶点 d，在共晶点处成分比例的合金当冷却到该点所对应的温度即共晶温度时，共同结晶出 d 点成分的 α 固溶体和在 e 点成分的 β 固溶体。发生共晶反应时有三相共存，它们各自的成分是确定的，反应在恒温下平衡地进行。从图 1-10 中我们可以看到，当熔化的钎料从液体状态的温度下降到液相线以下，固相线以上的温度区域时，熔化的钎料开始凝固，该区间的钎料处于半熔化状态，当下降到固相线时完全凝固。反过来，当把固体钎料缓缓加热时，钎料首先从固相线以下慢慢过渡到固相线以上，从固体状态进入半熔化状态，然后温度上升，当到达液相线的温度时，钎料完全熔化。这就是钎料从固体到液体，从液体到固体的变化过程。

下面详细介绍冷却时钎料组成不同的几种情况。

（1）钎料含锡量低于 19.5%。如图 1-11 所示，当含锡量低于 19.5% 时，即在 $S_0 \sim S_1$ 范围内，设该范围内有含锡量为 S_{01} 的钎料，当温度高于 t_{11} 时，该钎料处于熔化状态，降低温度，当温度到达 t_{11} 时，即温度到达液相线上时开始析出 α 固溶体，此时的钎料状态为半熔化状态，继续降温，当温度到达固相线上一点温度 t_{12} 时，完全凝固，此时得到均一的 α 固溶体组织，继续降温，当温度到达 α 固溶线下限 df 上一点温度 t_{13} 时，在另一端开始析出 β 固

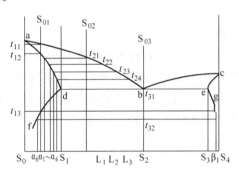

图 1-11　状态说明图

溶体降低了 α 相中锡的含量。从固态 α 相中析出的 β 相称为二次 β，记做 $β_{II}$，这是二次结晶的结果。继续降温，β 固溶体继续增加，其中 α 固溶体和 β 固溶体的析出浓度随 df 线变化，常温下为 α 固溶体和 β 固溶体两种形式。

（2）含锡量在 19.5% ~63%。如图 1-11 所示，当含锡量高于 19.5% 时，即在 $S_{01} \sim S_{02}$ 范围内，设该范围内有含锡量为 S_{02} 的钎料，当温度高于 t_{21} 时钎料处于熔化状态，降低温度当温度到达 t_{21} 时，即到达液相线上一点时，开始析出初晶 α 固溶体。此时析出的钎料成分为 $α_1$，随着温度下降到 t_{22}、t_{23}，钎料中 α 固溶体成分变为 $α_2$、$α_3$。另一方面，正在凝固的熔化的钎料成分变成 L_1、L_2、L_3，可以看到，凝固的钎料成分是由初晶点 x 向着 d 变化的，而熔化钎料的成分是由 t_{21} 向着 d 变化的。当到达共晶反应线上一点 t_{24} 时，析出 $α_4$ 和 β 成分，此时钎料完全凝固，温度继续降低，低于共晶反应线的温度 t_{24} 时开始从 α 固溶体中析出 β 固溶体 $β_{II}$，常温钎料成分变成 $α_f$ 和 $β_g$。

（3）含锡量为 63% 时，如图 1-11 所示，含锡量为 63% 的钎料，在温度高于 t_{31} 时，钎

料处于熔化状态的，当温度降低到 t_{31} 时，即到达共晶点温度时同时析出 α 相和 β 相并且同时完全凝固。当温度继续下降到 t_{32} 时，凝固钎料的比例变为 $α_1$ 相和 $β_1$ 相，常温时为 $α_f$ 和 $β_g$。

（4）含锡量在 63% ~97.5% 时，此时的变化状态与 2 中的变化状态过程相同。

（5）含锡量在 97.5% ~100% 时，此时的变化状态与 1 中的变化状态过程相同。

由以上变化过程可以看到，在共晶点处比例的锡铅钎料性能是最好的，在电子产品的焊接中大都采用此种比例的锡铅钎料。

现在市场上有焊锡锭、焊锡球、焊锡丝、焊锡板、焊锡带等。在电子产品焊接中最常使用的是带有松香芯的焊锡丝，焊锡丝的直径在 0.5 ~ 3.0mm 之间，常用的有 0.5mm、0.8mm、1.2mm、1.5mm、2.0mm 等。在焊接过程中，我们根据实际焊接情况选择不同直径的焊锡丝，例如焊接一些 IC 芯片时，要求焊点较小，则应该选择直径较小的焊锡丝，如果焊盘较大，则应该选择直径较大的焊锡丝，具体选择直径多大的焊锡丝可以因个人的使用习惯进行调节。

2. 各种杂质对钎料的影响

锡铅钎料的主要成分是锡和铅，但是其中还含有微量的金属杂质，这些金属杂质虽然含量很少，但是却会给钎料带来很多意想不到的影响，不同的杂质对钎料的影响不同，下面简单介绍一下各种杂质对钎料性能的影响。

锌（Zn）：钎料中锌的含量达到 0.001% 时影响就会表现出来，如果含量达到 0.01%，焊点就会表现出多孔，表面晶粒粗大，钎料的流动性及润湿性会降低。所以锌是焊接中最忌讳的金属之一。

铝（Al）：钎料中的铝含量达到 0.001% 时影响就会表现出来，主要表现在结合力减弱，钎料的流动性、润湿性降低，而且容易发生氧化和腐蚀。

镉（Cd）：虽然钎料中的镉可以降低钎料的熔点，使钎料的熔化区变宽，但是如果含量超过 0.001%，钎料晶粒就会变得粗大，而且钎料表面发白，失去光泽，钎料的流动性也会降低，钎料变脆。

锑（Sb）：钎料中锑的含量在 0.3% ~3% 时，焊接时焊点成形非常好，含量在 6% 之内对钎料都不会造成不良影响，相反能使焊点的机械强度增加，改善钎料的性能。而且由于其可以增大钎料的蠕变阻力，使其可以用在高温钎料中。但是当钎料中锑的含量超过 6% 时，就会降低钎料的流动性和润湿性能，钎料变脆，抗腐蚀性能也变弱。

铋（Bi）：钎料中的铋会使钎料熔点降低，变脆，冷却时焊点会产生裂纹。

砷（As）：钎料中即使含有很少的砷也会对钎料的性能产生影响，虽然能略微提高钎料的流动性，但是却使钎料硬度和脆性都增大，而且焊点会形成水泡状、针状结晶，钎料表面变黑。

铁（Fe）：钎料中的铁会使钎料的熔点提高，使焊接操作变得困难，而且因为铁的自身特点还会使焊点带上磁性，影响电子产品性能。

铜（Cu）：钎料中的铜使钎料的熔点提高，增大结合强度，钎料变脆，焊点形成粒状不易熔化合物。但是钎料中含有少量的铜（1% ~2%）时可以抑制焊锡对铜烙铁头的熔蚀。

磷（P）：钎料中的磷含量小时可以增加钎料的流动性，但是含量大时会熔蚀铜烙铁头。

镍（Ni）：钎料中的镍会使钎料的焊接性能降低，钎料变脆，形成水泡状结晶的焊点。

银（Ag）：钎料中的银含量在 5% 以下时会使钎料的耐热性增加，但是焊接时需要活性钎剂，适用于陶瓷的焊接。含量超过5%时容易产生气体。

金（Au）：钎料中的金会使钎料成白色，失去光泽，而且还会使钎料变脆。

3. 低熔点软钎料

在焊接电子元器件的过程中，有些元器件遇热性能劣化严重，这就需要在焊接时降低焊接的温度，从而保证元器件的质量，这时就要用低熔点的钎料，低熔点钎料大多都是由铋、锡、铅、镉、铟等金属组成的，这类钎料的共同特点就是熔点低，但是与母材的结合力弱，接头强度很低。同锡铅钎料相比，高铋合金钎料很脆，铟基合金的润湿性较好，在碱中有较高的耐蚀性，含铋的钎料缺点是光泽差，而且非常脆。因此应该在充分考虑各种合金钎料的特点之后再选定所需要的钎料。

4. 耐热软钎料

耐热软钎料主要包括锡锌、锡银、铅银、镉银、镉锌银等合金，在这里镉银的耐热性能最好，铅银钎料次之。

1.3.2 硬钎料

硬钎料的熔点在450℃以上。硬钎料熔点高，强度相对也比软钎料高。硬钎料常用火焰焊接，常用的钎料有铝基钎料、铜基钎料、银基钎料和镍基钎料。

1.3.3 钎料的编号

根据国标 GB 6208—1995 规定：钎料牌号中的第一部分为钎料代号，用 B 表示，牌号中的第二部分为主要组元的化学元素符号，第一个化学元素代表钎料的基础元素，其后数字表示该元素在钎料中的质量含量的百分比，其余组元的化学元素符号按质量含量的多少顺序排序，但是不标出它们的质量含量百分比。例如：

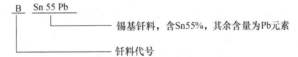

原机械电子工业部的钎料牌号编制方法：牌号前加"HL"表示钎料，牌号的第一位数字表示钎料的化学组成类型，第二位、第三位数字表示同一类型钎料的不同牌号。

GB 6208—1995 中规定钎料型号中第一部分用一个大写字母表示钎料的类型，"S"表示软钎料，"B"表示硬钎料；钎料型号中的第二部分由主要合金组元的化学元素符号组成，这里第一个化学元素符号表示钎料的基本组元，其他化学元素符号按照其重量百分比顺序排列，当几种元素具有相同重量百分比时，按照其原子序数顺序排列。软钎料每个化学元素符号后都要标出其公称重量百分数，硬钎料仅第一个化学元素符号后标出公称重量的百分数，公称数量小于1%的元素在型号中一般不必标出，如果一定要标出时，软钎料型号中可仅标出其化学元素符号，硬钎料中将其化学符号用括号括起来，每个型号中最多只能标出六个化学元素符号，符号"E"标在第二部分之后来表示是电子行业用软钎料。例如，某种含锡60%、铅39%、锑0.4%的软钎料，型号表示为 S－SN60Pb40Sb，某种含锡63%、铅37%电子工业用软钎料，型号表示为 S－Sn63Pb37E；某种硬钎料含银72%、铜28%，型号表示为 B－Ag72Cu。

型号主要用于钎料的包装说明，并不强调一定要作为钎料本身的标志。

常用锡铅钎料牌号、成分、应用及物理化学性能见表1-3。

表 1-3 常用锡铅钎料牌号、成分、应用及物理化学性能

牌 号	固相线/℃	液相线/℃	电阻率/Ω·m	A级钎料主要组成				B级钎料主要组成				主要用途
				Sn	Pb	Sb	其他	Sn	Pb	Sb	其他	
HLSn95Pb	183	224	—	94~96	余量	—	—	93.5~96	余量	—	—	电气、电子工业、餐具、锡制器皿的焊接，耐高温元器件
HLSn90Pb	183	215	—	89~91	余量	—	—	88.9~91	余量	—	—	电气、电子工业、印制电路、微型技术、航空工业及镀层金属的焊接
HLSn65Pb	183	186	0.122	64~66	余量	—	—	63.5~66	余量	—	—	
HLSn63Pb	183	183	—	62~64	余量	—	—	61.5~64	余量	—	—	
HLSn60Pb	183	190	0.145	59~61	余量	—	—	58.5~61	余量	—	—	
HLSn60PbSb	183	190	0.145	59~61	余量	0.3~0.8	—	58.5~61	余量	0.3~0.8	—	
HLSn55Pb	183	203	0.160	54~56	余量	—	—	53.5~56	余量	—	—	普通电气、电子工业、航空、微型技术
HLSn50Pb	183	215	0.181	49~51	余量	—	—	48.5~51	余量	—	—	
HLSn50PbSb	183	215	0.181	49~51	余量	0.3~0.8	—	48.5~51	余量	0.3~0.8	—	
HLSn45Pb	183	227	—	44~46	余量	—	—	43.5~46	余量	—	—	钣金、铅管焊接、电缆线、换热器金属器材、辐射体、制罐等的焊接
HLSn40Pb	183	238	0.170	39~41	余量	—	—	38.5~41	余量	—	—	
HLSn40PbSb	183	238	0.170	39~41	余量	1.5~2.0	—	38.5~41	余量	1.5~2.0	—	
HLSn35Pb	183	248	—	34~36	余量	—	—	33.5~36	余量	—	—	灯泡、冷却机制造、钣金、铅管
HLSn30Pb	183	258	0.182	29~31	余量	—	—	28.5~31	余量	—	—	
HLSn30PbSb	183	258	0.182	29~31	余量	1.5~2.0	—	28.5~31	余量	1.5~2.0	—	

（续）

牌　号	固相线	液相线/℃	电阻率/Ω·m	A级钎料主要组成 Sn	Pb	Sb	其他	B级钎料主要组成 Sn	Pb	Sb	其他	主要用途
HLSn25Pb	183	260	0.196	24~26	余量	—	—	23.5~26	余量	—	—	—
HLSn258PbSb	183	260	0.196	24~26	余量	1.5~2.0	—	23.5~26	余量	1.5~2.0	—	灯泡、冷却机制造、钣金、铅管
HLSn20Pb	183	279	0.220	19~21	余量	—	—	18.5~21	余量	—	—	—
HLSn18PbSb	183	279	0.220	17~19	余量	1.5~2.0	—	16.5~19	余量	1.5~2.0	—	—
HLSn10Pb	268	301	0.198	9~11	余量	—	—	8.5~11	余量	—	—	钣金、锅炉用及其他高温用
HLSn5Pb	300	214	0.198	4~6	余量	—	—	3.5~6	余量	—	—	—
HLSn4PbSb	305	317	—	3~6	余量	5~6	—	2.5~6	余量	5~6	—	—
HLSn2Pb	316	322	—	1~3	余量	—	—	0.5~3	余量	—	—	轴瓦、热切割、低温焊接
HLSn50PbCd	145	145	—	49~51	余量	—	Cd: 17~19	48.5~51	余量	—	Cd: 17~19	陶瓷的烘烤焊接、分级焊接及其他
HLSn5PbAg	296	301	—	4~6	余量	—	Ag: 1~2	3.5~6	余量	—	Ag: 1~2	电气工业、高温工作条件
HLSn63PbAg	183	183	0.120	62~64	余量	—	Ag: 1.5~2.5	63.5~64	余量	—	Ag: 1.5~2.5	同HLSn63Pb，但焊点质量等方面优于HLSn63Pb
HLSn38PbZnSb	170	245	0.146	37~39	余量	0.5~1.0	Zn: 4~5 Cu: 0.02~0.1	36.5~39	余量	0.5~1	Zn: 4~5 Cu: 0.02~0.1	用于金属化薄膜电容器上喷涂钎料

注：经供需双方协议，可以供应其他规格的钎料。

1.4 钎剂

钎剂又称作焊接溶剂或溶剂，在很多书上又写作钎剂。

焊接过程中熔化的钎料要在母材表面充分润湿和扩散，才能达到良好的焊接效果，但是润湿和扩散必须是在金属原子距离达到相互作用的原子间距时才会发生，通常使用的接线端子或导线以及元器件的引线等都是金属制品，它们都保存在空气中，很多元器件引线都存在着不同程度的氧化，而且还有可能附带污染，这样就严重影响了焊接效果，为了在焊接之前将这些氧化物和污物杂质清除干净，达到良好的焊接效果，我们必须采取一些方法来去除这些氧化物和污物，通常有机械方法和化学方法，机械方法是用锉刀或者是砂纸去除，化学方法是采用钎剂来清洗去除。

1.4.1 钎剂的功能

1. 去除母材和钎料表面的氧化膜

焊接过程中要得到一个好的焊点，被焊物必须要有一个完全无氧化层的表面，只有去除氧化膜，才能使得母材和钎料的原子达到相互作用的距离，使得母材和钎料充分润湿。但金属一旦曝露于空气中就会生成氧化层，这种氧化层无法用传统溶剂清洗，此时必须依赖钎剂。因为在焊接过程中，随着焊接温度的升高，金属表面的氧化速度会加快，所以钎剂在去除氧化物反应的同时，必须在焊锡及金属表面上形成一层薄的保护膜，

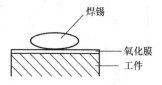

图 1-12 氧化膜隔壁阻焊
作用示意图

包裹住金属，使其与空气隔绝，避免在加热过程中金属与空气接触被氧化，因此钎剂还必须能承受高温。氧化膜隔壁阻焊作用示意图如图 1-12 所示，钎剂助焊作用示意图如图 1-13 所示，钎剂防氧化功能示意图如图 1-14 所示。

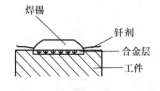

图 1-13 钎剂助焊作用示意图

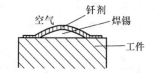

图 1-14 钎剂防氧化功能示意图

2. 降低钎料表面张力

改善钎料的润湿性。如果表面张力很大，钎料在母材表面就不能很好地润湿，钎剂的加入可以去除钎料表面的氧化物，减小表面张力，有助于润湿，使钎料流通顺畅。

3. 使焊点美观

钎剂的使用可以控制钎料的用量，整形焊点形状，使得焊锡表面保持色彩和光泽。

1.4.2 钎剂的要求

了解了钎剂的主要功能，那么什么样的钎剂才能达到上述要求呢？钎剂应该有什么要求呢？下面我们列举出钎剂需要满足的要求。

（1）钎剂的熔点要低于钎料。

（2）钎剂表面张力、粘度、比重要小于钎料。

（3）钎剂残渣要容易清除。

（4）钎剂在作用的过程中不能腐蚀母材。

（5）钎剂应是无毒的。

只有满足这些要求才能是合格的钎剂。

1.4.3　钎剂的分类

钎剂按照焊接时的温度可以分为软钎剂和硬钎剂；按化学组成来分可以分为有机类、无机类和树脂类钎剂。

1. 无机类钎剂

该类钎剂分为酸和盐两大类，它具有较强的腐蚀性，助焊性能好。但是钎剂残渣清除困难，而且强腐蚀性也影响到焊接安全，所以在焊接中几乎不被使用，而只用在可清洗的金属制品焊接上，作为溶剂使用。

2. 有机类钎剂

有机类钎剂主要有有机酸，有机卤素等，它的特点是化学作用缓和、助焊性能较好，可焊性高，但是有机类钎剂热稳定性差，存在一定的腐蚀性，而且会污染空气，在焊接之后可能会留下无活性的残留物，但是该残渣相比无机钎剂而言要容易清除得多。对热稳定性要求高的地方不适于用有机钎剂，它一般作为活化剂与松香一起使用。

3. 树脂类钎剂

在电子仪器、通信设备等焊接中对钎剂的要求除了上述几点之外还应该具有无腐蚀性、高绝缘性、长期稳定性、耐湿性和无毒性这些特点。日常使用的树脂类钎剂具备这些优良特性，使得其适用于电子设备的锡焊接中。

松香是将松树和杉树等针叶树的树脂进行水蒸气蒸馏，去掉松节油后剩下的不挥发固态物质，它是天然产物，无污染，而且松香在加热恢复到常温后又能凝固成固体，可以重复使用，由于其自身的特点使其能满足电子产品焊接中的非腐蚀性、高绝缘性、长期稳定性、耐蚀性及无毒性。

松香去除氧化物的过程：钎剂加热后与氧化铜反应，形成绿色透明状铜松香（Copper abiet），其溶入未反应的松香内与松香一起被清除，即使有残留也不会腐蚀金属表面。氧化物曝露在氢气中的反应，在高温下氢与氧发生反应生成水，减少氧化物，这种方式常用在半导体零件的焊接上。

将无水乙醇溶解纯松香配置成 20% ～30% 的乙醇溶液就是松香酒精钎剂，这种钎剂的优点是没有腐蚀性，具有高绝缘性能和长期的稳定性及耐蚀性，焊接后容易清洗，并且形成薄膜覆盖焊点，使焊点不被氧化腐蚀，在电路的焊接过程中常采用松香、松香酒精钎剂。

松香本身的清洗能力不强，因此要在松香中通过化学方法加入活化剂，制成活性钎剂。在焊接过程中活性钎剂能去除金属氧化物及氢氧化物，使得焊接时润湿效果增强。但是活性钎剂的特性是由活性剂的种类和添加量决定的，所以有很大的差异，因此在实际应用中我们要慎重选择，避免引起事故。

常用树脂芯钎剂类型见表 1-4。几种国产钎剂配方、性能及应用见表 1-5。

表1-4 树脂芯钎剂类型

类 型	含氯量 （质量分数）（%）	用 途
AA（非活化）	<0.1	适用于微电子、无线电装配线的焊接（用于腐蚀及绝缘电阻有特别严格要求的场合）
A（轻活化）	0.1~0.5	适用于无线或有线仪器装配线的焊接（对绝缘电阻有高的要求）
B（活化）	>0.5~0.85	一般无线电和电视机装配焊接（用于具有高效率软焊接的场合）

表1-5 几种国产钎剂配方、性能及应用

品 种	配方（重量百分数）	可焊性	活 性	适用范围
松香酒精钎剂	松香23 无水乙酸67	中	中性	印制电路板、导线焊接
盐酸二乙胺钎剂	盐酸二乙胺4 三乙醇胺6 松香20 正丁醇10 无水乙醇60	好	有轻度腐蚀性余渣	手工烙铁焊接电子元器件、零部件
盐酸苯胺钎剂	盐酸苯胺4.5 三乙醇胺2.5 松香23 无水乙醇60 溴化水杨酸10			同上；可用于搪锡
201钎剂	溴化水杨酸10 树脂20 松香20 无水乙醇50			元器件搪锡、浸焊、波峰焊
201-1钎剂	溴化水杨酸7.9 丙烯酸树脂3.5 松香20.5 无水乙醇48.1			印制板涂覆
SD钎剂	SD 6.9 溴化水杨酸3.4 松香12.7 无水乙醇77			浸焊、波峰焊
氯化锌钎剂	ZnCL饱和水溶液	很好	强腐蚀性	各种金属制品钣金件
氯化胺钎剂	乙醇70% 甘油30% NH、CL饱和			锡焊各种黄铜零件

4. 免清洗钎剂

传统钎剂焊接后会在印制电路板上留下残留物，残留物不仅会影响到电路的性能，它的清洗还会造成环境污染，因此印制电路板对电气性能要求较高的时候就不能用传统的钎剂，这就产生了免清洗钎剂，免清洗钎剂焊接后避免了传统的钎剂残留物清洗污染环境的问题，它对电路性能也不会造成影响。

免清洗钎剂的特点是在制造工艺中不需要清洗从而达到保证电路电气性能的要求。目前已经有多种免清洗钎剂面世，一般免清洗钎剂固体含量低，助焊性能和电气性能好，焊接作业后残留量极少，而且无腐蚀性。几种免清洗钎剂性能见表1-6。

表1-6　几种免清洗钎剂性能

牌号性能	213	223	英 国 剂
外观	无色透明液体	无色透明液体	微淡黄色透明液体
固体含量（%）	<2.0	<2.5	<2.0
密度（25℃，g/cm³）	0.808	0.800	0.810
酸值/(mg KOH/g)	19	21	<20
扩散率（%）	84	86	80
腐蚀性（铜镜试验）	合格	合格	合格
卤素含量	无	无	无
无松香或树脂	+	+	－

焊接过程中使用多少钎剂适合很难掌握，为了提高工作效率，松香芯焊锡就被广泛使用了，松香芯焊锡一般有一芯和多芯之分，如图1-15所示。

但是使用松香芯钎剂时，在焊接过程中会引起焊锡飞溅，飞溅是由于在焊接过程中，温度急剧升高，松香的出口被焊锡堵住，这时在焊锡熔化的瞬间，松香就会飞溅。因此在焊接时，切忌不要把焊锡直接放在烙铁头上。

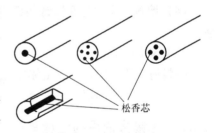

松香芯

图1-15　带松香芯的焊锡

1.4.4　钎剂的选用

选择钎剂的时候首先考虑被焊金属材料的焊接性能及氧化、污染等，其次要考虑元器件引线所镀的不同金属的不同焊接性能，还要考虑焊接的方式和钎剂的具体用途。

对于焊接性能较强的铂、金、铜、银、锡等金属，为了减少钎剂对金属的腐蚀，选用松香钎剂。尤其是手工焊接时，用得比较多的是松香芯焊锡丝；对于焊接性能稍差的铅、黄铜、青铜等金属不能选用松香钎剂，可选用有机钎剂中的中性钎剂；对于焊接比较困难的锌、铁、锡、镍合金等可选用酸性钎剂，但是酸性钎剂有腐蚀作用，所以焊接完毕后，必须对残留的钎剂进行清洗。

对于手工焊接可使用活性焊锡丝、固体钎剂、糊状钎剂和液体钎剂。但是印制电路板的自动焊接中的浸焊、波峰焊就一定要用液体钎剂。

1.5   焊锡膏

焊锡膏是将钎料和钎剂粉末拌合在一起制成的，是用来助焊的，它一方面可以隔离空气防止氧化，另一方面还可以增加毛细管作用，增加润湿性，防止虚焊，是所有钎剂中最良好的表面活性添加剂，广泛用于高精密电子元器件中做中高档环保型钎剂。焊锡膏实物图如图 1-16 所示。

图 1-16   焊锡膏实物图

1.5.1   焊锡膏的组成

焊锡膏由钎剂和钎料粉组成。

1. 钎剂主要成分

包括活化剂、触变剂、树脂、溶剂。各成分作用如下：

（1）活化剂。主要作用是去除 PCB 铜膜焊盘表层及零件引线部位的氧化物质，同时还可以降低锡、铅表面张力。

（2）触变剂。主要作用是调节焊锡膏的粘度以及印制性能，在印制中可以防止出现拖尾、粘连等现象。

（3）树脂。主要作用是加大锡膏粘附性，而且有保护和防止焊后再度氧化的作用，而且还对零件固定起到很重要的作用。

（4）溶剂。主要是在锡膏的搅拌过程中起调节均匀的作用，对焊锡膏的寿命有一定的影响。

2. 钎料粉

钎料粉又称锡粉，主要由锡铅比例为 63 : 37 的合金组成。有特殊要求时，也可以在锡铅合金中添加一定量的银、铋等金属的锡粉。

1.5.2   焊锡膏使用的注意事项

1. 焊锡膏的保管

（1）长时间贮存的焊锡膏，其钎料成分和钎剂成分会分离，使用时必须先搅拌。

（2）焊锡膏通常在低温环境下贮存，因此使用焊锡膏时在开封前必须先把它放置在室温下，进行"回温"，即使焊锡膏的温度升至室温。这个时间约为 2 ~ 3h。如果不经"回温"就开封，如众多冷藏东西拿到室温中一样，空气中的水汽会凝结并依附在焊锡膏上，使得焊锡膏潮湿、结露，再接受强热使得水分迅速汽化，将造成钎料飞散，严重时甚至会损坏元器件；但也不可用加热的方法使焊锡膏回到室温，急速的升温会使焊锡膏中钎剂的性能变坏，从而影响焊接效果。

（3）开封后，在室温下可持续使用 4 ~ 6h。但是随着时间的延长，因为成分挥发而使粘度增大，延长性变差，容易粘附在掩膜板上。因此，从焊锡膏开封到使用的总时间，应根据焊锡膏的种类和环境条件来规定以控制性能。

（4）使用后若要长期贮存则应采用低温贮存的方法。低温贮存可以稳定地存储 6 个月。

2. 焊锡膏的摇溶性

焊锡膏使用后往往会出现这样一些情况：规定的线路图形发生塌边塌角，图形的周围出现浸润模糊现象，这是由于焊锡膏中钎料粉末成形分散，粉末的颗粒大小不均匀所致。

因此焊锡膏使用过程中，在"回温"之后，需要对焊锡膏进行充分搅拌，使得钎剂与钎粉之间均匀分布，充分发挥各种性能。

如果钎料的粉末成球状，尺寸大小也一致，则焊锡膏成胶质状，使用后的塌边塌角及浸润现象就少。印制精密图形时必须选择粒子尺寸一定的焊锡膏。

钎料粉末可以用喷射法来制作，这种方法能有效地控制粉末的尺寸和形状。

3. 钎料球的产生

进行焊接时，基板上会飞散着大大小小的钎料球，有时还会溅到元器件的下面，以致清洗时不能去除而被带入设备。在设备里由于振动等原因又重新滚动，引起短路。同时，这些高温的钎料粒子还会在基板上熔化掉钎料的保护层，而后被固定在其上面而不能除去。

产生钎料球是焊锡膏的一大缺点，其主要原因是：

（1）使用前焊锡膏是低温贮存，如果不把温度回升到室温就立即使用，焊锡膏本身要吸热，钎料会使吸收的水分蒸发，造成钎料粒子飞散。另外如果熔化温度上升过快也会使钎料粒子飞溅。

（2）钎料粉末表面层被氧化，在焊接时得不到与其他粒子凝聚的热能，而使大大小小的钎料球残留在基板上。

目前电子级焊锡膏以用于分离器件及混合集成电路的制造中。它也将会在微电子元器件焊接中发挥积极作用。

4. 焊锡膏使用时的注意事项

（1）焊锡膏"回温"过程中尽量让其自然"回温"，不要强行加热。

（2）使用前要对已经"回温"的焊锡膏进行均匀搅拌。

手动搅拌时，应使用焊锡膏专用的金属铲，直至搅拌到均匀为止。使用机器搅拌时应注意搅拌时间，时间要适当，过度搅拌将导致焊膏粘度下降，温度升高，焊粉与钎剂反应，影响焊锡膏质量。搅拌时间根据搅拌装置不同，时间也不相同。

（3）焊锡膏的粘度会根据温度和湿度而改变。温度升高，粘度降低。湿度增大，焊锡膏会吸收水分影响质量。

（4）开封后的焊锡膏多次使用时一定要充分确认质量是否有变化，因为开封后用过的焊锡膏再次使用时不在保质范围之内。

（5）使用时切勿舔舐焊锡膏；避免焊锡膏与皮肤直接接触。不小心粘到时，可先后用干纸巾、酒精棉布擦拭，最后用肥皂仔细清洗。

（6）焊锡膏内含有可燃性的溶剂，使用时要远离火源，避免引起火灾。

（7）使用焊锡膏的厂房内必须安装换气装置，经常导入新鲜空气。

（8）回流焊接时，由于焊锡膏内的溶剂等分解会产生废气，必须安装局部排气装置。

（9）不同种类的焊锡膏不能混合使用。

（10）清洁电路板、模板等使用的清洗液切勿混入焊锡膏中。

（11）废焊锡膏请严格按照相关法规进行处理。

（12）在长时间的印制情况下，焊锡膏中钎剂会挥发，进而影响到印制时焊锡膏的脱模性能，因此对存放焊锡膏的容器不可重复使用，印制后网板上所剩的焊锡膏，应用其他清洁容器装存保管，下次再用时，应先检查所剩锡膏中有无结块或凝固状况，如果过分干燥，应添加供应商提供的焊锡膏稀释剂调稀后再用。另外，印制完成的基板，应当天完成焊接。

1.6 阻钎剂

阻钎剂是一种耐高温的涂料，用在浸焊和波峰焊中，目的是为了在焊接过程中把不需要焊接的部位保护起来，使得焊接操作只在需要的部位进行，这种起到阻碍焊接作用的材料就叫做阻钎剂。

阻钎剂可以防止拉尖、桥接、短路、虚焊等现象的发生，提高焊接质量。在焊接过程中除了需要焊接的焊盘外其他地方都保护起来，同时还可以节省钎料，使用有色的阻钎剂还能使得被焊件的板面整洁美观。阻钎剂的使用提高了焊接质量，保证产品的可靠性，保证各种塑封元器件及集成电路。

阻钎剂有干膜型和印料型阻钎剂，印料型阻钎剂又分为热固化型和光固化型，目前广泛应用的是光固化型阻钎剂。

第 2 章

电子产品手工焊接、拆焊、装配工具及相关设备

电子产品的焊接、拆焊、装配、检验等都需要用专门的设备、工具。本章从电子产品最基本的焊接工具入手，介绍了手工焊接、拆焊、装配工具，焊接检验仪器与工具，引线切断打弯工具及一些相关工具。

2.1 手工焊接工具

焊接工具是电子产品焊接过程中必不可少的工具，手工焊接操作过程中，电烙铁更是必不可少的工具，它是依靠烙铁头的热传导来加热母材和熔化钎料的焊接工具，下面对电烙铁进行详细介绍。

2.1.1 电烙铁

电烙铁是电子产品制作过程中不可缺少的工具之一，是决定焊接操作成功与否的重要工具，是用来焊接电子元器件、电气线路、五金线材及其他一些金属物体的电热器具。根据焊接操作的要求，电烙铁需要具备温度稳定快、热量充足、耗电少、热效率高、温度下降少、可连续焊接、重量轻、便于操作、便于维修、结构坚固、寿命长等条件，除此之外电烙铁还应该具备漏电流小、静电弱、对元器件没有磁性影响的性能。由于在焊接过程中要防止静电对电子元器件产生不良影响，要求烙铁头对地电阻低于 2Ω，漏电电压要小于 $2mV$，手柄需要用防静电材料制成。只有具有上述性能的电烙铁才是合格的电烙铁。

由于电烙铁小巧轻便，因此应用广泛，通常焊接中采用的电烙铁都是 220V、50Hz 交流电，但是在小功率晶体管内引线焊接中应采用比较安全的 24V、12V、6V 的低压供电的电烙铁，避免在焊接过程中损坏元器件。

1. 电烙铁的构成

电子工业设计中使用的电烙铁的典型构造主要包括烙铁头、发热丝、手柄、接线柱、电源线、电源插头、紧固螺钉等。内热式和外热式电烙铁的结构图如图 2-1 所示，内热式和外热式电烙铁实物图如图 2-2 所示。

电烙铁各部分功能如下：

烙铁头：又称烙铁嘴、焊嘴，主要材料为铜，属于易耗品。它在电烙铁中起到热量存储和传递的作用，除了可以加热外还可以用来控制焊锡的用量和吸出焊锡。

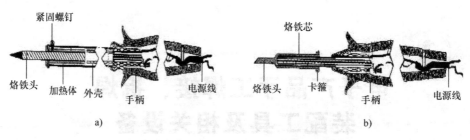

图2-1 内热式、外热式电烙铁结构图

a) 外热式电烙铁 b) 内热式电烙铁

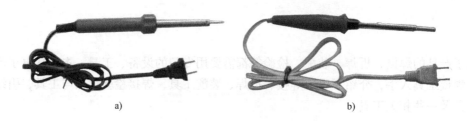

图2-2 内热式、外热式电烙铁实物图

a) 外热式电烙铁 b) 内热式电烙铁

发热元器件：又称烙铁芯，是电烙铁中能量转换部分，它是将电热丝平行地绕制在一根空心的瓷管上构成，中间用云母片绝缘，引出两根导线与220V交流电源连接，将电能转换为热能传递给烙铁头，使烙铁头的温度达到合适焊接的温度，进而达到熔化焊锡，进行焊接的目的。

手柄：用木料或者胶木等绝缘、不易导热的材料做成，是电烙铁各部件中唯一直接同操作人员接触的部分，因此手柄应该舒适、便于操作，温升越低越好。手柄有木质材料、电木材料、塑料材料，几种材料的手柄各有优缺点。木质材料手柄在潮湿的天气中容易受潮漏电，高温时容易开裂损坏，机械性能差；电木材料手柄导热率较高，容易造成手柄温升过高，手感差，操作时难以接受，而且电木手柄颜色单调，大多数只有黑色；耐高温塑料手柄，温升低，手感轻巧，操作性好，安全可靠，颜色鲜艳多样。

接线柱：是发热元器件和电源线的连接点。在电烙铁内部一般都有三个接线柱。接线时应用三芯线，将外壳接保护零线，一旦电热丝和外壳短路，就会使220V电源短路，烧断电源熔丝，从而起到保护人身安全的作用。

2. 电烙铁的分类

（1）电烙铁按功率分有20W、25W、30W、35W、…、100W、200W、300W等，一般元器件的焊接以20W内热式电烙铁为宜；焊接集成电路、易损元器件时可以采用储能式电烙铁；焊接大的焊件时可采用150～300W大功率外热式电烙铁。小功率电烙铁烙铁头的温度一般在300～400℃之间。实际工作中应根据元器件大小，按照要求选用不同功率的电烙铁。

（2）电烙铁按发热方式分有电阻式、感应式和PTC式三种。

1）电阻式电烙铁主要是靠电热丝通电将烙铁头加热从而进行焊接作业。

根据电热丝与烙铁头的相对位置，电阻式电烙铁又可分为内热式电烙铁和外热式电烙铁两种。

内热式电烙铁与外热式电烙铁的主要区别在于，外热式电烙铁的发热元器件在烙铁头的外部，内热式电烙铁的发热元器件在烙铁头的内部，因此比较起来相同功率的外热式电烙铁体积比内热式电烙铁体积要大，重量也要大。

2）PTC 式电烙铁即恒温电烙铁，其特点是温度恒定不可调。现在生产的恒温电烙铁种类繁多，但其原理都是内部采用高居里温度条状的 PTC 恒温发热元器件来控制通电时间，实现恒温的目的，并配设紧固导热结构。恒温电烙铁一般分为磁控恒温电烙铁和电控恒温电烙铁。磁控恒温电烙铁是利用软磁材料在达到居里温度时失去磁性的特点制成磁性开关来达到控制温度的目的，根据软磁物质居里点的不同可以制成不同温度的恒温电烙铁，恒温电烙铁烙铁头的温度可在 260~450℃ 范围内。磁控恒温电烙铁的缺点是由于其磁性物质的存在会对电子产品的性能产生影响。电控恒温电烙铁是利用热电偶作为传感控制元器件来检测和控制烙铁头的温度，当烙铁头的温度低于某一温度值时，电烙铁内部的热电偶电路动作，控制开关元器件或继电器接通电源，给电烙铁加热，当温度达到恒温值时，温控装置自动切断电源，如此反复，达到恒温的目的。但是电控恒温电烙铁由于制作时用到很多电子元器件，成本高，价格较贵，所以目前普遍使用的是磁控恒温电烙铁。两种恒温电烙铁各有优缺点，所以要根据焊接时的实际元器件选择使用哪种恒温电烙铁。

恒温电烙铁的优点：恒温电烙铁是断续加热的，所以比普通电烙铁省电；由于其恒温特性使得在使用恒温电烙铁焊接时虚焊现象减少，提高了焊接质量，而且还能减少对温度敏感元器件的损坏。恒温电烙铁如图 2-3 所示。

3）吸锡电烙铁，其特点是既能吸取焊锡进行拆焊又能进行焊接的电烙铁，是将活塞式吸锡器与电烙铁融于一体的拆焊工具，它具有使用方便、灵活、适用范围宽等特点。不足之处是每次只能对一个焊点进行拆焊。吸锡电烙铁如图 2-4 所示。

图 2-3　恒温电烙铁　　　　　　　图 2-4　吸锡电烙铁

4）感应式电烙铁，又叫快速电烙铁，速热电烙铁，俗称焊枪。主体是一个电源变压器，它将 220V 电源转变为低电压大电流，从而使烙铁头发热，能在数秒钟内使烙铁头的温度达到可以熔化焊锡的温度。感应式电烙铁的烙铁头是一根弯成 V 字形的铜丝，适于焊接细金属线，但是由于其烙铁头实际上是变压器的二次侧，因而不适宜焊接对电荷敏感的元器件。

此外还有储能式电烙铁，其适用于焊接对电荷敏感的 MOS 电路，用蓄电池供电的碳弧电烙铁、能去除焊件氧化膜的超声波电烙铁、能自动送料的自动电烙铁、高温电烙铁、低电压电烙铁等。

可以看到，电烙铁其根本原理上都是相同的，都是在接通电源后，产生电流，在发热丝上产生热量，而后热量传递到烙铁头，当烙铁头的温度达到可焊接温度后便可以使用进行焊接操作。几种电烙铁的优缺点见表2-1。

表2-1 几种常见电烙铁优缺点一览表

电烙铁种类	优 点	缺 点
内热式电烙铁	结构简单、体积小、热量散失少、发热效率高、轻便灵活、价格便宜	加热元器件细小易碎
外热式电烙铁	结实耐用	与内热式电烙铁相比热量散失多、效率低、价格相对较高、体积大、重量大
感应式电烙铁	发热快（通电几十秒即可使用）、耗电少、使用方便	重量大、价格高、温度不易控制
PTC式电烙铁	升温迅速、耗电少、可靠性高、能在野外作业、寿命长	价格高
吸锡电烙铁	使用方便、灵活、适用范围宽，既可焊接又可拆焊	每次只能对一个焊点进行拆焊

3. 新买电烙铁的检验方法

对于新买的电烙铁在使用之前首先要检验电烙铁是否可用，用万用表电阻挡检查插头两端，不能有短路现象。用万用表电阻挡检查插头与金属外壳之间的电阻值，这时万用表指针理论上应该是不动的，这样才能说明插头与金属外壳是绝缘的，即电阻值无限大，但实际上插头和外壳之间存在一定的电阻，一般绝缘电阻在5MΩ以上就认为基本处于绝缘状态，这样的电烙铁是可以使用的。如果万用表的指针偏动比较大，测得绝缘电阻小于5MΩ，那么说明插头与金属外壳不绝缘，使用时会有触电的危险，需要彻底检查电烙铁，查出原因，进行修理之后方可使用。

2.1.2 烙铁头

由于烙铁头在电子产品焊接过程中起着举足轻重的作用，下面对烙铁头进行详细介绍。

1. 烙铁头的种类

烙铁头是电烙铁的重要组成部分，它不仅能存储热量还必须能将热量快而准地传到焊接面，同时还应具有以下性能：与钎料的亲和性要好、导热性能好、机械加工性能好、材料储备丰富、价格便宜、容易购买。

由于铜价格便宜、润湿性好、热容量大、导热性能好，所以铜是烙铁头的理想材料。一般采用纯铜材料制作铜烙铁头，它是烙铁头（烙铁嘴）的主要成分，占烙铁头材料的85%左右。但有的厂家为了减少成本，用黄铜制作烙铁头，降低了烙铁头的导热效果。

铜烙铁头最大的缺点是损耗非常快，主要是由于锡铅钎料中的锡扩散所致，其次由于铜在高温时容易氧化以及钎剂的腐蚀作用。由于铜烙铁头的这个缺点，为了减少钎料引起的损耗，保护烙铁头在焊接的高温条件下不被氧化生锈，常将烙铁头进行电镀处理，有的烙铁头还采用不易氧化的合金材料制成，这样就有了电镀头、合金头以及金属包层头。

电烙铁镀层中采用的几种常见金属有铁、镍、铬、锡。下面介绍这几种金属在烙铁头镀层中的作用。

铁：烙铁头镀层中的铁起防腐蚀作用，它是影响烙铁头使用寿命的关键因素。性能好的烙铁头镀铁层晶体结构细而密，耐蚀性好，使用寿命长，下锡效果好。烙铁头中铁镀层的厚度直接影响到电烙铁的性能，铁镀层薄电烙铁的使用寿命会缩短，可以采用增加铁镀层厚度的方法来延长烙铁头的使用寿命，但是增加铁镀层的厚度会导致烙铁头的热传导特性下降，所以铁镀层厚度要适中。镀铁技术不好的厂家主要靠镀铁层的厚度来控制烙铁头的使用寿命，通常会出现镀铁层厚了烙铁头不上锡，薄了不耐用的现象。

镍：烙铁头镀层中的镍在镀铁层中起防锈的作用，而且便于后面镀铬。

铬：烙铁头镀层中的铬不粘锡，主要防止使用时锡往烙铁头（烙铁嘴）上跑。一般烙铁头镀铬时间在5min以上，普通的装饰镀铬都在1min左右。

锡：烙铁头镀层中的锡在烙铁头的头部，是使用时粘锡的部位。

因为铁镀层的存在延长了烙铁头的使用寿命，所以这种烙铁头又叫做长寿烙铁头，结构如图2-5所示。

2. 铜烙铁头的选用

铜烙铁头的形状很多，烙铁头的几种基本形状如图2-6所示。

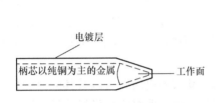

图2-5　长寿烙铁头结构示意图

图2-6　烙铁头的基本形状

铜烙铁头的形状直接影响到焊接效果，针对不同的焊点，铜烙铁头的形状与尺寸的选择也不相同。

（1）工作面形状选择。铜烙铁头有几种基本形状，斜面、凿式和尖凿式、楔式和半楔式以及斜面复合式。烙铁头的形状要适应被焊物件面要求和产品装配的密度，应使它尖端的接触面积小于焊接处（焊盘）的面积。其中斜面形式的铜头只有一个平面，通常在焊接导线和接线柱的时候使用，焊接单面和双面印制电路板上不太密集的焊点，也适用于焊接SMT元器件中的电容、电阻等引线间距大的元器件；圆锥式和尖锥式烙铁头常用于孔眼和杯状物焊接，适用于PCB焊接高密度的焊点和小而怕热的元器件，以及一些DIP封装的元器件；凿式和尖凿式烙铁头多用于电器维修中；当焊接对象变化大时，可选适合于大多数情况的斜面复合式烙铁头；元器件密度大，需要选用尖细的铁合金头，避免烫伤和搭锡；装拆IC块，常使用特殊形状的烙铁头；有时因为焊接不到，以及避免烫坏塑料元器件的情况下选用弯烙铁头。但是各种铜烙铁头的形状选择还依据个人的使用习惯而定。

（2）铜烙铁头直径、工作面尺寸及烙铁头的长度选择。铜烙铁头工作面的尺寸直接影响到焊接质量的好坏，铜烙铁头的温度受工作面尺寸影响，工作面要在考虑到元器件材料、引线、元器件的大小和体积之后再做选择，铜烙铁头的工作面不是越大越好，适宜的尺寸为2/3倍于焊盘尺寸。铜烙铁头的直径直接决定了烙铁头的热容量，一般对于处于同一温度下的两个烙铁头，直径较大的烙铁头的热容量比较大，热存储比较大；直径小的烙铁头的热容量比较小，热存储比较小。焊接较大焊点时需要选择直径大的电烙铁，一般来说合格的烙铁头的直径尺寸大小应该是能满足在其温度下降到低于产生良好焊点温度前能焊接好数个焊点的尺寸。一般铜头的直径为焊盘尺寸的1.5倍。铜头长度选择：铜头的长度指的是铜头伸出套筒的距离，伸出距离越短，温度越高。一般说来，烙铁头越长、越尖，热含量越低，焊接所需的时间越长；反之，烙铁头越短、越粗，则热含量越高，焊接所需的时间越短，烙铁头大的烙铁一般体积也大。要根据电子元器件的实际情况选择铜烙铁头。

如果仅使用一把电烙铁进行焊接，而且还需要不同温度，可以利用烙铁头插入烙铁芯深浅不同的方法调节烙铁头的温度，烙铁头从烙铁芯拉出的距离越长，烙铁头的温度相对来说越低，反之温度就越高；也可以利用更换烙铁头的大小及形状来达到调节烙铁头温度的目的，烙铁头越长越细，相对温度越低；烙铁头越粗越短，相对温度越高。根据所焊接元器件种类可以选择适当形状的烙铁头。

3. 铜烙铁头的修整

（1）铜烙铁头。目前市场上销售的烙铁头大多只是在纯铜表面镀一层锌合金。镀锌层虽然有一定的保护作用，但经过一段时间的使用之后，由于高温和钎剂的作用，烙铁头被氧化，使其表面凹凸不平，这时就需要修整。新的铜烙铁头在正式焊接使用之前应先进行镀锡处理，方法是将烙铁头用锉刀或者细砂纸打磨干净，然后浸入松香水，接通电源，待电烙铁加热后，在木板上放些松香及一些焊锡，用烙铁头沾上焊锡，在松香中来回摩擦，直到整个烙铁头的修整面均匀地镀上一层焊锡为止，这里松香的作用是防止烙铁头在高温下再次被氧化。

确定烙铁头已经加热有两种方法，一种是对于新买的电烙铁可以看其颜色变化，接通电源后一会儿新的烙铁头的颜色会变，烙铁头会冒烟，这证明烙铁头已经热了，利用松香判断电烙铁加热程度如图2-7所示；另一种是日常中所说的用闻的方法来确定烙铁头是否加热，但这不是真的闻，而是烙铁加热后放在鼻子附近可以感觉到温度升高，烙铁头变热，这样就确定了电烙铁已经加热了，如果没有温度变化的感觉，那么电烙铁没有加热，注意这一过程中不要烫伤自己。

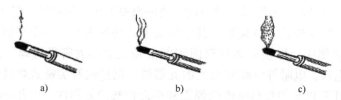

a)   b)   c)

图2-7 利用松香判断烙铁头的温度
a）烟量小、温度低、不适于焊接 b）烟量中等、温度适当、适于焊接
c）烟量大、温度高、不适于焊接

搪锡的方法也可直接在烙铁头上镀焊锡。使用过程中，应使烙铁头保持清洁，并保证烙铁头上始终有焊锡。若使用时间很长，烙铁头已经发生氧化时，需要用小锉刀轻锉去除表面氧化层，在露出纯铜金属后与新烙铁头镀锡方法一样进行处理。

经过处理的烙铁头就可以进行焊接使用了，但要注意的是铜头电烙铁闲置不用时一定要在烙铁头表面搪上一层焊锡，避免烙铁头工作面在空气中被氧化，同时降低镀层的挥发。

长期使用的烙铁头由于钎剂的腐蚀氧化及摩擦损耗，表面上会出现坑凹及损耗，这时也需要按照新买烙铁头的修整方法进行修整后再使用，直至烙铁头不再适合使用为止，尽量减小铜烙铁头的浪费。

铜烙铁头在使用过程中会不断被氧化，烙铁头有一层黑色的氧化层不上锡，俗称"烧死"，此时烙铁头也需要按照新烙铁头修整的方法重新进行修整。

对于内热式电烙铁，由于刚锉好的烙铁头不一定能粘锡，如果通电加热，金属表面马上又会被氧化，达不到上锡处理的目的，此时可以把用锉刀锉过的铜烙铁头表面蘸上松香水或者涂上点松香末，放在锡块上研磨，这样焊锡熔化后就在下边的硬木或环氧板上拖着锡珠磨，达到蘸锡的目的。一边加热一边修整烙铁头的方法很危险，虽然这样容易蘸锡，但是如果电烙铁质量不可靠，会发生事故。

（2）长寿烙铁头。铜烙铁头经常修整，损耗比较严重，因此烙铁头的寿命有限，长寿烙铁头就是为解决铜烙铁头的修整及损耗问题而产生的。长寿烙铁头的主要金属组成成分还是纯铜，只是在工作端面镀上了一层纯铁，用来阻挡焊锡侵蚀，从而延长烙铁头的使用寿命，但是烙铁头上的铁镀层会减小烙铁头对焊锡的吸附性，即烙铁头的上锡性能变差了，因此为了保持烙铁头对焊锡的吸附性，需要在铁镀层的外面使用活性较大的钎剂（氧化锌之类）热镀上一层纯锡。铁在电烙铁的工作温度下基本上不会与锡起反应，因此不仅能阻挡焊锡对烙铁头的侵蚀，而且还解决了长寿烙铁头上锡性能差的问题。

长寿烙铁头的修整方法与普通铜烙铁头的修整方法不同，使用长寿烙铁头时，必须注意要保护其表面的镀层完好，如果表面镀层损坏就会露出内层的纯铜材质，那就成了普通的纯铜烙铁头。因此使用长寿烙铁头时千万不能像修整普通铜烙铁头那样在砂纸上打磨、或用锉刀锉，这样会将其表面的镀层磨掉，失去长寿的作用。长寿烙铁头尖端附着的脏物只需要在湿布或专用的湿纤维素海绵上稍加擦拭，即可露出原来光亮的镀锡表面，擦拭后需要马上镀锡防止再次氧化。另外电烙铁暂停操作时，应该使其尖端向下搁置在烙铁架上，并且让烙铁头尖端工作面总是被焊锡包裹，避免烙铁头被"烧死"。长寿烙铁头运载钎料的能力比普通铜烙铁头略差一些，但配合焊锡丝使用，影响不大。长寿烙铁头的使用，可以节省大量的纯铜原料，同时可以降低劳动强度，节省人力资源。

长寿烙铁头的使用寿命是通过焊接焊点的次数来决定的，而不是以时间长短来计算的。长寿烙铁头的使用寿命与烙铁头镀层厚度也有很大关系，镀层越厚，长寿电烙铁的使用寿命越长，镀层越薄，使用过程中越容易损耗，越容易露出纯铜，使用寿命越短。长寿烙铁头的镀层会在使用过程中造成损耗，每使用一次，镀层的损耗就会多一点，使用寿命就会相应地减少一次，所以说长寿烙铁头的使用寿命是通过焊接焊点的次数来决定的。

为保证长寿烙铁头的使用寿命，在使用过程中长寿烙铁头要尽量保持低温焊接，而且烙铁头在使用过程中要保持上锡状态，防止氧化，电烙铁闲置不用时也要保持烙铁头上锡状态。

无论是普通电烙铁还是长寿电烙铁，在其闲置不用时都应该放在烙铁架上。

4. 烙铁头的更换方法

铜烙铁头长期使用，或者失效时需要更换。新的铜烙铁头更换时需要按照以下几个步骤进行：

（1）将电烙铁电源切断，避免带电操作，引起危险。

（2）取出烙铁头。

1）对于用金属环固定的电烙铁更换时一定要记住用钳子夹住烙铁头的紧固金属环，切记不能用手直接去拉拽，避免电烙铁未断电或刚刚断电导致烙铁头烫伤手，钳子可以用尖嘴钳子也可以用一般的钳子，依据自己使用方便而定。取出铜烙铁头的操作如图2-8a所示。

2）对于用螺钉拧紧的烙铁头更换时首先要将固定螺钉拧下来，然后用钳子夹住烙铁头将其取出，如图2-8b所示。

注意：不管是何种烙铁头更换时，取下烙铁头的操作一定要将烙铁头拉出，而不能拧。

图2-8　取出烙铁头
a）夹紧金属环取出铜烙铁头　b）拧松螺钉取出铜烙铁头

（3）更换烙铁头

1）对于金属环固定的烙铁头：将金属管的3/4套入铜头；然后将金属管余下的1/4先塞入套筒；最后将金属管和铜头一起推入套筒到底。用钳子将金属环夹紧到适当松紧。

2）对于用螺钉拧紧的烙铁头：将新烙铁头装入后，保持向上倾斜直至拧紧螺钉为止，保持向上倾斜的目的是为了避免在操作过程中烙铁头掉落。

5. 烙铁头失效原因和使用注意事项

（1）烙铁头失效的原因归根结底就是烙铁头不上锡，不能进行焊接操作，导致烙铁头失效的原因有如下几点：

1）新买的烙铁头未经修整就直接使用，导致烙铁头不上锡。

2）长时间使用的烙铁头不上锡，烙铁头"烧死"，需要对其进行修整。

（2）为了防止烙铁头失效，使用时需要注意以下几点：

1）新买的烙铁头使用前必须进行修整，普通纯铜烙铁头和长寿烙铁头修整方式不同，需要注意。

2）烙铁头闲置不用时需将烙铁头镀上焊锡，也就是平时所说的带锡放置。带锡放置可以防止烙铁头表面被氧化，同时也降低铜烙铁头镀层的挥发。

3）使用过程中禁止用烙铁头敲击桌面等，避免损坏烙铁头。

4）长寿烙铁头禁止用锉刀或者砂纸打磨，要用抹布或者湿纤维海绵擦拭。

2.1.3　电烙铁使用注意事项、维修及选用

1. 电烙铁使用注意事项

（1）新买的电烙铁使用之前首先要用万用表对其进行检查，确保电烙铁没有问题方可使用。

（2）检查烙铁头是否松动，如果松动需要将其紧固。

（3）检查电源导线绝缘覆皮有无破损，如果破损需用绝缘胶带缠好，防止使用过程中

发生漏电事故。

（4）烙铁头使用注意事项见 2.1.2 节中所述。

（5）当电烙铁闲置不用时，应及时关闭电源，避免烙铁头和烙铁芯加速氧化，缩短使用寿命。

（6）使用电烙铁过程中应注意安全问题，不能将电烙铁随手放置，电烙铁暂时不用时应该将其放置在电烙铁架上，避免引起火灾或者是烫伤。

（7）电烙铁使用过程中不能采用用力甩的方法来去除烙铁头上的多余焊锡，避免焊锡球烫伤周围的人，要采用专用纤维海绵擦拭或者是抹布擦拭掉。

（8）使用电烙铁时应注意电烙铁温度问题，温度太低不容易熔化焊锡，导致焊点不好看或者是虚焊、假焊等现象发生，温度太高容易使电烙铁"烧死"。

（9）焊接过程中要注意不能使电源线搭到电烙铁上，避免烫坏电源线绝缘覆皮发生漏电现象，导致发生事故。

（10）不能用力敲打电烙铁，否则可能导致震断电烙铁内部电热丝或引线而产生故障。

（11）焊接结束后，应该及时切断电烙铁电源，待电烙铁冷却后将其放回工具箱，切记不可刚拔掉电烙铁的电源插头就将其拿起放回工具箱，初学者经常会犯这种错误，不仅会烫伤自己也会烫坏工具箱中其他物品。

2. 电烙铁常见故障及维护

电烙铁在使用过程中常会出现通电后不发热、烙铁头不吃"锡"和电烙铁自身带电的故障。本章以内热式 20W 电烙铁为例对此进行说明。

（1）电烙铁通电后不发热。电烙铁通电后不发热说明电烙铁有断路故障，这种故障可能发生在几个地方：电烙铁的插头处，烙铁芯坏掉，烙铁芯的引线断路，电烙铁的电源线断路。那么该怎么检查这几种问题呢？下面分别进行阐述：对于电烙铁插头可以用万用表欧姆档进行测量，检查插头的两端，看其是否断路，如果欧姆档指示为零说明插头完好，如果欧姆档左偏到头说明插座断路（这里以模拟万用表为例）；插头故障排除后检查烙铁芯，用万用表欧姆档测量烙铁芯两端的引线，如万用表指针不动说明烙铁芯坏掉，应更换新的烙铁芯；如烙铁芯两根引线的电阻值为 2.5Ω 左右，说明烙铁芯完好。那么可能是电源线断路，插头中的接头断开。排除烙铁芯的问题后电烙铁还没有电，那么就可能是插头到电烙铁的导线断路，可以更换导线和插头；还有一个最容易忽略的小错误就是由于初学者紧张导致电源没给电，看似玩笑的问题，但是确实经常发生。

（2）烙铁头不"吃"锡。烙铁头不吃"锡"见 2.1.2 节中所述。

（3）电烙铁带电。电烙铁带电对焊接人员来说是非常危险的，严重的将导致触电事故的发生，所以一旦发现电烙铁带电现象应立即切断电源进行检查。电烙铁带电的原因有几种：电烙铁电源线接在接地线的接线柱上；电源线从烙铁芯接线柱上脱落后又碰到接地线的螺钉上，造成烙铁头带电；电源引线缠绕引起漏电；电源地线本身漏电。

不管是哪一种原因导致电烙铁带电对操作人员来说都是非常危险的，都需要及时排除。

3. 电烙铁的选用

电烙铁是电子爱好者进行业余制作和维修的主要工具之一，一把合适的电烙铁会使焊接操作工作事半功倍，选用电烙铁需要根据被焊接的电子元器件的需要来选择。那么应该怎样选用电烙铁呢？下面进行简单介绍。

（1）电烙铁种类的选择。选用电烙铁时可以根据电烙铁的分类来进行，有内热式和外热式电烙铁，从功率上来分有20W、25W、35W、45W、75W、100W、500W等多种规格。

1）对于既可以使用内热式电烙铁进行焊接，又可以使用外热式电烙铁进行焊接的场合。首先应该选择内热式电烙铁。因为与外热式电烙铁相比，内热式电烙铁体积小、操作灵活、热效率高、上热迅速，使用方便快捷。

2）对表面安装元器件进行焊接时，因为被焊接的元器件较多，工作时间长，所以可采用恒温电烙铁，或者是焊接台。

3）焊接集成电路、晶体管及受热易损元器件时，应选用功率较小的电烙铁，如20W的内热式电烙铁或25W的外热式电烙铁。

4）焊接焊片、电位器、2~8W电阻、大电解电容等宜选用35~50W内热式电烙铁或者是50~75W外热式电烙铁。

5）焊接导线及同轴电缆、机壳底板等时，应选用45~75W的外热式电烙铁或50W的内热式电烙铁。

6）焊接较大元器件时，如输出变压器的引线、大电解电容的引线及大面积公共地线，金属底盘接地焊片等，应选用75~100W的电烙铁。

7）对于8W以上的大电阻等较大元器件宜采用100W以上的内热式电烙铁，或者是150~200W的外热式电烙铁。

8）对于焊接金属板等需采用300W以上的外热式电烙铁或者是火焰焊接。

9）对于电子产品的维修、调试一般选用20W内热式或恒温式电烙铁，也可以采用感应式、储能式电烙铁和焊接台。

（2）烙铁头的选用

1）烙铁头的形状要适应被焊件物面要求和产品装配密度。通常在焊接导线、接线柱、单面板和双面板上不太密集的焊点，以及焊接SMT元器件中的电容，电阻等引线间距大的元器件使用斜面形式烙铁头；焊接印制电路板等高密度的焊点和小而怕热的元器件，及一些DIP封装的元器件采用圆锥式和尖锥式烙铁头；电器维修中多采用凿式和尖凿式烙铁头。当焊接对象变化大时，可选用适合大多数情况的斜面复合式烙铁头。

2）烙铁头顶端温度要与钎料的熔点相适应，一般要比钎料熔点高30~80℃。

3）烙铁头热容量要恰当。烙铁头的温度恢复时间要与被焊件的要求相适应。它与电烙铁功率、热容量以及烙铁头的形状、长短有关。铜烙铁头工作面的尺寸直接影响到焊接的好坏，铜烙铁头的温度受工作面尺寸影响，工作面要在考虑到元器件材料，引线及元器件的大小和体积之后再做选择，铜烙铁头的工作面不是越大越好，适宜的尺寸为2/3倍于焊盘尺寸。

2.1.4 烙铁架

为了避免加热的电烙铁烫坏工作台面以及烫坏电器的塑料外壳、电烙铁的电源导线绝缘覆皮以及塑封元器件外封装，因此在电烙铁闲置不用时一定要将其放置在烙铁架上，电烙铁的烙铁架结构非常简单，如图2-9所示，图2-9中的海绵是长寿电烙铁专用的擦拭烙铁头的纤维海绵，在使用时应将海绵中加上水使海绵润湿，加水可以增加海绵的柔韧性，这样才能有效地清除烙铁头表面的附着物及氧化物，同时可以减少对海绵的损坏，增加清洁效果；如果用非润湿的海绵不仅不会清除烙铁头表面的氧化物，还可能会导致烙铁头受损，不上锡。在条件简陋的环境中找不到烙铁架的情况下还可以用车条或者是铁丝自制简易烙铁架应急使用，注意使用过程中一定要小心不能碰到简易烙铁架避免烫伤。简易烙铁架制作过程如图 2-10 所示。

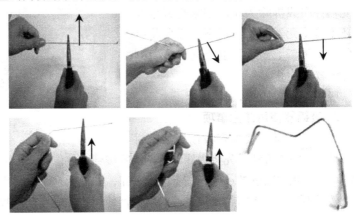

图 2-9　烙铁架　　　　　　　　　　图 2-10　简易烙铁架制作过程

2.2　拆焊工具

在调试、维修以及元器件焊错的情况下都要对元器件进行拆焊更换。在元器件进行拆焊时，需要非常仔细，否则由于操作方法不当会造成元器件的损坏，电路板上印制导线的断裂、起层，甚至会引起元器件相对应的焊盘脱落，尤其在拆卸集成电路模块、引线密集的 IC 芯片时更要注意。拆焊时要用到拆焊工具，拆焊工具又称作钎料吸除器，是一种维修用的工具，它的主要作用就是吸除需要拆焊的电子元器件所在焊盘上的焊锡，从而让元器件引线拆卸成功。拆焊工具通常包括吸锡器、吸锡球、吸锡带（即铜线编织带）、吸锡电烙铁、拆除集成电路用的热风枪等。这里对几种工具进行简单介绍。

2.2.1　手动吸锡器

手动吸锡器实物图如图 2-11 所示。

由图 2-11 我们可以看到手动吸锡器主要由吸嘴、腔体、凸点按钮、胶柄活塞组成。

1. 吸锡器拆焊步骤

（1）先把吸锡器胶柄活塞向下压，直至听到"咔"的一声，里面的弹簧卡住为止。

（2）用电烙铁加热需要拆焊的焊点直至该焊点钎料全部熔化为止。

图 2-11　手动吸锡器实物图

（3）将吸锡器吸嘴蘸少许松香。

（4）移开电烙铁的同时，迅速把吸锡器吸嘴贴到焊点上，并按动凸点按钮，将钎料吸进腔体内。也可采用不撤离电烙铁直接把吸锡器吸嘴贴到焊点上的方法，这样可以避免因动作缓慢所导致的熔化的焊锡又凝固的现象，但是这种操作如果不小心会导致吸锡器吸嘴损坏，所以使用时一定要注意不要让吸嘴碰到烙铁头。

（5）吸锡器吸除焊锡有时一次吸不干净，这就需要重复操作多次，直至能将元器件引线拆除为止。如果焊锡很少时还不能将元器件引线拆下，需要将拆焊的焊点重新上锡后重复上述步骤直到拆除元器件为止。

吸锡器拆焊如图2-12所示。

图2-12　吸锡器拆焊

2. 吸锡器使用注意事项

（1）使用前需要检查吸锡器的密封是否良好，检查方法是先将吸锡器胶柄活塞按到卡住位置，即将腔体内的气体压出，然后用手指肚堵住吸锡器吸嘴的小孔，按下凸点按钮，如果活塞不易弹出到位说明密封效果良好，反之密封效果不好。只有密封效果良好的吸锡器使用时才能有效地吸除焊点焊锡，顺利进行拆焊。

（2）要根据电路板上元器件引线的粗细不同来选择不同规格的吸嘴孔径，标准吸嘴内孔直径为1mm、外径为2.5mm；如果元器件引线间距较小，还可以选用内孔直径为0.8mm、外径为1.8mm的吸嘴；如果焊盘大、元器件引线粗，可选用内孔直径为1.5～2.0mm的吸嘴，依据具体情况而定。

（3）吸锡器的吸嘴长时间使用后吸锡效果变差，此时需要及时更换新的吸嘴。

（4）拆焊时，在每次接触焊点之前，都需要将吸锡器吸嘴蘸一点松香，以此改善焊锡的流动性，增强吸除效果。

（5）吸嘴接触焊点的时间稍长，当焊锡熔化后，以焊点针脚为中心，手向外按顺时针方向画一个圆圈之后再按动吸锡器凸点按钮进行焊锡吸除。

（6）若吸除焊锡时，焊点焊锡没有完全熔化就使用吸锡器吸除，会导致元器件引线处有残留的焊锡，这种情况下不能再继续用吸锡器吸除，需要将引线补上少许焊锡之后再用吸锡器吸除焊锡，才能将残留的焊锡吸除，或者用吸锡带吸走剩余焊锡。

（7）吸锡器用过几次之后，焊锡有可能将腔体或者吸嘴塞满，这时需要清除腔体内的焊锡之后再进行工作，否则吸锡器不起作用，一般清理方法是将吸锡器的吸嘴拆下来然后进行清理。

2.2.2　吸锡球

吸锡球的实物图如图2-13所示。

吸锡球其实就是最简单的拆焊吸锡装置，使用时只需要将球体内的空气压出一部分，然后将吸嘴贴到钎料熔化的焊点上，迅速将手松开，将钎料吸进腔体内。一次吸不干净，需要重复操作多次，直至能将元器件引线拆除为止。还有医用的空心针也可以作为拆焊工具，理论和吸锡球、吸锡器相同。

图2-13　吸锡球实物图

2.2.3　吸锡带

吸锡带又可以称为吸锡网或铜编织带，实物图如图2-14所示。吸锡带吸除焊锡的实物图如图2-15所示。

图 2-14　吸锡带

图 2-15　吸锡带吸除焊锡

吸锡带吸除焊点焊锡时，首先将吸锡带前端蘸上松香，然后将蘸有松香的吸锡带放到需要拆焊的焊点上，再把电烙铁放在吸锡带上对焊点进行加热，这样等焊锡熔化后就会被吸锡带吸走，达到拆焊的目的。如果一次焊锡没有被完全吸走，那么可以重复吸取多次，直到元器件能拆除为止。拆焊后将吸有焊锡的吸锡带剪掉，以备下次继续使用。使用吸锡带过程中要注意避免加热的吸锡带烫伤自己。

吸锡带吸除焊锡步骤：

1）吸锡带宽窄不一，用吸锡带吸除焊锡时需要选用与拆焊点宽度适宜的吸锡带，如果吸锡带已经用于吸除焊锡，那么在使用之前需要将上次吸除焊锡饱和的部分剪掉方可进行吸除工作。

2）将吸锡带上蘸取少量松香水，而后置于拆焊焊点上，注意要接触良好。

3）将加热的电烙铁置于吸锡带上，通过加热吸锡带加热待拆焊的焊点，等待焊锡熔化。在此过程中不能对焊点施加压力，否则可能会损坏元器件也会损坏烙铁头。

4）熔化的焊锡全部被吸锡带吸走后移开电烙铁和吸锡带，将吸锡带上吸收焊锡饱和部分剪掉，或者留待下次使用之时再剪掉也可以。

注意：吸锡带和电烙铁尽量在同一时间移走，否则先移走电烙铁再移走吸锡带，有可能会导致吸锡带上的焊锡又凝固在焊点上，吸锡器和元器件都会粘连在焊盘上，达不到拆焊的目的。

5）检查拆焊焊点，如果没有清除干净，需要重复上述步骤，如果焊点焊锡较多可以用烙铁头带走一部分焊锡后再用吸锡带进行吸除。

2.2.4　热风枪

1. 热风枪原理及种类

热风枪主要是利用从枪芯吹出来的热风加热钎料，使钎料熔化，从而对元器件进行拆焊操作，主要用来拆焊贴片元器件和贴片集成电路，目前手机维修中热风枪的用处是非常大的。

热风枪有普通型和数字显示型，如图 2-16a、b 所示。普通热风枪主要组成部分有出风口、保护罩、主体机架、冷风入口、开关、手柄、竖立辅助点、电源线。这种热风枪的缺点是温度不稳定，风量大小也不稳定，温度会忽高忽低，风量会忽大忽小，开机时温升慢，而后温度会直线上升，在拆焊时如果稍不留神就会烧坏元器件，尤其是 CPU 电路板等。对于经常使用热风枪进行维修的工作人员，建议不使用此种热风枪，应选用高端产品。拆焊不同元器件可以选用不同的热风枪风嘴，几种热风枪风嘴如图2-17所示。

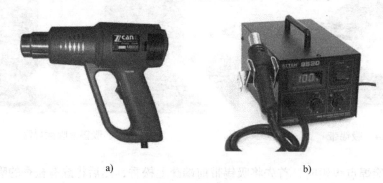

a) b)

图2-16 热风枪

a）普通热风枪 b）数显热风枪

图2-17 热风枪风嘴图片

热风枪拆焊图如图2-18所示。

2. 热风枪的使用步骤

（1）使用热风枪时首先要用小刷子之类的工具清除工作区的污物、氧化物、残留物、钎剂等。

（2）选好所要用的风嘴类型，将其装到热风枪上，打开热风枪电源。

图2-18 热风枪拆焊

（3）确定热风枪的温度，对需要进行拆焊的元器件焊盘加入钎剂。

（4）将热风枪垂直对准元器件，距离适中。

（5）将元器件加热到钎料充分熔化之后用镊子将元器件夹走，放置在绝热的表面上或者是湿海绵上。

（6）整理拆焊的焊盘，以备下次安装元器件时使用。

（7）关闭热风枪电源，冷却保存。

3. 热风枪使用注意事项

（1）普通热风枪无数字温度显示系统，要确保其温度基本合适，避免烫坏元器件。确定热风枪温度的方法可以采用在距离热风枪3cm左右处吹一张纸来估计，以纸慢慢变黄为宜。

（2）用热风枪拆焊手机中的小贴片元器件一般要选用小嘴风嘴，而且还要掌握好风量，风速和气流的方向，对于数显热风枪一般将其温度调至2~3档，风速调至1~2档。如果操作不当，会将小贴片元器件吹跑，而且还可能损坏大的元器件。

（3）用热风枪拆焊小贴片元器件时，要注意一定要保证热风枪垂直，风嘴在距离要拆焊元器件2~3cm处，在元器件上方均匀加热，等到元器件焊盘焊锡熔化后用镊子将元器件取走。在焊接元器件时需要将元器件放正，焊接处点上钎剂，如果焊点上的焊锡不足，可用电烙铁在焊点上稍加焊锡即可，焊接方法与拆焊方法相同，只是在焊接时要注意温度与气流的方向。

（4）用热风枪拆焊塑封元器件时，因为热风枪的温度高容易将塑封元器件的外壳吹坏或者是变形，因此一定要注意热风枪要吹元器件的锡边，焊锡遇热很快就会熔化，既可将元器件拆焊下来，又不致损坏元器件。

（5）维修手机电路板时，一定要将电池取下，以免电池受热爆炸。

（6）使用热风枪时要注意不能对着人吹，以免伤到皮肤。

（7）使用热风枪时不能用塑封的工具，因为热风枪的热风有可能损坏塑封工具，并且会伤害到使用者。

（8）热风枪使用之后，要放置降温冷却之后再存放，而且冷却之后才可去碰风嘴，以免烫伤，热风枪的把手要保持干燥、干净。

2.3　焊接检验用的仪器与工具

2.3.1　润湿性测量器

润湿性测量器如图 2-19 所示，该仪器用来评价钎料对被焊金属的润湿性，主要用于测量液体对固体的接触角，即液体对固体的润湿性。可测量和计算表面张力/界面张力、CMS、液滴形状尺寸、表面自由能。

2.3.2　放大镜

电子产品焊接中用到的放大镜有两种，一种是放大与照明双重共用的，另一种是只用于简单的放大作用。放大镜主要用来焊接引线密集的芯片时使用以及检查焊点可靠性。照明与放大共用的带放大镜的台灯如图 2-20 所示。

图 2-19　润湿性测量器　　　　　　　　　图 2-20　带放大镜的台灯

2.3.3　显微镜

显微镜在电子产品中的作用同放大镜相同，只不过显微镜放大倍数更高，对焊点的检查更精密，可以焊接更小的焊点。

2.4 引线切断打弯工具

2.4.1 剥线钳

剥线钳如图2-21所示，由刀口、压线口和钳柄组成。钳柄上绝缘套管的额定电压为500V。它是内线电工、电动机修理、仪器仪表电工常用的工具之一，主要功能是用来剥掉细缆导线绝缘层。剥线钳使用时要根据导线的粗细型号选择剥线刀口，将准备好的导线放在剥线钳的刀刃中间，选择好剥线的长度，握住剥线钳手柄，将导线夹住，缓缓用力使电缆外表皮慢慢剥落。松开手柄，取出导线，这时导线金属整齐露出外面，其余绝缘塑料完好无损。

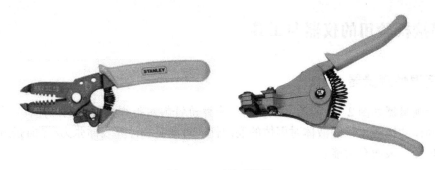

图2-21 两种剥线钳

2.4.2 尖嘴钳

尖嘴钳如图2-22a所示，由尖头、刀口和钳柄组成。钳柄的套管绝缘额定电压为500V。尖口钳在电子产品制作中经常用到，由于其头部较细，主要用来剪切线径较细的单股与多股线，以及给单股导线接头弯圈，剥掉塑料绝缘层等，不宜用于敲打物体或夹持螺母；能在较狭小的工作空间里操作，不带刀口的只能做夹捏工作，带刀口的还可以剪切细小零件，是电工、仪表及通信器材等装配及维修工作常用的工具之一。

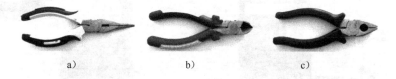

a) b) c)

图2-22 三种钳子图片
a) 尖嘴钳 b) 斜嘴钳 c) 平嘴钳

2.4.3 斜嘴钳

斜嘴钳如图2-22b所示，又名"斜口钳"，由斜头、刀口和钳柄组成。钳柄的套管绝缘额定电压为500V。斜嘴钳的主要功能是剪切细小的导线及焊接后的线头，对于线径较细的单股、多股导线适用，线径超过 2.5mm 的单股铜线剪切起来比较费劲，而且容易损坏斜嘴钳的刃口。注意斜嘴钳不可以用来剪切钢丝、过粗导线及铁丝，否则容易导致钳子崩牙和损坏。斜嘴钳主要用于剪切导线，以及元器件多余的引线，还常用来代替一般剪刀剪切绝缘套管、尼龙扎线卡等，也可与尖嘴钳合用剥取导线的绝缘外皮。

2.4.4　平嘴钳

平嘴钳如图 2-22c 所示，头部较平宽，适用于重型作业，如螺母等的装配工作，夹持和折断金属板和金属丝，可用来夹直弯曲的元器件引线或导线，也可用来弯曲元器件的引线或导线。不适于夹持螺母或者需要施力较大的部件。

2.4.5　镊子

镊子如图 2-23 所示，在电子产品焊接中主要用来夹住导线、贴片元器件、集成电路引线等，镊子有直头、平头、弯头之分，一般这三种镊子应各备一把。

此外在手工焊接中经常用到的工具还有剪刀、小刀、锥子、医用针头等工具，经常从事电子产品焊接的人员应该备齐这些工具。

图 2-23　镊子

2.5　紧固工具

紧固工具是用于拧紧和拆卸螺钉、螺栓和螺母的。包括螺钉旋具、螺母旋具、扳手和锤子等工具。

2.5.1　螺钉旋具

螺钉旋具俗称螺丝刀，如图 2-24 所示，是用来拧紧或者拧松头部带一字或十字槽的螺钉。京津冀方言称为"改锥"，陕西、河南和湖北等地称为"起子"，广东省称为"螺丝批"。传统螺钉旋具是由塑料把手外加一个可以锁紧螺钉的铁棒，刀杆的表面处理有发黑、镀光铬、镀亚铬等，头部一般都充磁，充磁是使其在工作时能吸住螺钉，便于操作。使用螺钉旋具时不能用力过猛，避免其滑口。

图 2-24　螺钉旋具

螺钉旋具按用途可分为：普通螺钉旋具、组合螺钉旋具、电动螺钉旋具、钟表螺钉旋具。

螺钉旋具按不同的头型可以分为一字、十字、米字、星形、方头、六角头、Y 形头部等，如图 2-25 所示。其中一字和十字是我们生活中最常用的，像安装、维修这类都要用到，可以说只要有螺钉的地方就要用到螺钉旋具。

2.5.2　螺母旋具

螺母旋具又称为螺母起子，用于装拆外六角螺钉或螺母，如图 2-26 所示。

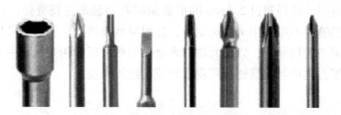

图 2-25　螺钉旋具批头

图 2-26　螺母旋具

2.5.3　扳手

扳手是用来紧固或拆卸螺栓、螺母的手工工具，扳手可分为呆扳手、活动扳手、钩形扳手、套筒扳手、内六角扳手和扭力扳手。

1. 呆扳手

呆扳手用于紧固或拆卸尺寸规则的方形或六角形螺栓、螺母。有开口扳手、梅花扳手、组合扳手，如图 2-27 所示。

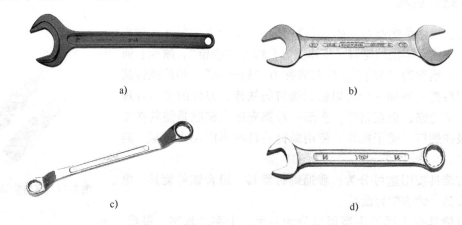

图 2-27　呆扳手
a）单开口扳手　b）双开口扳手　c）梅花扳手　d）组合扳手

（1）开口扳手

开口扳手分为一端为 U 形钳口和两端均为 U 形钳口，使用时，先将开口扳手套住六角螺栓或螺母的两个对向面，确保完全配合后再施力。

（2）梅花扳手

梅花扳手两端呈花环形状，其内孔是六角或十二角的。一般梅花扳手头部有弯头，适于
工作空间狭小，不能使用普通扳手的场合。

（3）组合扳手

又叫两用扳手。是开口扳手与梅花扳手组合而成的，在紧固时可先用开口端将螺栓或螺
母旋到底，再用梅花端紧固。拆卸时顺序正好与紧固顺序相反。

2. 活扳手

活扳手的开口宽度可在一定尺寸范围内进行任意调节，能拧转不同规格的螺栓或螺母。
如图 2-28 所示。

3. 钩形扳手

又称月牙形扳手，用于拧转厚度受限制的扁螺母等。如图 2-29 所示。

4. 套筒扳手

由多个带六角孔或十二角孔的套筒并配有手柄、接杆等多种附件组成，特别适用于拧转
位于十分狭小或凹陷很深处的螺栓或螺母。如图 2-30 所示。

图 2-28　活扳手　　　　　　图 2-29　钩形扳手　　　　　　图 2-30　套筒扳手

5. 内六角扳手

也叫艾伦扳手，成 L 形的六角棒状扳手，专用于拧转内六角螺钉。如图 2-31 所示。

6. 扭力扳手

它在拧转螺栓或螺母时，能显示出所施加的扭矩；或者当施力的扭矩到达规定值时，会
发出光或声响信号。如图 2-32 所示。适用于对扭矩大小有明确规定的装配工作。

图 2-31　内六角扳手　　　　　　图 2-32　扭力扳手

2.6　其他相关工具

2.6.1　热熔胶枪

热熔胶枪是一种装修工具，用于材料的涂胶，主要用于粘结产品。在电子产品手工焊接装配中可用来固定元器件。

在这里只介绍简易插胶棒式的热熔胶枪，如图 2-33 所示，它简单、易用、价格便宜，足以满足电子爱好者的使用之需。其粘合使用的热熔胶是一种可塑性的粘合剂，如图 2-34 所示，在一定范围内物理状态会随温度变化而改变，但是它的化学性质不变，无毒无味，是环保型产品。

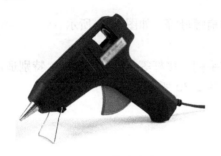　　　　

图 2-33　热熔胶枪　　　　　　图 2-34　热熔胶棒

1. 热熔胶枪使用步骤

（1）热熔胶枪在使用之前，首先要检查使用电源是否通电良好，支架是否具备，对于使用已经用过的热熔胶枪，使用之前要检查其推胶是否顺畅，不顺畅需要检查维修后再使用。

（2）热熔胶条/棒从进胶口插入推至枪膛。

（3）插好电源，热熔胶枪使用之前需要先预热，大概 5min 左右，否则胶棒不能熔化。

（4）向需要固定的元器件处上胶，只需轻轻按动扳机即可让熔化的胶自然流出，使用过程中要避免被熔化的热熔胶烫伤。

（5）使用完毕关断电源，热熔胶枪不能直立桌面，冷却后才能放置收藏。

2. 热熔胶枪使用注意事项

（1）热熔胶枪使用之前需要先预热大约 5min，胶枪预热时不能直立于桌面，避免已经熔化的热熔胶滴落。

（2）热熔胶枪首次使用时，电热元器件可能会产生轻微烟雾，属于正常现象，几分钟后会自动消失。

（3）胶棒必须保证表面干净，避免表面的杂质堵塞胶枪。

（4）使用过程中因为热熔胶枪加热温度很高，切不可用手接触枪嘴处及熔胶处，避免烫伤。

（5）不要将胶条/棒从胶枪中拔出，直到胶条/棒用尽为止。

（6）如果胶枪中的胶条/棒发生倒流现象时，要立即切断胶枪电源，停止使用，检查胶条倒流的原因。

（7）胶枪连续加热超过15min不使用时最好切断电源，这样可以提高胶枪的使用寿命。

（8）不适用于粘合沉重的物件或需要强力粘性的物件。

（9）使用完毕关断电源，冷却后保存。

3. 胶枪使用过程中的常见问题及解决方法

（1）胶枪不出胶的原因如下：

1）可能是电源没通电，这种最简单的问题也是初学者经常犯的错误。

2）胶枪发热器烧坏，导致不能出胶。

3）如果胶枪电源已经通电，发热也正常，那么接下来需要检查枪嘴，看其是否有杂质堵塞。

4）如果枪嘴正常，那么检查胶条，可能是胶枪倒胶使得胶条变粗，不能顺利出胶，这时需要将胶条清理一下，具体的方法是将胶条轻轻地边旋转边向后拉出一小段，然后将变粗的部分胶条剪掉，之后继续使用。

（2）流胶。热熔胶枪预热时和插上插头不用时都会流胶，解决的方法是将胶条轻轻向后拉出一点点，不超过1cm，这样就可以解决，如果胶条已经用得很短了，那么可以借助小镊子或者其他的工具将胶条轻轻拉出。

2.6.2 焊锡锅

电子产品手工焊接中常用到小型焊锡锅，它主要用于电子元器件引线、导线等的上锡、焊接等场合，焊锡锅如图2-35所示。

小型焊锡锅的种类很多，按发热体绝缘形式来分可分为云母绝缘发热式和陶瓷发热管式两种。云母绝缘发热式焊锡锅的温度在400℃以下，一般要求不高的元器件选用云母绝缘发热式焊锡锅；陶瓷发热式焊锡锅的温度在400～500℃，一般用在漆包线的电感线圈、变压器、扬声器音圈等元器件及各类连接导线的快速上锡和焊接。

图2-35 焊锡锅

焊锡锅使用的注意事项如下：

1）焊锡锅加热后要等到里边的焊锡充分熔化之后才能进行上锡或者是焊接工作。

2）焊锡锅暂不使用时要将电源线拔掉，避免引起火灾。

3）焊锡锅要等里边焊锡冷却，锡锅温度降低之后才可保存，避免烫伤。

4）焊锡锅使用时要避免电源线接触到锡锅表面，否则会导致电源线绝缘层破损，金属导线暴露，引起触电事故发生。

2.6.3 防静电手环

人体经常会由于某种原因带上静电，在焊接印制电路板时，静电接触电子元器件会对电子元器件产生静电电击，有可能造成精密元器件被瞬间产生的高压损坏，因此在焊接电子产品尤其是芯片元器件时需要将身体上产生的静电消除，在电子产品焊接中就采用佩戴防静电手环的方法去除人体上的静电。

防静电手环主要用于焊接容易被静电击穿的元器件，特别是贵重的芯片时佩戴，以防静电击穿元器件。它可以简单地分为有绳防静电手环和无绳防静电手环两种。防静电手环如图 2-36a、b 所示。

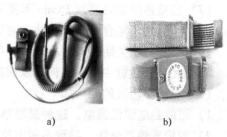

1. 有绳防静电手环

由于其操作简单、价格便宜，成为最基本的防静电设备，是广大电子爱好者、维修者最为广泛使用的防静电手环。它由防静电松紧带、活动按扣、弹簧软线、保护电阻及夹头组成。佩戴时需要将手环腕带接地，从而通过手环腕带到接地系统将人体产生的静电迅速释放。

图 2-36　防静电手环
a) 有绳防静电手环　b) 无绳防静电手环

有绳防静电手环使用时的注意事项如下：

（1）使用时腕带必须与皮肤接触，并确保接地线直接接地，而且接地线必须畅通无阻，这样才能发挥最大功效。

（2）工作中，手环腕带导线的不断弯折最终会让导线内部的金属纤维断开，造成手环腕带防静电功能的失效，所以要定期检查腕带，保证腕带良好。

2. 无绳式防静电手环

是利用静电压平衡的物理原理，依据"静电工程学"中静电乃是利用离子之间推挤方式传递的原理研发而成。无绳防静电手环使用方便，但是相比价格较贵，要根据工作场合不同选择不同的防静电手环佩戴。

2.6.4　吸烟仪

吸烟仪如图 2-37 所示。在手工焊接过程中，锡铅钎料会产生有毒成分气体，而且松香也会产生气体，不仅会影响到操作者的健康还会影响到焊接质量，这就需要使用专门设备将这些气体吸走。吸烟仪内部装有负离子发生器，不仅可以将烟气吸走，还可以起到空气净化的作用，而且它体积小，便于移动，适合电子产品手工焊接时使用。

2.6.5　绝缘小板

图 2-37　吸烟仪

大家都会问到，绝缘小板在电子产品焊接中会起到什么作用？实际上绝缘小板的作用是很大的，主要用在焊接插件时，将元器件插入焊盘之后需要翻转过来，这时如果不将元器件引线弯曲进行焊接，元器件会很容易翘起，而不是紧贴印制电路板，影响到美观，高度有限制还需要进行修整，焊错或者维修需要进行拆焊时由于元器件引线弯曲导致拆焊工作变得困难，因此这时就要用到绝缘小板。当把元器件都插装好后，用绝缘小板盖在电路板元器件面，将其翻转过来进行焊接，这样元器件不会掉落，也不会翘起。焊接贴片元器件时可以将绝缘小板放在暂不进行焊接的一面，这样可以避免因为工作台不整洁而引起的问题。

第 3 章

焊接技术与焊接工艺

本章重点介绍焊接技术及焊接工艺。从钎料、电烙铁的选择开始，具体介绍电烙铁的握法、焊锡丝的拿法、电烙铁加热焊件的方法、焊锡熔化的方法、焊接步骤、焊接前的各种准备工作、焊接时各种注意事项以及拆焊方法。

3.1　焊接预备知识

3.1.1　钎焊简介

钎焊是焊接的一种，焊接可分为熔焊、钎焊和压焊。熔焊是在焊接过程中利用加热被焊器件，使其熔化产生合金而完成焊接的方法，如电弧焊、气焊等；压焊则是在焊接过程中不用钎料和钎剂即可获得可靠连接的焊接技术，如超声波焊、气焊等；钎焊就是利用熔点比母材低的金属经过加热熔化后，渗入焊件接缝间隙内与母材结合到一起，实现可靠电连接的焊接方法，其中的连接点称为焊点，钎焊包括火焰钎焊、电阻钎焊、真空钎焊、锡钎焊等。目前电子元器件的焊接主要采用锡钎焊技术。

3.1.2　钎料的选择

手工焊接中钎料的选择十分的重要。钎料有各种形状的，有丝状的、泥状的、球状的、锭状的，还有各种特定形状的，而且根据焊件不同，选择钎料的形状、规格也各不相同。

在手工焊接中常用的是带松香芯的丝状焊锡，焊锡丝的直径有很多种，一般在 0.5 ~ 3.0mm 之间，常用的有 0.5mm、0.8mm、1.2mm、1.5mm、2.0mm 等。在焊接过程中，应根据实际焊接情况选择不同直径的焊锡丝，一般 0.8mm 或 1mm 的焊锡丝用于电子类元器件的焊接，直径为 0.6mm 或 0.7mm 的焊锡丝用来焊接小型电子元器件。

3.1.3　电烙铁及烙铁头的选择

在手工锡焊中一般选择 20 ~ 30W 的内热式电烙铁，烙铁头的选用依操作者的习惯而定，可以选择斜面式的烙铁头，例如焊接插装元器件时，也可以选择圆锥式烙铁头。但是当手工焊接 IC 等引线密集的元器件及 SMT 元器件时建议采用圆锥式烙铁头。

3.2　手工焊接基本操作方法

手工焊接看似简单，但其中却包含很多技巧，在电烙铁的握法、送锡方法和焊接方法等都有一定的技巧。下面分别进行阐述。

3.2.1　电烙铁的握法

电烙铁的握法有正握法、反握法和握笔法三种，三种握法如图3-1所示。

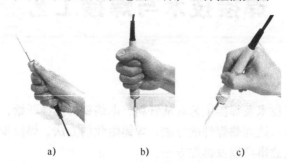

a)　　　　　　　　b)　　　　　　　　c)

图3-1　电烙铁的三种握法
a）正握法　b）反握法　c）握笔法

1. 正握法

用五指把电烙铁的手柄握在掌内，与反握法不同的是烙铁头在小指侧。适用于中功率的电烙铁，弯形烙铁头一般也用此法。

2. 反握法

用五指把电烙铁的手柄握在掌内，烙铁头在大拇指侧。此法焊接时动作稳定，操作不易疲劳，适用于大功率电烙铁，焊接散热量大的被焊件时的操作。

3. 握笔法

用握笔的方法握住电烙铁。适用于小功率电烙铁，焊接散热量小的被焊件，如焊接收音机、电视机的印制电路板及其维修等宜采用此法。

以上是电烙铁的一般握法，广大电子爱好者、维修者可以根据自己的习惯具体选择使用何种方法进行焊接。

3.2.2　焊锡丝的拿法

焊锡丝的拿法分为两种，一种是连续作业时的拿法，另一种是间断作业时的拿法，如图3-2a、b所示。使用焊锡丝之前首先要清除粘在焊锡丝表面的污物，一般右手拿电烙铁，左手拿焊锡丝。手指在距离焊锡丝顶端3~5cm处。连续作业时用拇指、食指和小指夹住焊锡丝，另外两个手指配合使用，自然收掌，这种方法在连续作业时可以连续向前送焊锡丝，不易疲劳。维修、检查焊接的某一点或几个不连续的点时采用断续作业时的拿法，如图3-2b所示。此种拿法比较方便，但是这种方法不能连续焊接。

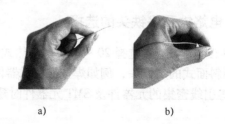

a)　　　　　　　　b)

图3-2　焊锡丝的拿法
a）连续锡焊时焊锡丝的拿法　b）断续锡焊时焊锡丝的拿法

3.2.3　电烙铁加热焊件的方法

用电烙铁焊接元器件时怎样才能在最短的时间内将几种金属以同一温度上升，达到良好的焊接效果呢？这就需要注意加热时电烙铁和元器件的接触方法。为了与元器件有良好的热传导效果，电烙铁的方向是个重要的因素，只有有效地利用烙铁头的侧面积才能达到良好的热传导效果。但是有人为了加热迅速直接对元器件进行加压，这样做不但加速了烙铁头的损耗，而且还可能对元器件造成不易察觉的隐患，直接影响到电子产品的质量。所以烙铁头加热的方法在电子产品手工焊接中是十分重要的。烙铁头和元器件接触的几种正确和错误的方法如图3-3所示。

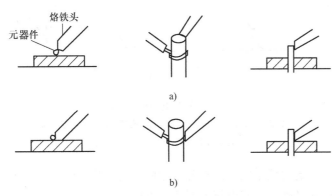

图 3-3　烙铁头和元器件接触方法
a）错误的接触方法　b）正确的接触方法

注意事项如下：

1）焊接时烙铁头与焊件应形成面接触而不是点接触或者是线接触，从而提高焊接效率。

2）当烙铁头上有前一次焊接的残留焊锡时，首先需要把烙铁头的残留焊锡清除干净，然后再加热。

3.2.4　焊锡熔化的方法

焊接过程中熔化焊锡也有一定的技巧和方法，熔化焊锡的方法如图3-4所示。先加热元器件引线，其方法如图3-4a所示，然后送焊锡丝，熔化焊锡丝。图3-4b所示为先将焊锡丝放在元器件引线上，然后将烙铁头放在焊锡丝上，熔化焊锡丝的方法。该方法最适合于焊接小型元器件。图3-4c所示为错误熔锡方法，因为焊接时所用的是带松香芯的焊锡，在该操作方法中焊锡中的松香芯已经全部分解挥发，焊锡也被氧化，这样不仅影响到焊锡的润湿效果，其产生的烟气也会影响到工作环境。

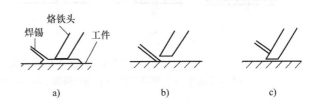

图 3-4　熔化焊锡的方法
a）先加热引线再熔化焊锡　b）先送焊锡再加热　c）错误加热方法

3.2.5 移开电烙铁的方法

焊锡撤离之后焊点完全润湿，此时需要移开电烙铁，如果继续加热会导致原来合格的焊点外观遭到破坏，外观有可能呈现无规则的粗糙颗粒状，颜色变得不明亮，可能会导致焊点不合格。如果加热时间过短会导致不完全焊接的"松香焊"、"电渣焊"等。因此必须等焊锡完全润湿之后才能移开电烙铁，而且移开电烙铁的方法也直接影响到焊点焊锡的多少及焊点的可靠性。移开电烙铁的方法如图3-5所示。

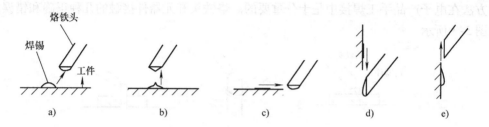

图3-5 移开电烙铁的方法
a）沿烙铁的轴向45°角撤离 b）向上撤离 c）水平方向撤离
d）垂直向下撤离 e）垂直向上撤离

电烙铁撤离元器件的角度不同效果也各不相同，而且移开电烙铁的方法还直接决定了焊点焊锡量的多少，因此必须掌握好电烙铁撤离的方向。

3.2.6 焊接姿势

焊接时，工具要摆放整齐，电烙铁要拿稳，保持烙铁头的清洁。将桌椅高度调整适当、挺胸、端坐，操作者的鼻尖与烙铁头的距离在20cm以上。

3.2.7 焊接步骤

电子产品的手工锡焊接操作可分为两种，一种是五步焊接法，一种是三步焊接法。

1. 五步焊接操作法

电子爱好初学者一般从五步操作法开始训练，五步操作法如图3-6所示。

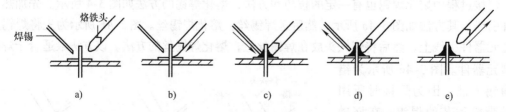

图3-6 五步焊接操作法
a）准备施焊 b）加热焊件 c）熔化焊锡 d）撤离焊锡丝 e）撤离电烙铁

具体操作步骤如下：

第一步为准备施焊：焊接之前首先要检查电烙铁，烙铁头要保持清洁，处于带锡状态，即可焊状态。一般左手拿焊锡丝，右手拿电烙铁，将烙铁头和焊锡丝靠近，处于随时可以焊接的状态，同时认准位置。

第二步为加热焊件：将烙铁头接触待焊元器件的焊点，将上锡的烙铁头沿45°角的方向贴紧被焊元器件引线进行加热，使焊点升温。

第三步为熔化焊锡：元器件引线加热到能熔化焊锡的温度后，沿45°方向及时将焊锡丝从烙铁头的对侧触及焊接处的表面，接触焊件熔化适量焊锡。

第四步为撤离焊锡丝：熔化适量的焊锡丝之后迅速将焊锡丝移开。

第五步为撤离电烙铁：焊接点上的焊锡接近饱满、焊锡丝充分浸润焊盘和焊件、焊锡最光亮、流动性最强时及时移开电烙铁。此时应注意电烙铁撤离的速度和方向。大体上应该沿45°角的方向离开，这样可以形成一个光亮圆滑的焊点，完成焊接一个焊点全过程所用的时间约为 3~5s 最佳，时间不能过长。

2. 三步焊接操作法

三步焊接操作法又可称为带锡焊接法，如图3-7所示，具体步骤如下：

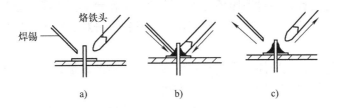

图3-7 三步焊接操作法

a）准备施焊　b）同时加热焊件和焊锡丝　c）同时撤离焊件和焊锡丝

第一步为准备施焊：将烙铁头接触待焊元器件的焊点，将上锡的烙铁头沿45°的方向贴紧被焊元器件引线进行加热，使其升温。

第二步为同时加热焊件和焊锡丝：在待焊元器件两侧分别触及电烙铁和焊锡丝，等待元器件加热，同时熔化适量焊锡丝。

第三步为同时撤离焊件和焊锡丝：当钎料完全润湿焊点之后迅速拿开电烙铁和焊锡丝，焊锡丝移开的时间应该略早于电烙铁或者是和电烙铁同时移开，而不得迟于电烙铁移开的时间，否则焊点温度下降，焊锡凝固焊锡丝粘连在焊点上，导致焊接不成功。

五步焊接操作法是焊接的基本操作步骤，相比于五步焊接操作法，三步焊接操作法在焊接过程中速度更快，节省操作时间，但是对于初学者不应急于求成，直接用三步焊接操作法进行焊接。焊接时对于热容量大的元器件必须严格遵守五步焊接操作法。

3. 左手两用法

通过以上介绍可以看到，在基本焊接操作方法中都是一手拿焊锡丝，一手拿电烙铁进行焊接操作。在给导线或者引线上锡时通常需要将引线或者导线固定，然后再进行焊接操作，这种操作费时费力。如果此时左手既能拿焊锡丝又能拿导线，一只手当两只手用，那将会使焊接操作方便很多，并能节省操作时间。下面介绍一种将左手当两只手用的焊接操作方法。

焊接时的具体操作方法如图3-8所示，用大拇指和食指夹住导线，用食指和中指夹住焊锡丝，用中指向前送焊锡丝。这种操作方法看起来很难学，但是任何人经过一段时间的练习都能学会，并且操作自如。

练习左手两用法时，首先练习在食指上前后活动中指，然后再夹上焊锡丝进行练习。直到学会用中指向前送焊锡丝，然后加上导线，再拿电烙铁练习焊接操作。初学者短时间会不习惯只用左手，可以借助右手进行帮助练习，很快就能掌握该种操作方法。该方法的优点是能够进行精密焊接操作，节省时间，提高工作效率。

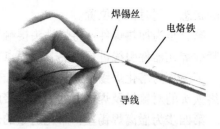

图3-8　左手两用法焊接

3.3　焊接前的准备工作

3.3.1　焊接工具及辅助工具的准备

进行焊接操作之前首先要对焊接环境进行清理，工作台面要干净、整洁，准备好各种焊接工具及拆焊工具，以及镊子、剪刀、斜嘴钳、尖嘴钳、钎料、钎剂等辅助工具，并能正确使用这些工具。

按照要求准备好配料元器件，检查元器件型号、规格及数量是否符合图样要求。

钎料的选择及电烙铁的选择，具体选择方法在3.1.2节中已经介绍，要根据施焊元器件选择焊锡丝的直径。选择合适功率的电烙铁，对电烙铁进行检查，保证电烙铁完好，能正常工作。

除此之外还要对元器件进行焊接性处理、引线成形以及元器件的插装工作。

3.3.2　焊接之前的清洁工作

1. 待焊件的清洁

镀锡之前首先要对镀面进行清洁工作，这样有助于镀锡的可靠性，清洁主要是对附着在焊件表面的锈迹、油迹、附着物等进行清洁，可以用酒精进行清洁，如果锈迹或者是污物严重可以用砂纸打磨或者是机械方法去除，也可用断锯条自制成小刀，刮去金属引线表面的氧化层，使引线露出金属光泽。

2. 印制电路板的清洁

焊接前，还应对电路板进行焊前处理，用砂纸打磨使电路板焊点部位露出金属光泽，然后将处理部位涂上一层松香酒精溶液。

3.3.3　元器件镀锡

元器件可焊性的处理其实就是对经过清洁处理后的元器件引线进行镀锡的工作，镀锡在手工焊接操作中是一项非常重要的工序，只有对元器件焊接表面进行可焊性处理，才能提高焊接的可靠性和速度，减少焊接缺陷的发生。对于不同元器件的表面清理方法也不相同，在镀锡之前要注意。镀锡时元器件引线的表面要与焊锡的熔化温度接近，不能太低也不能太高，太低焊锡镀层效果不好，太高了容易损坏电子元器件。而且在镀锡过程中要使用有效的钎剂，一般用焊锡丝进行镀锡的时候选择有松香芯的焊锡。对于小批量的生产镀锡不能再用焊锡丝一个一个进行镀锡，可以选择用锡锅进行镀锡处理，需要注意的是要保持焊锡的合适温度，不能太高也不能太低，否则熔化的焊锡表面很快就会被氧化。对于多股导线进行镀锡要注意在镀锡过程中剥取导线外层绝缘皮时不能伤到内层导线，而后要将多股导线很好地绞合在一起，镀锡的时候要留有余地，不能让焊锡浸入绝缘层内部，最好是在距绝缘覆皮端部留有 1～3mm 的间隔，这样不仅有利于检查导线是否有断股现象，而且方便导线穿管。镀锡时先将元器件引线蘸一下松香酒精溶液，然后将带锡的热熔铁头压在引线上，并转动引线即可使引线均匀地镀上一层很薄的锡层，若是多股金属丝导线，应该先拧在一起，然后再镀锡。

3.3.4 元器件引线成形

元器件引线成形在手工焊接中也是一个关键步骤，元器件购买时引线的形状是固定的，但是这个形状一般不能满足焊接需求，需要在焊接之前对元器件引线进行加工，也就是元器件引线成形这一步骤。

元器件引线成形需要注意几点：

1）所有元器件的引线都不能从根部进行弯曲，因为这样操作很容易折断元器件引线，一般应该在元器件根部留有 1.5～2mm 的空间，引线弯曲要求如图 3-9 所示。

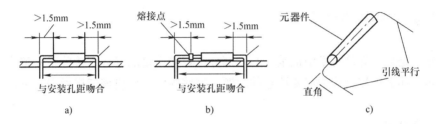

图 3-9　引线的基本成形要求
a）正常引线成形　b）有熔接的引线成形　c）引线弯曲时的要求

2）引线弯曲的角度最好不成直角，应该是具有一定的弧度，弧度大小为引线直径的 1～2 倍。

3）为了方便元器件调试、维修，最好将元器件有字符的一面置于便于观察的位置。

3.3.5 元器件的插装

元器件引线成形之后需要进行插装，插装方法如图 3-10 所示。紧贴插装如图 3-10a 所示，其优点是稳定性好，插装方便、简单，但是这种插装方法不利于元器件的散热，对于散热有要求的元器件不适合，而适合有高度限制的产品。非紧贴插装如图 3-10b 所示，一般产品如果对高度没有明显的限制可以采用此插装方法，这种插装有利于元器件的散热，但是插装时需要控制元器件的高度，保证产品的美观，因此给插装带来一定困难。立式插装如图 3-10c 所示，对于空间有限的产品也可以采取此插装方法。对于这三种插装方式，如果没有特殊要求，一般采取贴板安装。安装的时候要注意元器件字符标记方向应该一致，这样方便辨识和操作；安装时尽量不用手去碰触元器件引线和覆铜，避免接触氧化；如果为了焊接方便还可将引线进行折弯处理，但是这样对于以后的拆焊工作来说是不合适的，因此可以选择前边介绍的绝缘小板协助进行焊接操作。

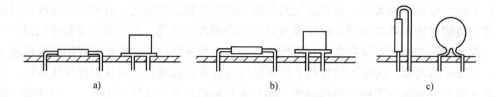

图3-10 引线的基本成形方法
a）紧贴插装 b）非紧贴插装 c）立式插装

3.3.6 安全准备

在焊接之前还要准备适量治疗烫伤的药品，因为在焊接过程中有可能会发生烫伤事件，用过电烙铁的人很多都有被烫伤的"经验"，稍不注意就可能被烫伤。电烙铁的温度一般都会达到300℃，只要手或其他部位皮肤碰触到烙铁头就会被烫伤，而且在焊接过程中如果甩电烙铁也可能会被甩落的焊锡烫伤。所以操作人员要准备烫伤类药品或者用冷水洗，用湿毛巾敷。

3.4 焊接过程中的注意事项

焊接操作是整个焊接技术中最重要的一部分，焊接质量的好坏直接关系到整个电子产品质量的好坏。那么焊接过程中需要注意的问题有哪些呢？具体应该怎样做呢？下面进行详细阐述。

焊接注意事项：

1）根据焊接对象合理选用不同类型的电烙铁。

2）焊接姿势要正确。

3）必须注意焊前处理这一步骤，将元器件及焊点导线等在焊接之前进行清洁及去除氧化物的处理。

4）焊接过程中要保持烙铁头清洁。

5）掌握好焊接的温度和时间。在焊接时，要有足够的热量和温度。温度过低，焊锡流动性差，很容易凝固，形成虚焊；温度过高，将使焊锡流淌，焊点不易存锡，钎剂分解速度加快，使金属表面加速氧化，并导致印制电路板上的焊盘脱落。尤其在使用天然松香作钎剂时，锡焊温度过高，容易氧化脱皮产生炭化，造成虚焊。而且温度过高还有可能对元器件造成不同程度的损坏。焊接时间一定要合适，不能过长也不能过短，应该在保证钎料润湿的前提下焊接时间越短越好。

6）钎料用量。钎料不能过多也不能过少，过多了会出现"堆焊"等现象，而且无端的浪费能源，增加电子产品的成本，增加焊接时间，还会降低工作效率。钎料过少会出现焊点机械强度不够现象。

7）不能用烙铁头对元器件和焊盘施力。焊接过程中不能用烙铁头对元器件和焊盘施力，有人认为这样会增加热量的传送速度，实际上烙铁头的传热速度主要是靠增加烙铁头和焊件之间的接触面积来实现的，对焊点施力不仅达不到这个效果反而会带来一些危害，造成元器件和焊盘损伤。

8）电烙铁撤离的方向。要根据具体的焊接情况看选择哪种撤离方式合适。

9）焊件要固定。在熔化的焊锡凝固之前不能移动或碰触焊件，特别是焊接贴片元器件时，一定要等焊锡凝固好之后才能撤走镊子，否则会引起焊件移位，焊点不合格。

10）焊接过程中要注意安全，避免烫伤和触电事故发生。

11）电烙铁不使用时应该放在电烙铁架上，长时间不使用应该断电放置。

12）多准备几把不同功率的电烙铁，以供不同场合需要。

3.4.1 电烙铁使用时的注意事项

焊接过程中一定要正确使用电烙铁，电烙铁使用时的注意事项参见 2.1.3 节中所述。

3.4.2 烙铁头的修整

参见 2.1.2 中所述。

3.4.3 电烙铁的保养

1）电烙铁应放置在干燥的环境中，不应有易燃和腐蚀性气体和液体。避免因环境潮湿引起电烙铁受潮漏电以及被腐蚀的现象。

2）不能敲击电烙铁，也不能用电烙铁敲击其他物品，避免烙铁头损坏及电烙铁内部电热丝接线处短路。

3）不应用具有腐蚀性的钎剂，宜用松香做钎剂，避免腐蚀烙铁头和电子元器件。

4）电烙铁暂不使用时一定要保证烙铁头处于镀锡状态，防止烙铁头被"烧死"。

5）烙铁头不能上锡时采取正确的处理方法进行处理。

6）电烙铁在通电待焊期间应该采取低温保存。

7）电烙铁在使用过程中不能随意转动手柄，避免电源线短路，损坏电烙铁而且还会引起事故。

8）在没有烙铁架的时候可采用简易烙铁架，切忌将电烙铁随手放置，否则不仅会烫坏桌面、电源线绝缘皮，还会烫坏电子元器件，还有可能会造成意外事故。

9）电烙铁的电源线宜采用三芯软线及带有接地点的插头，接地必须可靠，避免造成漏电事故。

10）电烙铁的电源线在使用过程中如果绝缘皮损坏应及时断电，并用绝缘胶带缠好或者及时更新电源线，避免漏电事故发生。

3.4.4 焊接操作的基本要领

电烙铁的基本操作要领，笔者在多年使用电烙铁手工锡焊过程中总结出"刮、镀、测、插、焊、剪、查、擦、装"九字法。

1. 刮

电子产品焊接之前需要进行预处理，刮就是其中的第一步。对元器件进行清洁除氧化物的处理，用小刀或锉刀、砂纸轻轻的除去电子元器件表面的绝缘层、氧化物及污物，直到露出元器件内层金属为止。对于镀金、银等的引线不能采用刮的方法去除氧化物，应该用橡皮或清洁的布块清除掉表面脏物，对于集成芯片由于其是密封包装，在使用之前可以不用对其进行处理，但是要确保使用之前不能将其弄脏。对于印制电路板上的焊点，用砂纸将其打磨，除去污物及氧化物之后涂抹上松香酒精溶液，等待使用。

2. 镀

电子产品进行焊前预处理之后需要对其进行第二步操作——镀。镀就是对这些处理好的引线、焊盘等进行上锡操作。首先将处理好的元器件涂上钎剂，之后用电烙铁进行上锡处理，主要目的就是避免已经处理好的引线暴露在空气中被再次氧化，提高元器件的可焊性，避免形成虚焊、假焊等不良焊点，影响产品质量；对于少量元器件引线镀锡可采取直接用电烙铁进行镀锡的方法，对于大量元器件引线镀锡可采用焊锡锅进行镀锡的方法。

3. 测

测就是对镀过锡的电子元器件进行测量、检查，这样可以避免不合格元器件的出现，检查出元器件经过电烙铁高温镀锡之后是损坏或者是性能变差，尤其是电容器、晶体管及一些耐热性差的元器件更要仔细检查。只有检查之后质量可靠的元器件才能使用，否则应更换新的元器件。

4. 插

插就是将合格元器件按照一定的顺序插装到电路板上的过程。这个过程中一定要仔细，避免弄错元器件。

5. 焊

焊就是对所有插装好的元器件进行焊接的过程。

6. 剪

即将焊接好的电子元器件插件的引线用斜嘴钳或其他工具剪短，这样可以避免焊接后元器件引线过长引起桥接等现象的发生，而且可以使其满足装机高度的要求；注意剪短之前用镊子转动引线，要确认引线不松动，焊接合格。

7. 查

就是检查焊接好的印制电路板的过程。这个过程必不可少，首先进行目测，可以检查出明显不合格的焊点，其次通电检查可以检查产品是否合格，是否满足电气要求，如果不满足要求可能是元器件插装焊接错误，或者是电子元器件在经过电烙铁的高温焊接之后损坏。查是保证产品质量的必要步骤，尤其在电子产品的研发阶段更是不可缺少。

8. 擦

全部检查之后，需要将印制电路板焊盘上可能遗留的少量钎剂清除，因为遗留的钎剂会保持少量活性并且会吸潮，并吸附灰尘，这样会导致产品性能受影响，引起故障，对于烧黑烧焦的钎剂遗留物更应清除，因为这些炭化材料可能会导电，导致不合格焊点的产生。

9. 装

一切检查合格之后需要将电子产品安装到准备好的设备外壳中，形成一个合格的电子产品。

3.4.5　焊接之后的处理

电子产品焊接之后需要对电路板进行清洁处理，用布蘸取工业酒精进行擦拭，直到印制电路板上没有残余的钎剂及其他污物，光亮为止，以防炭化后的钎剂影响电路正常工作。而后对印制电路板进行检查，检查焊点、电路，看是否满足所要求的电气性能，进而进行装机处理。

3.5　焊点

焊点是把组成电子产品整机的各个元器件安全可靠连接在一起的主要方法，焊点质量的好坏直接影响到电子产品的可靠性及稳定性，因此焊点必须安全可靠，在此对焊点进行详细介绍。

3.5.1　焊点形成的必要条件

要想获得合格的焊点，要具备以下几个条件：

1. 必须保证被焊金属材料具有良好的可焊性

那么什么是可焊性呢？可焊性就是指被焊的金属材料与钎料在适当的温度和合适的钎剂的共同作用下，形成良好结合的能力。我们在电子产品焊接中用得最多的金属材料是铜，铜是导电性能良好和易于焊接的金属材料之一，电子产品中常用的各种元器件引线、焊接用的导线以及焊盘等大多采用铜材或镀铝锡合金的金属材料，除铜以外，金、银、铁等金属也都具有良好的可焊性，但是由于价格及产量问题它们远不如铜的应用广泛。

2. 要保证被焊金属材料表面清洁

被焊金属材料表面必须清洁无氧化，只有这样，才能使得熔融的焊锡与焊件有良好的润湿性，才可能形成良好的焊点。即使是可焊性好的元器件，由于长期存储和污染等原因，焊接元器件表面也可能产生有害的氧化物、油污等，这些都会影响到焊接质量，因此元器件焊接之前必须对其进行清洁、除氧化物的处理。

3. 要合理选择钎剂

钎剂的作用是在焊接过程中去除母材和钎料表面的氧化膜，降低钎料表面张力，改善钎料润湿性，使焊点美观。但是钎剂的性能一定要适合被焊接的金属材料的焊接性能，所以选择合适的钎剂才能很好地帮助清洁焊接界面，有助于熔化的焊锡润湿金属表面，从而使焊锡和被焊件结合牢固。

4. 选择合适的钎料

对于不同的焊接，钎料的选择也不同，要保证钎料中合金的成分和性能与被焊金属材料的可焊性、焊接温度、焊接时间、焊点的机械强度等相适应，从而达到易于焊接和焊点牢固、可靠的目的。

5. 焊接温度要适当

焊接是利用加热钎料从而使钎料熔化来达到焊接的目的，所以只有将钎料和被焊件加热到适当的焊接温度，才能使它们完成焊接过程并最终形成牢固可靠的焊点。

6. 焊接时间要适当

焊接时间对焊锡、元器件的浸润性及合金层形成都有很大的影响，因此焊接时间的长短要适当，时间短会造成焊锡不能完全熔化，容易形成夹渣和虚焊等不合格焊点。焊接时间过长可能会损坏元器件或者焊接部位，使得焊点外观变差，形成不合格焊点，严重时会导致元器件损坏，焊盘翘起、脱落等。因此焊接电子元器件的时间通常控制在 3s 以内，对热容量较大的印制电路板焊接时间控制在5s以内，集成电路及热敏元器件焊接时间不应超过2s。

7. 在钎料冷却和凝固之前，被焊部位必须可靠固定，不允许出现碰触、摆动、抖动等现象

焊点应自然冷却，必要时可用散热措施加快冷却。

只有满足以上要求，在焊接过程中才能形成良好的焊点，满足产品制成的各种要求。

3.5.2 焊点的质量要求

合格的焊点应该具备以下特征：

1. 良好焊点外观

（1）焊接质量良好的焊点，表面要清洁、光滑，有金属光泽。如果表面有污垢和焊接之后的残渣，有可能会腐蚀元器件的引线、焊盘以及印制电路板，如果吸潮有可能会造成局部短路或者漏电事故发生。

（2）焊点表面不应有毛刺、空隙，拖锡等。这样不仅影响到焊点的美观，而且会带来意想不到的危害，尤其是在高压电路中可能会产生尖端放电，导致电子产品损坏。

（3）焊点表面无异样，否则可能会造成焊点的虚焊、假焊现象，导致焊点不可靠。

（4）不能搭焊、碰焊，以防止发生短路事件。

（5）焊锡量要合适，不能过多也不能过少，焊点表面平整有半弓形下凹，焊件交界处平滑过渡，接触角小，这样才能是合格的焊点。

2. 焊点应具有可靠的电连接

焊接中焊点的作用主要有两个：一是将两个或两个以上的元器件通过焊锡连接起来；二是要求其具有良好的电气特性。因此，一个焊点要能稳定、可靠地通过一定大小的电流，没有足够的连接面积和稳定的组织是不行的。因为锡焊连接不是靠压力，而是靠结合层形成牢固连接的合金层达到电气连接的目的。如果仅仅是将钎料堆在焊接元器件表面而形成了虚焊，或只有少部分形成合金层，那么在测试和初期工作中也许不易发现焊点不牢，但是随着工作条件的改变和时间的推移，接触层氧化后有可能出现脱焊现象，电路就会产生时通时断或者干脆不工作的现象。而这时通过眼睛观察焊接电路板外表，电路依然是连接的，即用眼睛是不容易检查出来的，这是电子设备使用中最头疼的问题。因此焊点必须具有可靠的电连接。

3. 焊点应具有足够的机械强度

焊接不仅起电连接作用，同时也是固定元器件保证机械连接的手段，电子产品需要适应各种工作环境，为了保证在振动工作环境中焊件不松动、不脱落，焊点必须具备足够的机械强度，以此来保证产品的安全可靠。作为锡焊材料的铅锡合金本身，强度是比较低的，常用的铅锡钎料抗拉强度约为 $3 \sim 47 kg/cm^2$，只有普通钢材的1/10，要想增加强度，就要有足够的连接面积。但是机械强度不代表用过多的钎料进行堆积，这样容易造成虚焊、假焊短路等现象。

焊接时，焊点的下列几种缺陷对其机械强度具有一定的影响。

1）如果出现了虚焊现象，这时钎料仅仅堆在焊盘上，机械强度极差。

2）钎料未流满焊点，或钎料过少，这时机械强度较低。

3）焊接时，钎料尚未凝固就使焊接元器件振动而引起焊点结晶粗大（像豆腐渣状），或有裂纹从而影响机械强度。

　　为使焊点有足够的机械强度，一般可采用把被焊元器件的引线端子打弯后再焊接的方法，但不能用过多的钎料堆积，这样容易造成虚焊和焊点与焊点之间的桥连现象。

3.5.3　合格焊点

　　合格焊点要求焊接牢固、接触良好、锡点光亮、圆滑而无毛刺、锡量适中、焊锡和被焊件融合牢固，不应有虚焊和假焊等现象。合格焊点外观如图 3-11 所示。

图 3-11　合格焊点的外观

3.5.4　不合格焊点

　　不合格焊点有搭焊、钎料过多、拉尖、浮焊、空洞、松香过多、气泡、钎料过少、铜箔翘起等，如图 3-12 所示。

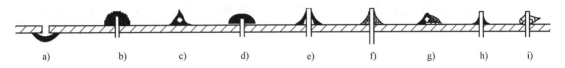

a)　　　　b)　　　　c)　　　　d)　　　　e)　　　　f)　　　　g)　　　　h)　　　　i)

图 3-12　不合格焊点的外观

a）搭焊　b）钎料过多　c）拉尖　d）浮焊　e）空洞
f）松香过多　g）气泡　h）钎料过少　i）铜箔翘起

3.5.5　焊点不良的修补

　　在电子产品焊接过程中焊点不合格的情况经常发生，这就需要对不合格焊点进行修补，原则上不允许用重新加焊锡的方法进行修补，应将不合格焊点的焊锡全部去掉，清洗零件之后才可以重新焊接。

　　在不合格焊点原因明确之后可以采取一边补充带松香芯的焊锡丝一边进行修补的方法。

3.5.6　避免不合格焊点的操作方法

　　焊点不合格会导致各种事件发生，为了避免这些现象的发生，应注意 3.4 节中所述的各项注意事项。

3.6　焊接顺序

　　在电子产品元器件焊接过程中，焊接顺序依次为：电阻器、电容器、二极管、晶体管、集成电路、大功率管，其他元器件为先小后大的顺序进行。对于贴片元器件和插件都存在的电路板首先焊接贴片小电阻，无极性电容，集成芯片等可以称之为最矮的元器件，而后是插件的电阻、电容、二极管、晶体管、集成电路和大功率管等，按照由矮到高，由小到大的顺序进行焊接。

3.7 松香钎剂的使用

在焊接过程中要用到松香钎剂，它是最常用的钎剂，因为松香是中性的，不会腐蚀电路元器件和烙铁头。如果焊接时使用的是实芯焊锡，加些松香是必要的。如果使用松香芯锡焊丝，可不使用松香。如果是新的印制电路板，在焊接之前要在铜箔表面涂上一层松香水。

3.8 不能进行焊接的原因

1）电烙铁本身有问题，这种情况需要对电烙铁进行检查，排除故障。
2）烙铁头"烧死"。
3）电烙铁功率偏小，不能正常熔化焊锡，达不到完全润湿状态。
4）如果是可调恒温电烙铁，可能是温度设置偏低，一般设置在中高档。
5）电子元器件引线等没有进行焊前处理，有污物或者氧化物。
6）焊接方法不正确。

3.9 焊接过程中的注意事项

1）焊前处理一定要做好，必须保证元器件及电路板的焊盘处于可焊状态。
2）不能让头发和电线绞在一起，尤其是长发女士，更应该注意这一点，进行焊接操作的时候必须戴上帽子或者将头发挽起。
3）手汗大的应该戴上手套，避免发生触电事故。
4）电烙铁的电源插头与插座接触一定要合适，避免松脱、损坏和伤害。
5）如果电烙铁每天都要使用，应该用电源插座开关控制电烙铁通、断电，或者在电烙铁电源线上加装电源开关，而不是操作接插件，避免频繁插拔导致插头松动，接触不良，最后导致发生事故。
6）焊接中烙铁头不应长时间浸在钎剂里，不能使用其他腐蚀性很强的化工产品作钎剂。
7）小功率电烙铁有时候热量不够，焊接的时间较长，容易烫坏电子元器件，选功率稍大些的电烙铁，热量充足，可减少焊接时间，焊点接受的热量少，反而不会损坏，因此在选择电烙铁上也需要一定的实际经验。
8）电烙铁的使用注意事项参见2.1.2节。
9）选松香作为钎剂在焊接时可以改善电子元器件的润湿效果，增加元器件的可焊性。钎剂可以直接用松香块，也可配置成松香酒精溶液，由于酒精的挥发性，松香酒精溶液使用之后要拧紧瓶盖。瓶里也可以放一小块棉花，使用时用镊子夹出涂在印制电路板上或元器件引线上。注意市面上有一种焊锡膏（也称焊油），带有腐蚀性是用在工业上的，不适合电子产品焊接使用。还有市面上的松香水，并不是本书中所说的松香酒精溶液，所以电子爱好者在选择钎剂时一定要注意。

10）集成电路在整个电子产品的焊接中应最后进行，而且焊接时必须佩戴防静电手环，电烙铁要可靠接地。也可使用集成电路专用插座，焊好插座后再把集成电路插装上去，这种方法方便经常使用而且损坏频率高的芯片的维修更换操作。

11）焊接完成后，要用酒精把线路板上残余的钎剂擦拭干净，以防炭化后的钎剂影响电路正常工作。

12）焊接完成之后需要关闭电源，清理桌面。

13）电烙铁频繁使用一段时间后，需要更换电源线，防止电源线根部或者是内部折断。

3.10　拆焊技术

电子产品焊接错误以及焊接完成后的调试、实验、检验过程都需要对元器件进行拆焊操作，拆焊就是把已经焊接在电路板上的装错、损坏、需要调试或维修的元器件拆下来更换的过程，拆焊也叫解焊。拆焊需要一定的技巧和耐心，否则过度加热或者拉拽元器件都有可能导致元器件损坏或者是焊盘脱落等现象发生。好的拆焊技术，能保证调试、维修工作顺利进行。

3.10.1　拆焊原则

1）拆焊时不能损坏元器件、导线。

2）拆焊时不能损坏印制电路板上的印制导线和焊盘，也不能损坏印制电路板本身。

3）如果确定要拆除的元器件不再使用可以采取先剪去要拆除的元器件的引线，再去除焊点上余留的引线及焊锡，这样可以避免损坏其他元器件，而且也会提高拆焊速度。对于引线多的元器件，确定元器件舍弃不用可以采取将元器件损坏，而后逐个拆掉元器件引线的方法进行拆焊。

4）拆焊过程中不能损坏其他元器件，不能拆动其他元器件，如果避免不了，拆动之后要尽量恢复原样。

3.10.2　拆焊工具

拆焊需要的工具有电烙铁、镊子、偏嘴钳、医用空心针头、铜编织带、气囊吸锡器、吸锡器、吸锡绳、吸锡电烙铁、热风枪等。工具的具体使用方法在2.2节中已经详细介绍。

3.10.3　拆焊插件方法

1. 用镊子拆焊

用镊子进行拆焊是最简单的拆焊方法，是印制电路板上元器件最常用的拆焊方法，适合于没有专用拆焊工具的情况下进行。

用镊子进行分点拆焊最合适，当要拆焊的元器件数量不多，而且拆焊的焊点距离较远时最适合用这种方法，该方法适用于拆焊插装的电阻、普通电容、电感等元器件。

（1）分点拆焊的拆焊步骤：

1）将电路板直立起来，最好用工具固定住，如没有工具可用手扶稳。

2）用镊子在元器件面夹住元器件的一根引线，用电烙铁对焊接面该引线所在焊盘进行加热。

3）当焊盘上焊锡全部熔化后，用镊子将该焊盘上的引线轻轻拉出。

4）用同样的方法拆除元器件的另外一根引线。

5）焊盘上剩余的多余钎料可在拆焊的同时轻磕印制电路板将钎料去除，这种方法要注意安全，避免甩出的钎料烫伤工作人员，也可以用烙铁头将多余的钎料吸走，但是这样可能达不到焊点通畅。

（2）集中拆焊引线相对少的元器件。集中拆焊适合于拆焊印制电路板上引线之间距离较近的元器件，如晶体管等，具体步骤如下：

1）将电路板直立起来，最好用工具固定住，如没有工具可用手扶稳。

2）用镊子在元器件面夹住元器件。

3）用电烙铁对需要拆焊的元器件各个焊点迅速交替加热，使焊点焊锡同时熔化；如果人员够用，可以两个工作人员协同操作，用两把电烙铁加热元器件，但是此时一定要注意动作必须迅速，以避免烫坏元器件。

4）焊点焊锡熔化后，用镊子轻轻将元器件拉出。

5）焊盘上剩余的多余钎料清除方法同分点拆焊步骤5）。

（3）集中拆焊拆卸集成电路。在没有热风枪的前提下，拆焊集成电路用这种方法比较合适。用这种方法拆焊下来的集成电路一般不允许再次使用。

1）用电烙铁熔化较多焊锡，将元器件其中一侧的引线全部连接在一起。

2）用镊子夹住待拆焊元器件。

3）用电烙铁对被拆焊点连续加热，将该侧所有焊点焊锡熔化。

4）待该侧焊点焊锡全部熔化之后用镊子轻轻将该侧引线全部拉出。

5）用同样的方法拆焊元器件剩余侧面的引线。

6）清理焊盘方法同分点拆焊步骤5）。

（4）注意事项：

1）元器件拆焊之后不能用手去碰触元器件，需要等待元器件降温之后方可碰触，避免烫伤。

2）用镊子将引线拔出的时候动作要轻，不能用力拉、摇、扭、拽等，这样会使元器件性能下降，尤其是塑封、陶瓷等元器件，而且还可能会损坏焊盘，印制导线。

3）拆焊时不能用手拿元器件，其一是避免烫伤，其二是在拆焊集成电路时用手触摸会使元器件引线氧化。

4）安装新的元器件时需要将焊盘插线孔中的焊锡清除干净，否则在重新安装元器件时容易造成印制电路板的焊盘翘起。

（5）清除焊盘插线孔焊锡的方法：

1）可以用适合粗细的缝衣针或者是钢丝，将缝衣针或者是钢丝蘸上松香水后从电路板的非焊盘面插入孔内，然后用电烙铁对焊盘插线孔加热，等待焊锡熔化后将缝衣针或者是钢丝穿出，即可清除孔内钎料。

2）用吸锡器吸除，焊锡太少不容易清除可以采取重新加焊锡的方法，然后用吸锡器吸除，这样做的缺点是如果反复多次容易损坏焊盘。

3）用吸锡带吸除，将吸锡带蘸上松香水之后放置在焊点上，用电烙铁在吸锡带上加热，等到熔化的焊锡都进入吸锡带中即可，可以这样重复操作几次直到达到满意效果为止。

虽然这三种方法都可以将插线孔焊锡吸走，但是可以看出第一种方法是最经济实用的方法；第二种方法会浪费焊锡，而且还有可能损坏焊盘；第三种方法中的吸锡带是铜丝编制，价格不低，这样增加了制作及维修的成本，而且吸锡带是一次性用品，用过一次之后就不能再继续使用。

2. 用专用吸锡工具进行拆焊

专用的吸锡工具以及使用在 2.2 节中已经进行详细介绍了，本章不再重复。

3. 10. 4　拆焊注意事项

1）拆焊时一定要用镊子或者是其他工具将元器件取下，不能用手去拿，避免烫伤。

2）拆焊过程中，避免熔化的钎料或者是钎剂飞溅到其他元器件、引线或者是人身体上，避免烫坏元器件，烫伤工作人员。

3）烙铁头粘有焊锡时不能用力去甩，避免烫伤。

4）焊锡熔化之后需要立刻轻轻拉出元器件，避免时间过长烧坏元器件，也避免用力过猛损坏元器件本身和其他元器件以及印制电路板。

5）在拆焊过的焊盘上安装新的元器件时一定要将焊盘清理干净，避免在安装新的器件时引起焊点不良或者是焊盘以及印制导线翘起等现象。

第 **4** 章

导线、端子及印制电路板元器件的
插装、焊接及拆焊方法

导线、端子及印制电路板元器件的插装、焊接及拆焊方法在手工焊接工作中是非常重要的，正确的操作会使焊接工作顺利地进行，错误的操作会使焊接工作遇到各种想象不到的问题。本章着重阐述导线的焊接方法及技巧、印制电路板焊接中元器件引线成形及插装方法，以及各种元器件在印制电路板上的焊接和拆焊方法。

4.1　导线的焊接方法及技巧

在手工焊接中，要对导线进行手工焊接工作，必须要认识导线的种类，不同的导线应采取不同的焊接方法并掌握导线焊接的方法和技巧。下面对此进行详细介绍。

4.1.1　导线的种类

导线是能够导电的金属线，电子产品中常用的导线有电线和电缆。导线种类繁多，按照导线材质可分为铜线、铝线；按照是否有绝缘层可分为裸线和覆皮线。

1）裸线是指没有绝缘层的金属导线，可分为绞合线和单股线。绞合线分为同心绞合线、复合绞合线、可挠绞合线和编织线。单股线俗称"硬线"，柔软性差，容易成形固定，但在焊接过程中不易附着焊锡，而且单股线一旦被划伤容易折断，适合悬浮连线，不适合一般的焊接；多股线适于常用的焊接工作。

2）覆皮线是在导电材质外覆上一层绝缘覆皮，按照绝缘覆皮材质可分为塑料类、橡胶类、纤维类、涂料类导线。覆皮线也可分为单股线和多股线，覆皮单股线和裸线单股线相似，柔软性差，容易成形固定，不易附着焊锡，容易折断，适合悬浮连线，不适合一般的焊接；覆皮多股线俗称"软线"，绝缘覆皮内有 4~67 根或者更多的导线，应用广泛，特别适合大电流流过的情况。如果是单股线流过大电流，则导线将很粗，硬度高，可弯性差，可焊性差。而多股线可弯性能同单股线相同，采用多股线流过同样的大电流时，相对于单股线而言其可弯性好，焊接工作也相对容易。屏蔽线在弱信号中广泛应用，与屏蔽线结构相同的还有同轴电缆。

4.1.2　剥取导线绝缘覆皮的方法

电子产品中用到的导线基本上都是有覆皮的铜材质导线，因此在使用时需要将外层绝缘覆皮剥掉，以便焊接工作的顺利进行。剥离导线绝缘覆皮的工具有：覆皮烧切工具、剥线钳、斜嘴钳、小刀、剪刀、打火机等。

1. 覆皮烧切工具

对于棉、丝、乙烯、漆包皮覆皮，可使用专业的覆皮烧切工具进行剥皮。白光HAKKOFT-800 电热剥线钳如图 4-1 所示。

用专业的覆皮烧切工具剥去导线的覆皮，导线芯线受损伤少，但是要注意在使用烧切工具时不能长时间加热，否则芯线会变软，导致导线芯线的强度下降；长时间过量加热还会使导线的覆皮碳化，碳化的覆皮容易吸潮吸湿，使得导线的绝缘性能降低。因此使用专业烧切工具的时候一定要注意加热的时间和加热温度。

2. 剥线钳剥线

剥线钳的种类很多，这里介绍最常用的剥线钳剥线方法。用剥线钳剥除导线绝缘覆皮如图 4-2 所示。

图 4-1 电热剥线钳

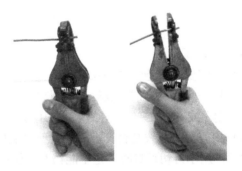

图 4-2 剥线钳剥线

剥皮步骤如下：

（1）根据导线的粗细选择合适尺寸的剪切孔。

（2）将导线放入选好的剪切孔中，确定好要剥取的绝缘覆皮的长度。

（3）握住剥线钳的手柄，导线绝缘层就会被剪断剥离。

（4）轻轻松开剥线钳手柄，导线也被松开，移开导线。

（5）检查导线，看是否出现芯线破损现象，如果出现需要将芯线剪断，重新进行导线的剥离操作。

3. 斜嘴钳剥线

用斜嘴钳剥线主要是利用斜嘴钳的尖端将导线绝缘覆皮剪开一小缺口，如图 4-3 所示。

剥线步骤如下：

（1）确定要剥离导线绝缘覆皮的长度。

（2）用斜嘴钳在选定的长度处剪切 1~4 个小缺口。

（3）用尖嘴钳（或用手）夹住缺口下面的导线，用斜嘴钳夹紧要去除的绝缘覆皮并将其拉出。

图 4-3 斜嘴钳剥线

（4）检查导线芯线是否有被剪断及剪出缺

口的现象。

　　用剪刀剥掉导线绝缘覆皮的方法同用斜嘴钳时相同。在这里主要注意的问题是在剪切导线绝缘覆皮形成缺口时一定不能损伤到芯线。

4. 小刀剥线

　　用小刀也能剥线，不过常用于大直径的电缆绝缘层的剥削，如图4-4所示。

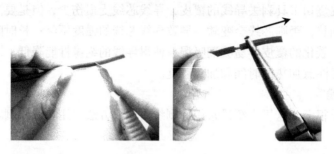

图4-4　小刀剥线

　　剥线步骤如下：

　　（1）确定要剥离绝缘层的长度。

　　（2）用小刀在确定的长度处切一圈很浅的切口。

　　（3）用手或尖嘴钳夹住切好的导线，用另外一把尖嘴钳夹住要去除的绝缘层，并将其拉出。

　　（4）检查导线芯线是否有被剪断及剪出缺口的现象。

　　注意：用小刀切切口时一定不能伤及内层的金属芯线，而且不能伤到自己。

5. 打火机剥线

　　在实际工作中，打火机也是一个很不错的导线绝缘覆皮剥离工具，主要用在没有任何剥线工具的环境中。

　　剥线步骤如下：

　　（1）用打火机将导线外皮烧软。

　　（2）迅速将已经变软的导线外皮剥离。

　　（3）检查导线是否有损伤现象。

　　注意：经打火机烧软的导线外皮温度很高，不能烫伤自己。

6. 屏蔽线

　　屏蔽线及同轴电缆等导线的末端处理应该使用专用的工具。

4.1.3　线端加工

　　剥掉绝缘覆皮的导线不能直接进行焊接，需要先进行线端加工才能进行后续的焊接工作。导线不同，线端加工的方法也不同，下面介绍各种导线的线端加工方法。

1. 单股导线

　　单股导线绝缘覆皮剥掉之后里面的芯线露出，由于导线芯线多数是铜线，所以在剥掉绝缘覆皮之后需要对其进行上锡处理，即预焊，否则铜线接触空气会被氧化，在焊接时还需要进行除氧化层的处理。

2. 多股导线

多股导线绝缘覆皮剥掉之后芯线成散开状态，所以在预焊之前首先要将多股导线的芯线线头进行捻头处理，捻头时应注意要按照芯线原来合股方向进行拧紧，拧紧过程中不能用力过大，避免将芯线捻断。芯线拧紧之后再对芯线进行预焊操作。

3. 屏蔽线

对屏蔽导线及同轴电缆加工时，先剥掉最外层的绝缘层，然后用镊子把金属编织线根部扩成线孔，剥出一段内部绝缘导线，接着把根部的编织线捻成一个引线状，剪掉多余部分，切掉一部分内层绝缘体，露出导线，最后给导线和金属编织网的引线进行预焊。

注意：切除绝缘层过程中不要伤到导线。

4. 漆包线

对于漆包线焊接时需要用研磨工具将漆层去除，除此之外也可以采取用小刀刮去漆层的方法。用小刀刮去漆层时，首先在需要焊接的长度处用小刀向外侧刮，一边刮一边转动漆包线，直到漆包线的绝缘层被全部剥掉为止，然后将剥掉漆层的部分预焊，等待焊接。

5. 注意事项

（1）多股导线捻线时要注意不能用手直接接触导线芯线，可采取的方法是在导线剥皮时不要将剥去部分直接剥掉，而是用手捏紧没有剥落的导线绝缘覆皮进行绞合，绞合时旋转角度在 30°~45°，不能太小也不能太大，角度太小捻线容易松散，太大容易捻紧过度，并且绞合旋转方向应该与芯线原来旋转方向一致，绞合完成后再剥掉绝缘覆皮。

（2）用小刀刮漆包线的漆层时不能伤到导线。

（3）导线上锡之前要蘸取松香水，导线上锡时上锡区域距离绝缘层应该有 1~3mm 的间隔，不能让焊锡浸入到绝缘皮中，烙铁头上放少量焊锡，有助于传热；上锡时上锡区应该向下，避免焊锡过多流到预留的区域，同时有助于多余的焊锡滴下。上锡的要求是全部浸润集中，不能松散，不能有毛刺。这样有利于导线穿套管，同时也有利于检查导线是否有芯线断股，并可以保证绝缘覆皮不被烫坏，保证美观及绝缘性能。

（4）导线剪裁的长度应允许有 5%~10% 的正误差，不允许出现负误差。

6. 导线预上锡方法

经过剥皮处理的导线因为内层芯线裸露在外，接触空气很容易被氧化，而且还会粘附附着物，因此必须进行预上锡处理即预焊后才能进行焊接或放置等待焊接。

（1）用锡锅对导线预上锡，先将导线端头上钎剂，如果是多芯导线需要先进行捻线处理，而后将蘸了钎剂的导线芯线浸入到锡锅中进行预上锡，用锡锅上锡时注意不要将导线过度地浸入到锡锅中，引起预上锡过量，导致焊锡浸入到没有剥掉绝缘覆皮的芯线中，或者是引起导线绝缘覆皮烫焦烫坏。此种导线预上锡方法优点是上锡快，操作简单。缺点是由于用的是锡锅进行预上锡，在上锡过程中导线芯线有切伤切断的地方都会被上锡，断线的地方也会被固定在芯线上，容易导致潜在的焊接缺陷发现不了，成为隐患。

（2）用电烙铁对导线预上锡，导线端头上锡有三种方法：水平上锡法、垂直上锡法和手持上锡法。此种方法给导线预上锡优点是可以发现导线覆皮切断时引起的芯线切伤切断等焊接隐患，可以及时发现并重新进行剥皮处理，避免了潜在问题的发生；缺点是焊接操作慢，不适合大批量的生产。

（3）清洁，导线上锡之后，导线端头有时会残留钎料或钎剂的残渣，对于高精度要求的场合应及时清除，否则会导致焊接时焊接缺陷的形成。清洁时可选用酒精，不允许用机械方法刮擦，损伤导线。

4.1.4 导线的焊接方法

导线的焊接与元器件的引线焊接有所不同，导线焊接不良图例如图4-5所示。图4-5a虚焊是由于芯线润湿困难而产生的不良现象，其原因是芯线未进行预上锡处理，或者虽然经过预上锡处理，但放置过久表面已经被氧化或者被污染。发生这种现象时，需要再次进行预上锡处理；导线芯线过长如图4-5b所示，裸露在焊点外面的没有覆皮的导线过长，这种容易导致导线折断，并且在设备中容易导致和其他焊点搭接短路；焊锡漫过绝缘覆皮的现象如图4-5c所示，是由于导线末端加工的长短不合适造成的，在钩接连线和绕接连线时也容易发生这类不良现象；外皮烧焦如图4-5d所示，原因是烙铁头碰触到了导线的绝缘覆皮，导致绝缘覆皮烧焦，所以在焊接时不仅要注意被焊导线，也要注意到工作环境周围的导线；覆皮熔化如图4-5e所示，主要原因也是在焊接过程中烙铁头碰触到了覆皮；芯线有断丝如图4-5f所示，这是由于加工切割覆皮时工具划伤造成的，这样的不良现象往往带有普遍性，所以一旦发现一根导线有断丝，就要注意其他导线是否也有这种情况；绝缘覆皮破裂如图4-5g所示，可能是绝缘覆皮剥取过程中划伤导致；甩丝如图4-5h所示，这是因为捻头过松导致，如果将甩丝的芯线剪掉会影响到导线的机械强度，如果重新焊，即将甩丝的芯线重新进行捻线处理也有一定的难度，因此在焊接时要注意这种不良现象；焊锡沿芯线浸入绝缘覆皮内如图4-5i所示，是由于焊接时过热引起的，外皮绽开是因为芯线和外皮配合不好，对于焊锡沿芯线浸入覆皮内有两种看法：一种意见认为容易造成根部折断，是缺点，相反，另外一种意见认为能增强根部机械强度，是优点；芯线散开如图4-5j所示，这是在焊接时烙铁头压迫芯线造成的，将导致导线的强度降低，焊接过程中焊锡不是靠压力熔化的，所以焊接时烙铁头应该轻轻地放在焊锡丝上。在导线的焊接过程中要注意避免各种不良焊接现象的发生，保证导线焊接成功。

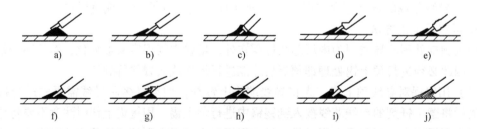

图4-5 导线焊接不良图例

a) 虚焊 b) 芯线过长 c) 焊锡漫过覆皮 d) 覆皮烧焦 e) 覆皮熔化
f) 断丝 g) 外皮破裂 h) 甩丝 i) 焊锡上吸 j) 芯线散开

4.1.5 导线与导线的焊接方法

导线与导线之间的焊接有三种基本形式：搭焊、钩焊和绕焊。

搭焊：将镀过锡的导线搭接到另外一根镀过锡的导线上。这种方法最简单，但是强度最低，可靠性最差，仅用于维修调试中的临时接线或者是不方便绕焊、钩焊的地方以及一些插件长的焊接。搭焊时需要注意从开始焊接到焊锡凝固之前不能松动导线，如图4-6a所示。

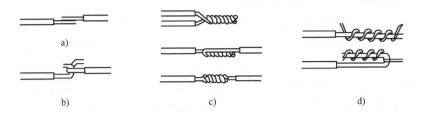

图4-6　导线与导线的焊接

a）搭焊　b）钩焊　c）相同粗细的导线绕焊　d）粗导线和细导线的绕焊

钩焊：将镀过锡的导线弯成钩形，连接在一起并用钳子夹紧之后焊接，如图4-6b所示。钩焊的强度低于绕焊，但是操作简单方便。

绕焊：将镀过锡的导线缠绕拉紧后进行焊接。导线的粗细不同，绕焊方法不同，如果导线有粗有细，可将细导线缠绕到粗导线上，如果导线同样粗细可采用扭转并拧紧的方法。具体缠绕方法如图4-6c、d所示。绕焊的可靠性最高，因此在导线与导线的焊接中一般采用绕焊方法。

导线之间的连接以绕焊为主，绕焊的操作步骤如下：

1）根据要求将导线去掉一定长度的绝缘覆皮；

2）对导线进行预焊处理；

3）将导线套上合适直径的热缩管；

4）将两根或者是多跟导线绞合，并进行焊接；

5）趁热将热缩管套上，待焊接处冷却后热缩管固定在导线的接头处。

4.1.6　导线与接线柱、端子的焊接方法

接线柱是为了方便焊件与导线的焊接而用的零件，它实质是一段封在绝缘材料里的金属片，两端都有插孔可以插入导线进行焊接，有的接线柱上有螺钉用于紧固或者松开，适合于大量的导线互联。接线柱的种类很多，有片状、柱状、管状等，其中带孔的片状称为开孔状、带切口又称为开口状。柱状接线柱为了钩绕导线、方便焊接开有沟槽，管状接线柱也有双侧开槽的和单侧开槽。

导线与接线柱、端子的焊接方法也分为搭焊、钩焊和绕焊，如图4-7所示。

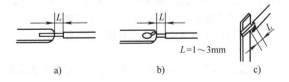

图4-7　导线与端子的焊接

a）搭焊　b）钩焊　c）绕焊

绕焊：经过上锡的导线端头在接线端子上缠绕一圈，再用钳子将缠绕的导线拉紧，之后进行焊接操作。绕接时，导线在接线柱的周围相对于接线柱应垂直缠绕，绕线必须整洁牢

固，否则焊接时如果缠绕处松弛，焊接处将会由于导线松弛引起松动而无光泽，还会造成虚焊。绕接后多余的导线应该用斜嘴钳剪掉。

钩焊：将上过锡的导线端头弯成钩形钩在接线端子上，用尖嘴钳夹紧之后再进行焊接工作。注意导线与接线端子的接头不能松动。钩焊的焊接强度低于绕焊，但是焊接简单容易操作，所以在不需要特别高强度的场合采用钩焊的方法更方便。

搭焊：把经过上锡的导线端头搭接到导线端子上进行焊接，搭焊是最简单的焊接方法，但是强度及可靠性最差，适用于维修调试及临时需要焊接的地方或者是不便缠绕的地方，不能用于正规产品的焊接中。

1. 管状接线柱的焊接方法

管状接线柱是一底部密封的空心管状物，也就是非穿通的筒形接线柱。有的书上也叫做槽形接线柱或杯形接线柱，主要用于连接器的插头和插座接线，如图4-8所示。在接线时，插入到端子中，之后即可进行焊接操作。

图4-8　管状接线柱

导线与管状接线柱焊接如图4-9所示，步骤如下：

（1）导线末端处理。因管状接线柱是底部密封的空心管状物，所以导线处理之前必须先测量管状接线柱孔的深度，根据深度剥去导线绝缘覆皮，剥去导线覆皮的长度应比端子孔的深度稍长1~3mm，如果是粗线应为二倍芯线直径的长度。

注意：为避免焊接时在导线端面上产生残留的气泡，芯线上锡后应将芯线的线端切成斜面形状。

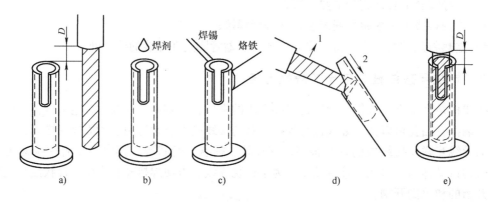

图4-9　导线与管状接线柱的焊接

a）修理芯线长度　b）向管状接线柱中滴入钎剂　c）加热熔化焊锡

d）将导线插入到管状接线柱中　e）焊接完毕

注：D为绝缘层与接线柱顶部的距离

（2）向管状接线柱孔内填充焊锡。管状接线柱填充焊锡不能采取从顶端加热焊锡使其熔化滴入管状接线柱的方法，这种方法填充焊锡时，焊锡在滴落过程中会再次凝固，达不到良好填充的目的，填充焊锡时应用电烙铁紧贴管状接线柱的侧面进行加热，如果是铜材质的管状接线柱则应用热焊钳进行加热，而后将松香芯焊锡丝放入接线柱孔中，待其熔化后填充整个管状接线柱孔。也可以采取在加热前填充适量焊锡的方法，让其在电烙铁加热管状接线柱时熔化，但是这种方法需要向孔内适当补充焊锡。

注意：在对焊接可靠性要求特别高的场合，有时需要清除已经填充的焊锡，进行第二次填充，清除第一次焊锡我们可以理解为与导线的预焊作用相同。

（3）插入待焊导线。管状接线柱孔中焊锡熔化之后，将经过处理的导线慢慢插入到熔化的焊锡中，当芯线与孔壁充分润湿后停止加热，此时，导线不能动，直到焊锡充分凝固。

注意：在此过程中，导线应贴着管状接线柱插头长的一侧内壁缓慢插入，直到插入到孔的底部为止。

（4）清洁整理。

导线与管状接线柱焊接时注意事项如下：

（1）插入导线时一定要插到孔的底部。

（2）确保多芯导线的每股导线均插到孔的底部，不能有芯线甩到管状接线柱外部。

（3）用加热钳加热铜管状接线柱时，应在加热完毕切断电源之后再撤离加热钳，否则先撤离加热钳再断开电源可能会产生电弧导致接线柱端子损伤。

（4）导线插入时一定要沿着接线柱插头长的一侧内壁垂直插入，并且速度应该缓慢。

（5）孔中焊锡凝固之前不能触动导线。

（6）导线的绝缘层与接线柱顶部保持大约一个线芯直径的间隙。

（7）焊锡加在孔内不能溢到孔的外表面。

（8）孔底不能有存留的气泡和松香。

2. 钩形接线柱

导线与钩形接线柱的连接在手工焊接中也经常遇到，钩形接线柱如图4-10所示。

（1）导线在钩形接线柱上的缠绕方法

1）单根导线绕在钩形接线柱上，要注意导线经钩形接线柱后其切口端部应伸出接线柱端部，长度约1mm左右，不能紧贴钩形接线柱边缘剪掉，导线弯曲部分长度也不能小于钩形接线柱直径长度，否则会造成钩接不牢，导线边缘覆皮层距钩形接线柱应有一导线芯径的距离。

2）多根导线连接时，要使两根导线方向并列、水平一致的缠绕到钩形接线柱上，这种方法在焊接中最为常见，焊接强度高，可靠性高，导线伸出钩形接线柱长度与其绝缘覆皮距钩形接线柱的高度同单根导线焊接相同。两根导线绕接的位置在钩形接线柱两侧。

除此之外，多根导线与钩形接线柱的缠绕方式还可采用导线上下垂直紧贴方法，该方法的可靠性稍差。导线与钩形接线柱连接示意图如图4-11所示。

图4-10　钩形接线柱

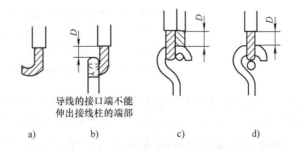

导线的接口端不能
伸出接线柱的端部

a)　　　　b)　　　　c)　　　　d)

图4-11　导线与钩形接线柱的接法

a）导线的正确弯曲　b）单个导线与钩形接线柱的接法　c）双根导线与钩形接线柱的左右并列接法　d）双根导线与钩形接线柱的上下垂直接法

注：D为绝缘层与接线柱端面距离

（2）导线与钩形接线柱的焊接步骤

1）清理接线柱上的附着物、氧化物。

2）导线处理方法同柱状接线柱导线处理方法相同。

3）焊接之前在烙铁头上放少许焊锡，将烙铁头紧贴接线柱一侧加热，焊锡在接线柱另外一侧，通过热传递使接线柱另外一侧的焊锡熔化。

4）焊锡要适中，使熔入到接线柱和导线中的焊锡合适。

5）焊锡冷却后方可移动接线柱与导线，否则会造成不合格焊接。

6）清洁整理。

导线与钩形接线柱焊接时的注意事项如下：

（1）单根导线与接线柱焊接时，导线接口端不应伸出钩形接线柱的端部。

（2）为了整齐美观，两根或多根导线焊接时应使导线绝缘覆皮距离钩形接线柱的距离相等。

（3）如果采用两根或多根导线垂直焊接时，最里层导线的弯曲半径与绝缘层的距离最短，最外层的导线弯曲半径稍大，离绝缘层的距离最大，其距离为 $d_1 + d_2 + \cdots + d_i + \cdots$，其中 d_i 为第 i 个内层导线的直径。

（4）焊锡只要能使导线形成良好的凹面轮廓即可，不要把导线间的空隙填满；焊锡过多不仅会造成焊接缺陷产生，还会造成焊锡浪费。

（5）并列连接的两根或几根导线的弯曲直径应该相同，绝缘覆皮的高度也应相同。

3. 塔式接线柱的焊接

导线焊接到塔式接线柱上应该注意以下几点：

（1）导线的弯曲。将上过锡的导线绕接到塔式接线柱上缠绕 270° 或者 360°，即绕 3/4 或 1 圈，如图 4-12 所示：缠绕 3/4 圈时导线端部剪切应和接线柱的中心轴线一齐，弯曲半径应和接线柱半径一样。

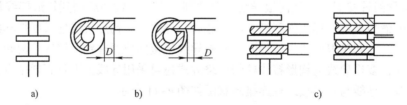

图 4-12　导线与塔式接线柱的接法

a）塔式接线柱示意图　b）单根导线与塔式接线柱

连接俯视图　c）双根导线与塔式接线柱连接

注：D 为绝缘层与接线柱端面距离

注意：不管是缠绕 3/4 还是 1 圈，导线都应紧贴接线柱缠绕，不能有缝隙。导线绝缘层到接线柱应留有一定间隙，长度约为一个芯径的长度即可。

（2）电烙铁温度不能只由烙铁尖端传递，应充分利用烙铁头的表面范围使烙铁头与被焊物体充分接触，可采用在烙铁头上或被焊元器件上加少许焊锡来加快热传导，焊锡应在接线柱上与烙铁头的对立面送入，因为焊锡有从温度低处向温度高处流动的特性。

（3）焊锡不能溢到柱状接线柱外面太多。

（4）焊接完毕形成凹面焊锡轮廓线。

（5）清洁整理。

4. 片状接线柱

片状接线柱也叫开孔接线柱、穿孔接线柱。常见于开关，电位器及接地片中，片状接线柱如图 4-13 所示。

在导线预焊后，将端头部分用钳子弯曲成 V 形，而后将导线挂钩于开孔处，可以使从端子轴线方向挂钩，用钳子压紧，可靠地固定在端子上，导线弯头不应过短，应达到穿孔边缘。

导线与片状接线柱焊接的注意事项如下：

（1）导线与端子应紧密靠牢。

（2）导线与穿孔挂钩之后，导线端头应无横向弯曲，无突出部分，导线端头不应过短或过长超过端子边缘。

（3）导线边缘绝缘覆皮与端子边缘应有一个芯径左右的距离。导线与片式接线柱接入方法如图 4-14 所示。

图 4-13　片状接线柱

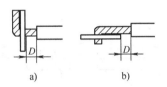

图 4-14　导线与片式接线柱的接入方法

a）导线从侧面插入　b）导线从边缘插入

注：D 为绝缘层与接线柱端子距离

（4）焊锡量要充足，以能清晰看清导线外形轮廓为准；接线柱穿孔不必用焊锡全部填满。

（5）清洁整理。

5. 分叉接线柱

导线连接到分叉接线柱上有侧路连接和底部连接两种方法。

（1）侧路连接。侧路连接的导线端头有两种弯曲方法，如图 4-15 所示。对于两根以上导线的弯曲方法同单根导线相同，导线插入接线柱的方法有两种，一种是所有导线绕挂接线柱时进入点相同，另外一种是两根导线绕挂接线柱的进入点相反，当两根导线较粗时，采用上下垂直进入接线柱的方法，但是要注意两根导线应处于同一水平方向，当导线较细时采用左右平行进入分叉接线柱的方法，两根导线进入分叉接线柱的方法如图 4-16 所示。

注意：导线末端必须向接线柱方向弯曲，导线从同一侧进入分叉接线柱的，每根导线都应弯曲 90°，并向相反的方向绕挂。侧路连接正确和错误的弯曲方法如图 4-17

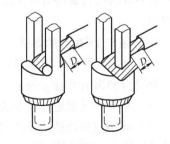

图 4-15　侧路连接的导线
端头弯曲方法

注：D 为绝缘层与接线柱端子距离

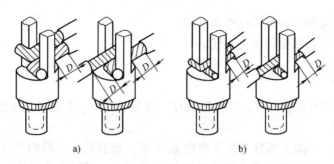

图4-16 两根导线进入分叉接线柱的方法

a）导线较粗的情况 b）导线较细的情况

注：D为绝缘层与接线柱端子距离

所示，分叉接线柱连接时导线端头的修剪方法如图4-18所示。

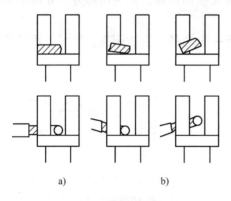

图4-17 正确和错误的弯曲方法

a）正确 b）错误

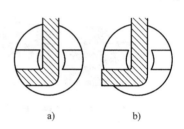

图4-18 分叉接线柱绕挂导线
端头的修剪方法

a）正确 b）错误

（2）底部连接 将导线从分叉接线柱底部穿孔进入之后用钳子将导线端部向分叉接线柱一端弯曲，如图4-19所示。注意弯曲时应紧贴接线柱，导线端部不能超过接线柱边缘，插入接线柱底部穿孔中的导线应是除去绝缘覆皮经过处理之后的端部，导线绝缘覆皮距孔边缘留有一个芯径左右的距离，从底部焊接之后分叉接线柱的分叉处应用填充导线将其填满，注意填充导线端部剪切与分叉接线柱顶部齐平。必要时使用散热片保护导线，而后将填充导线焊牢。

6. 导线与PCB针的焊接

PCB针即导线与PCB板连接所用接线柱，如图4-20所示。

导线与PCB针焊接步骤：

（1）将导线端部进行预处理。

（2）将经过预处理的导线与PCB针交叉垂直接触，尽量靠近PCB针底部，导线绝缘层离接线柱约一个芯径的距离。

（3）用尖嘴钳将导线预处理端围绕PCB针缠绕，缠绕后如图4-21所示。

（4）进行焊接，焊接时要注意电烙铁放置位置应与导线绝缘层所在方向相反，烙铁头加

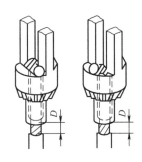

图 4-19　分叉接线柱的底部
连接方法

注：D 为绝缘层与接线
柱端部距离

图 4-20　PCB 针

图 4-21　导线与 PCB 针
的接入方法

注：D 为绝缘层与
接线柱的距离

少量焊锡利于传热，在电烙铁相对面加焊锡丝，形成良好焊接，焊锡不能过少，过少强度不够，也不能过多，过多容易在 PCB 针座上形成堆积的焊锡。引起虚焊、连脚等不良焊接。

（5）清洁整理。

7. 注意事项

（1）所有测试及调试使用时暂时的焊接都采用搭焊方法。

（2）如果条件不允许，烙铁头和焊锡丝不能在接线柱两侧放置时采用上下放置的方法。

（3）各种焊接中，预处理之后的导线弯曲最好使用专门的绕圆工具，例如圆嘴钳等，以方便导线与接线柱焊接。如果用一般尖嘴钳，需要注意不能划伤或损坏导线，导线绝缘覆皮与接线柱之间要留有一定间隙，该长度为导线芯径长度即可。

（4）为了获得良好的焊接效果，应在接线柱上加上焊锡，而且要加在电烙铁的对侧，焊锡由灼热的接线柱熔化而流到导线的周围，形成焊接带，应注意焊锡不能使用太多，为了确保这点，要查看每根导线的轮廓是否明显浸过焊锡，以及表面是否光泽。

4.1.7　尖嘴钳在导线绕接和钩接中的使用方法

尖嘴钳在导线绕接和钩接中起着重要的作用，正确使用尖嘴钳会令工作事半功倍，正确的握钳方法如图 4-22 所示。

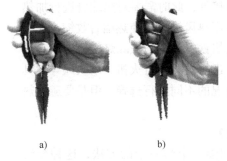

a)　　　　　　　　　　b)

图 4-22　尖嘴钳的握法

a）一般尖嘴钳　b）带弹簧的尖嘴钳

尖嘴钳的使用方法如图 4-23 所示。

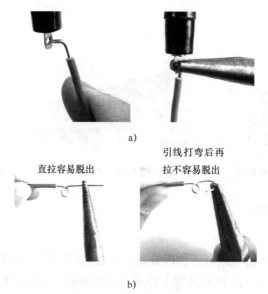

a)

引线打弯后再

直拉容易脱出　　　拉不容易脱出

b)

图 4-23　尖嘴钳的使用方法

a）勾焊中的使用方法　b）绕焊中的使用方法

4.1.8　热缩管的使用和绝缘胶布的使用

热缩管又叫热缩套管，具有遇热收缩的功能、柔软阻燃、绝缘防蚀、使用方便。在电子产品的焊接中起着重要的作用，可以方便地套在导线，电缆上，起到绝缘保护作用，也可以用作防锈、防蚀保护，保护耐热性差的导线，将数根导线拢在一起还能起到增强导线机械强度。使用时根据需要选择不同尺寸的热缩管。

覆皮导线焊接时都经过剥皮处理，这样在焊接时就会有金属芯线裸露在外，需要对其进行绝缘处理，可以采用绝缘胶布缠绕的方法，但是绝缘胶布使用时间长会失去粘性脱落，因此这里采用热缩管绝缘，如果是长导线焊接时可以事先将热缩管剪成需要长度，而后套在导线上，注意在焊接之前热缩管应该放置在距离导线端头稍远位置上，因为加热焊接时由于热传递作用，热缩管有可能受热就收缩。当焊接完毕后在温度许可的条件下迅速将热缩管套在焊接处，焊接的余温即可将热缩管收缩，使其牢固的固定在焊接处。如果焊接不方便，可以等待焊接处冷却之后再将热缩管套在焊接处，此时需要对热缩管进行加热使其收缩，加热的方法可以用热风枪加热使热缩管收缩，在没有热风枪的前提下也可用电烙铁，用电烙铁除烙铁头外的高温部位接触热缩管使其收缩，还可以使用打火机，电吹风等工具使热缩管收缩，根据具体情况的不同进行选择，但是要避免热缩管损坏破皮现象发生。

1. 热缩管的套法有两种

一种是对于引线采取间隔一个套一个的方法，这种套法适合引线间仅要求绝缘的场合；另外一种是每根引线上都套上热缩管，这种方法不仅绝缘，而且每个引线的强度都增强了，如图 4-24 所示。

a)　　　　　　b)

图 4-24　热收缩管的套法

a）采取间隔一个的套法

b）每根引线上都套上

2. 热缩管在元器件上的使用方法

元器件的引线基本上都是裸线，在元器件距离非常近的情况下容易发生短路故障，因此需要进行绝缘处理，元器件上套热缩管有三种方式：一种是套在元器件上；一种是套在元器件和引线上；一种是仅套在元器件引线上，如图 4-25 所示。

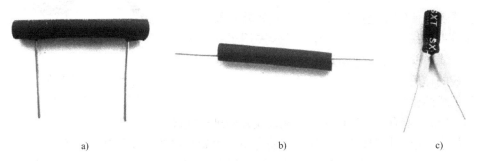

a)   b)   c)

图 4-25 热收缩管在元器件上的套法
a）套在元器件上 b）套在元器件和引线上 c）套在元器件引线上

3. 热缩管在导线上的使用方法

热缩管可以作为捆扎导线使用，也可以套在导线外面使用，可以起到绝缘、增强机械强度、热保护以及将导线捆扎到一起的作用。捆扎导线时有两种方法：一种只是为了将导线束缚在一起，如图 4-26a 所示；一种是为增强机械强度和实现热保护的套法，如图 4-26b 所示。

注意：热缩管加热成型过程中应平整、无折皱、无烧焦现象。

a)   b)

图 4-26 热收缩管在导线上的使用方法
a）束缚导线用 b）增强机械强度和实现热保护

4.1.9 检查和整理

导线与导线，导线与端子焊接完毕之后需要进行检查，可以用力拉拽导线，看是否焊接牢固；焊接牢固之后再检查焊接接头，看热缩管是否紧固，是否有破损的地方，如果破损需要重新套热缩管或者缠绕绝缘胶布。

4.1.10 把线的制作方法

在电子设备中，将焊好的导线扎起来叫扎线把，也称为把线。把线的目的是为了提高连线速度，稳定质量，并使连线整齐，这样不仅可以减少连线错误，又便于检查，而且使得仪器内部整齐、美观。

制作把线时需要用到扎线用品，扎线用品有扎线带、扎线夹等。如图4-27所示。

捆扎线价格便宜用途广泛，分为丝线和软管线两种。扎线带适用于手工扎线工作，扎线夹用于扎线和固定导线，使用时不仅起到扎线的作用还能起到固定导线的作用。

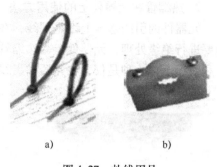

图4-27 扎线用品
a）扎线带 b）扎线夹

制作把线的要领：

1）扎线线端留有一定长度时，要从线端开始进行扎线。

2）导线走线要排列整齐、清晰、有棱有角。由始至终的导线要扎在上面，中间引出线一般应从下面或者两侧引出，最短走线应放在最下边，依次类推，不允许从表面引出导线。

3）扎线时为了防止连线错误，要按分支进行扎线。

4）扎线的松紧要适度，不应过松或过紧，过松容易使导线脱落，过紧容易损坏导线。

5）扎线的节距要均匀，间隔一般为50mm，可根据连线密度及分支数量缩小或者加大节距，使得外观看起来整洁美观。

6）导线连线要平直，导线拐弯处要弯好后再扎线。

在要求严格的场合还可以用把线板进行把线制作。

4.2 检查和整理

焊接结束后要对焊接的元器件、导线进行检查和整理，这也是焊接过程中一个重要的环节。需要检查的项目有：

1）检查焊点有无虚焊、假焊、漏焊、连焊等不良焊接现象。

2）检查元器件有无焊错，元器件极性有无插反现象。

3）检查布线有无错误及漏布现象。

4）检查有无钎料小片，飞溅的钎剂沫，剪断的线头等附着在上的现象。

5）检查导线是否焊错，整理是否完好，外观是否自然、整齐。

以上检查完毕之后，进行产品的下道工序。

4.3 印制电路板元器件引线成形及元器件插装

4.3.1 印制电路板上元器件引线成形

元器件焊接到印制电路板上之前有引线成形、元器件插装两个预处理步骤。

插装元器件焊接在印制电路板上之前必须先将其引线弯曲以适应印制电路板的安装，称为引线成形。

1. 引线成形的目的

印制电路板上焊接导线，插装元器件都要进行引线成形处理，对于轴向引线元器件（元器件引线从两侧成一字形伸出），为了使其插装在印制电路板上，必须向同一方向垂直弯曲，两根引线要在同一水平面内并且两根引线要平行，这样做不仅可以缓解引线浸锡时的热冲击，保护元器件和电路板，同时可以使元器件的安装方便可靠，对于引线在同一方向的元器件（如晶体管之类），为了增加热传导的距离，提高热阻，缓解焊接时由于电烙铁加热时温度变化引起的热膨胀，收缩的应力等，也要对其进行引线成形处理，引线成形时要注意在距离引线根部一定距离处打弯成形，不能对根部施加任何应力，因为这类元器件在生产加工过程中由于热处理而变脆，容易折断。

2. 导线成形、焊接

导线在印制电路板中起连接线作用，可看成插件，因此在导线焊接之前也要进行成形处理。将导线按照连接要求剪下合适长度，注意剪下导线必须平直不能扭曲，将导线剥皮上锡后用尖嘴钳在距离导线端头 20mm 的地方夹住，用拇指将导线按在尖嘴钳上成直角，此时不要转动尖嘴钳。注意用拇指按住导线可能会导致导线沾上污物，因此可采用镊子或另外一把尖嘴钳合作共同弯曲导线。

确定需要连线的焊盘孔，将已弯曲的导线一端插入一侧插孔内，测试需要焊接的两孔的长度后将导线拿出，将导线另一端也弯成直角；也可不将导线插入孔中，而采用将插入部分对着插孔垂直向上弯曲的方法，另一端对准另一侧待焊孔，直接将导线弯成直角。

导线成形之后将导线插入焊盘孔内，插入时导线引线应垂直，如果连线太短或太长，都将会造成导线焊接不合格，导线的安装如图 4-28 所示。

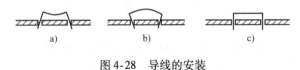

图 4-28 导线的安装

a）导线过短 b）导线过长 c）正确安装

导线插入后需要在电路板另一侧进行焊接工作，如果直接将电路板翻转焊接，导线会从焊盘孔中掉落，因此需要采取一定方法，可在插入导线后将导线进行打弯处理，保持导线不掉落，注意弯曲时保持尖嘴钳与电路板平行，弯曲导线与电路板成30°，用同样的方法弯曲另外一侧导线，弯曲方向应沿着电路板铜箔的走向，不能超出其边缘。除此之外还可采用绝缘小板，当连接线引线插装好之后，将绝缘小板覆在连线面，之后翻转绝缘小板和印制电路板进行焊接，此种方法在拆焊时有明显优势。

连接线焊接完毕之后对连接线进行处理，用斜嘴钳将多余连线剪掉，连线预留长度不能超过焊盘半径，尽可能与焊锡形成的焊点顶端齐平。

3. 规则轴向元器件的引线成形

轴向元器件引线的几种基本加工形状如图 4-29a、b 所示。

（1）引线成形要求。引线成形时不能从引线的根部进行弯曲，弯曲的地方至少离开引线根部 2mm，应该有适当的圆角，圆角直径为引线直径的 2 倍以上。

（2）轴向引线元器件弯曲的步骤。

1）将电阻置于印制电路板上两个待焊焊盘的中心位置。

2）将尖嘴钳外边缘移到焊盘边缘位置，贴近焊盘内孔近电阻一侧，边缘位置，垂直向上弯曲其中一引线，同理弯曲另外一只引线（也可将弯好引线插入焊盘孔中，然后再弯曲另外一侧引线）。

注意：引线弯曲方向与元器件本身要成直角，而且两根引线要平行且与元器件中心轴线在同一平面内，两侧引线的弯曲位置与元器件的距离要相同。如图4-29c 所示。

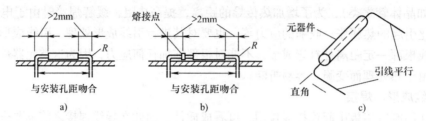

图4-29　引线的基本成形要求

a）正常引线成形　b）有熔接的引线成形　c）引线弯曲时要求

4. 两焊盘孔距不标准时引线成形的形状

当两焊盘间距为标准间距时采取上述方法进行引线成形，当焊盘间距较小为非标准间距时，采取下述方法弯曲引线成形。如图4-30 所示。

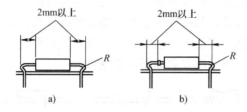

图4-30　孔距不是标准孔距时引线成形方法

a）正常引线　b）有熔接的引线

由于引线不能从元器件根部弯曲，所以这里在距离引线根部2mm 以上位置稍弯曲引线，而后将引线以 R 半径弯出一弧度之后再根据两焊盘实际间距弯曲引线，这里 R 等于2 倍引线直径。

5. 垂直插装的元器件引线成形

垂直插装的元器件引线也要进行成形处理，不能强行安装，成形形状如图4-31 所示。

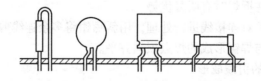

图4-31　垂直插装时元器件引线成形方法

该方法成形的电阻主要用于安装空间有限的印制电路板，为了节省空间，此时只需要弯曲一侧引线，R 为2 倍引线直径；电容元器件不能强行打弯直接插入，这样会损坏元器件。

电容类元器件中心应在两焊盘的中心位置，采用斜向弯曲方法，也可采用只弯曲一只引线的方法。

6. 集成电路引线成形

集成的 DIP 封装器件虽然形状符合印制电路板的要求，但是实际安装时会发现引线间距与标准焊盘之间的间距稍有差别，在手工焊接中可采取的方法有：找一平滑绝缘板，手拿芯片将其一侧引线贴在绝缘板上稍微用力，使其引线略收拢，同样可弯曲另外一侧引线，从而使得引线符合焊盘要求。

7. 卷发式、弯曲式成形

卷发式成形示意图如图 4-32 所示。卷发式成形主要适合耐热性差的元器件以及非紧贴安装元器件的要求。引线经过卷曲打弯之后焊接，增加了元器件散热的长度，该形状引线成形制作稍微复杂，如果没有特殊要求不采用该种方式。

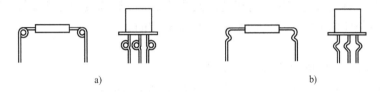

a) b)

图 4-32 卷发、弯曲成形示意图

a）卷发式成形 b）打弯成形

注意：

1）引线成形时弯曲部分距离元器件根部在 1.5mm 以上，不能从根部开始弯曲。

2）元器件两侧引线弯曲的长度要相等。

3）两根引线与元器件中心轴线在同一水平面内，并且两根引线要在元器件同一侧且相互平行。

4）为了便于维修和检查，弯曲引线时应保证元器件上印有的特征、名称等文字标记清晰可见。

5）元器件引线成形时每根引线都有一个弯曲半径，主要是为了在印制电路板发生弯曲、挤压或者由于温度变化引起元器件膨胀时，缓解产生的应力，避免损坏元器件。

4.3.2 印制电路板上元器件的插装

引线成形工作完成后要进行元器件的插装工作，元器件插装时，用左手拿住印制电路板，印制电路板应元器件面向上，铜箔面向下，右手拿元器件从上面将元器件的引线插入到印制电路板的焊盘孔中，之后用左手按住元器件，避免插入的元器件脱落，将印制电路板翻转，右手拿住扁嘴钳将插入的元器件引线弯曲，弯曲时应紧贴印制电路板，使其与印制电路板成 25°夹角。

注意：插装元器件与弯曲引线时不能用手直接碰触到元器件的引线部分和印制电路板的焊盘部分，否则手上的汗液会污染元器件的引线和印制电路板上的焊盘，导致可焊性下降。

1. 元器件的插装方向

图样上标明方向时按标注的方向进行安装，图样上未标明时可以以任何方位作为基准，但必须按照一定标准进行插装，所有元器件的安装必须统一。对于印制电路板而言可采取从里向外，从左向右的方向安排元器件。

2. 元器件的插装顺序

元器件插装顺序一般为先插焊较低元器件，再插焊较高元器件和对焊接要求较高的元器件，一般次序是：电阻→电容→二极管→晶体管→其他元器件等。但根据印制电路板上的元器件的特点，自己选择最适合的安装顺序。

3. 紧贴插装

印制电路板在设计之前都已确定元器件间隔为安全间距，但是当一个元器件与另外一个元器件的引线间隔在 2mm 以上时相邻元器件引线仍有碰触可能时，应在引线上加热缩管。对于紧贴安装印制电路板，所有元器件均应紧贴印制电路板，元器件与印制电路板的紧贴距离应小于 0.5mm。

4. 非紧贴插装

非紧贴插装又称为架空安装，对于特殊元器件不能紧贴插装的必须实行非紧贴插装，架空安装的元器件与印制电路板之间的距离一般为 3~7mm。

此类元器件有：

（1）电路图中标明的要进行架空安装的元器件。

（2）大功率元器件，发热大的元器件（例如大功率电阻）。

（3）对于电阻、二极管等轴向引线元器件进行垂直插装时。

（4）印制电路板上两焊盘间距大于或者小于元器件引线间距时，此时如果实行紧贴插装，会损坏元器件（例如陶瓷电容，半固定电阻，可变电容等）。

（5）受热易坏元器件，实行非紧贴插装，增加引线长度增大散热长度，使元器件热冲击减小（例如晶体管）。

（6）由于元器件自身构造不能实行紧贴安装的元器件（例如 IC）。

5. 元器件插装后引线的打弯

元器件插装结束后，为防止翻转电路板时元器件掉落，需要将引线进行打弯处理，对于印制电路板而言，由于焊盘与铜箔是连通的，所以引线打弯时原则上沿铜箔方向进行固定。对于轴向引线元器件，应将两根引线向相反方向弯曲或成一定角度，避免因引线向同一方向弯曲与电路平行打弯后元器件安装不稳定，翻转印制电路板时也可能掉落，另外也会导致元器件不能按照要求（紧贴或者是悬空安装）进行安装。引线弯曲方向如图 4-33 所示，

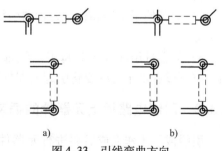

a)   b)

图 4-33　引线弯曲方向

a) 正确弯曲方向　b) 错误弯曲方向

对于只有独立焊盘的电路，引线弯曲时应向没有铜箔的方向弯曲。

小技巧：

引线打弯之后对于维修拆卸工作来说没有直插时拆卸方便。因此对于紧贴插装的印制电路板可以采取将元器件面覆盖绝缘小板进行翻转的方法，具体做法是将同一高度元器件插装完毕之后将绝缘小板覆盖在元器件面上，而后翻转印制电路板将其放在水平焊台上进行焊接，焊接完毕之后再进行下一高度的元器件插装焊接，这样做不仅可以防止元器件滑落，而且也减少了引线打弯这一工序，节省工作时间，还可以避免元器件因引线打弯工序可能造成

的损坏，并且方便维修和拆焊工作。

6. 引线的剪断

元器件引线插装之后需要对过长的引线进行剪断处理，可以使用斜嘴钳进行引线剪断，一般从元器件插装孔的中心起留 2～3mm 长为准。

如果是独立的焊盘，应在引线距离焊盘外边缘 1mm 处剪断，而且此时引线剪断角度应是 45°，如果垂直剪断引线，斜嘴钳的尖端容易划伤印制电路板，而且不利于钎料润湿。引线剪断如图 4-34 所示。剪断长度如图 4-35 所示。

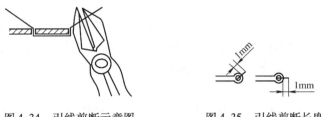

　　图 4-34　引线剪断示意图　　　　　　　图 4-35　引线剪断长度

引线剪断工序也可以在焊接完毕之后进行，此时应贴近焊点处进行剪断，这样剪断时因为要接触到每个元器件的每个引线，还可以发现虚焊等现象。

注意：引线剪断时不能对焊点进行剪切，否则会影响到焊点的机械强度。剪断后的引线不能过长，过长在装配时容易搭到其他引线上发生短路故障。

4.4　印制电路板的焊接

4.4.1　印制电路板焊接时电烙铁的选择

印制电路板的焊接应选用 20～40W 的电烙铁，如果电烙铁功率过小，则焊接时间较长，如果电烙铁功率过大则容易使元器件过热损坏，这都会影响到元器件的性能，还会引起印制电路板上的铜箔起皮，印制电路板起泡、烧焦。烙铁头的形状选择以不损伤电路元器件、印制电路板为原则。对于引线密集的 IC 最好选用圆锥形烙铁头。

4.4.2　印制电路板上着烙铁的方法

加热时烙铁头应能同时加热焊盘和元器件引线，采用握笔法持电烙铁，小手指垫在印制电路板上，在焊接时不仅可以稳定印制电路板还能起到支撑稳定电烙铁的作用，采用此法握电烙铁可以随意调节电烙铁与焊盘及引线的接触面积，角度及接触压力。

当铜箔引线都达到焊锡熔化温度后，在烙铁头接触引线部位先加少许焊锡，再稍微向引线的端面移动烙铁头，在引线的端面上再一次填入焊锡，而后像画圆弧一样，一点一点地朝着引线打弯的相反方向移动电烙铁和焊锡，最后依次从印制电路板上撤掉焊锡丝和电烙铁，完成焊接操作。

对于引线插装后未打弯的元器件，可以在烙铁头上加少许焊锡再去加热引线和焊盘，待到引线和焊盘都加热后，将焊锡从引线与电烙铁相对一侧加入，焊接完毕后先撤离焊锡后再撤离电烙铁。

4.4.3　印制电路板上元器件的焊接

1. 电阻器的焊接

按电路图找好合适阻值电阻装入规定位置，插装时要求标记向上，字向一致，这样不仅看起来美观，而且便于检查和维修。插装完同一阻值电阻之后再装另一阻值电阻，不仅可以避免来回找电阻的麻烦，也避免漏装电阻。插装时电阻器的高度要保持一致。引线剪断工作可根据个人习惯在焊接之前或之后剪断都可以。

2. 电容器焊接

按电路图找好合适电容值的电容器装入规定位置，对于有极性的电容器安装时要注意极性，"＋"与"－"极不能接反，电容器上的标记方向也要清晰可见。先装玻璃釉电容器、有机介质电容器、瓷介电容器，最后装电解电容器。

3. 二极管的焊接

按电路图找好合适二极管装入规定位置，要注意二极管的极性不能装错，二极管上的标记要清晰可见。对于立式二极管，最短引线焊接的时间不能超过 2s。

4. 晶体管焊接

晶体管焊接之前要查清引线 e、b、c 的顺序，安装时注意 e、b、c 三引线位置插接要正确；焊接时用镊子夹住引线，此时的镊子是用来散热的，焊接时间尽可能短。焊接大功率晶体管需要安装散热片时，散热片的表面一定要平整、光滑，在元器件与散热片之间要涂上硅胶，以利于散热，而后将其紧固。如果要求加垫绝缘薄膜时，要记住将绝缘薄膜加上。

5. 集成电路焊接

首先按电路图样要求，检查集成电路型号、引线位置是否符合要求。焊接时先焊边缘对角线上的两只引线，以使其定位，然后再按从左到右、自上而下的顺序逐个焊接引线。

对于电容器、二极管、晶体管裸露在印制电路板面上的多余引线均需剪去。

4.4.4　贴片元器件的焊接方法

现在电子设备力求体积小、质量高，那么贴片元器件的使用必不可少。贴片元器件体积小、重量轻、易焊接，在维修、调试的拆卸上也比插装元器件简单，同时提高了电路的可靠性、稳定性、减小了设备的体积，现在已经广泛使用。对于电子爱好者新手来说，总觉得贴片元器件太小不容易焊接，而传统的插装元器件更容易焊接，实际上贴片元器件的焊接更容易，下面对其进行介绍。

1. 工具的选择

贴片元器件的焊接需要的基本工具有小镊子、电烙铁、吸锡带、除此之外还需要热风枪、防静电手环、松香、酒精溶液、带台灯的放大镜。下面对上述工具的选择、使用及作用作一简单介绍。

小镊子：要选用不锈钢而且比较尖的小镊子，而不能选用其他尖端可能有磁性的小镊子，因为在焊接过程中有磁性的小镊子会使元器件粘在镊子上下不来。

电烙铁：选用圆锥形长寿烙铁头的电烙铁，尖端半径最好在 1mm 以下，最好准备两把电烙铁，在拆卸元器件时使用方便。

热风枪：拆卸二端或三端元器件时可用电烙铁解决，但是拆卸多引线元器件时必须使用热风枪，热风枪可以提高拆卸元器件的重复使用性，还可以避免焊盘损坏。对于拆卸元器件频繁的工作需要选用性能良好的热风枪。

吸锡带：当 IC 引线焊接发生短路情况时，用吸锡带会是个很好的选择，此时不能选用吸锡器。

放大镜：要选用有底座的带灯管的放大镜，不能选用手持放大镜。因为在焊接时需要在放大镜下用双手操作，灯管点亮可以使视野清晰，增加焊接的可视性。

2. 焊接步骤

（1）二端、三端贴片元器件的焊接步骤：

1）清洁并固定印制电路板，要将印制电路板上的污物和油迹清除干净，并用砂纸打磨焊盘，清除氧化物，涂上松香水，提高电路板的可焊性。之后将印制电路板固定在合适的位置，以防焊接时电路板移动。如果没有固定位置可在焊接时用手固定，但需要注意不能用手碰触印制电路板上的焊点。

2）将其中的一个焊点上锡，用电烙铁熔化少量焊锡到焊点上即可。

3）用镊子夹住需要焊接的元器件，将其放在需要焊接的焊点上；注意不能碰到元器件端部可焊位置。

4）用电烙铁在已经镀锡的焊点上加热，直到焊锡熔化并将贴片元器件的一个端点焊接上为止，而后撤走电烙铁。注意撤走电烙铁后不能移动镊子，也不能碰触贴片元器件，直到焊锡凝固为止，否则可能会导致元器件错位，焊点不合格。

5）焊接余下的引线，用电烙铁碰触另外一端引线，并加少许焊锡，直到焊锡熔化焊好引线后撤走电烙铁。

6）焊接时焊接时间最好控制在 2s 以内；注意加热时间过长元器件过热，经过热传递导致另外焊接好的一端焊锡熔化，此时如果撤走电烙铁、元器件会错位，焊接失败。

7）检查焊点，焊点焊锡量要合适，不能过多也不能过少，如果焊锡过多应该用吸锡带吸走，也可用烙铁尖带走多余焊锡；如果焊锡过少，则需要加一些焊锡。直到能形成合格的焊点为止。

8）焊接过程中钎剂及焊锡会弄脏焊盘，需要用酒精进行清洗，清洗过程中应轻轻擦拭，不能用力过大。

由以上可知贴片元器件的焊接过程是清洁→上锡→固定→焊接→清理的一个过程。

贴片元器件焊接示意图如图 4-36 所示，贴片元器件焊点示意图如图 4-37 所示。

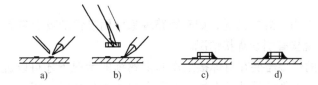

图 4-36 贴片元器件的焊接示意图

a) 一个焊盘上锡　b) 焊接一个引线　c) 焊好的引线　d) 焊接另外一个引线

（2）贴片 IC 的焊接方法：对于引线众多的 IC 在焊接的过程中一定要注意，避免 IC 引线粘连、错位，反复操作会导致芯片损坏焊盘脱落，因此在焊接过程中一定要认真、仔细，做到一次成功。

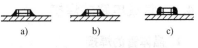

图 4-37 贴片元器件焊点示意图

a) 焊锡太少　b) 焊锡适中　c) 焊锡太多

焊接 IC 方法一的步骤如下：

1）清洁并固定印制电路板方法同二端元器件。

2）选择 IC 引线图上一侧最边缘位置的焊盘上锡。

3）用镊子夹住 IC，将其放在印制电路板上 IC 的引线图上，对准位置固定，之后用电烙铁在预先上锡的焊盘上加热，直到焊锡熔化，焊好该引线为止。在焊接过程中可以适当调整 IC 的位置，之后撤离电烙铁。

注意：此时不能碰触 IC，用镊子固定住 IC 后不能有移动，否则可能导致元器件引线错位，焊接失败。

4）检查引线对齐情况，IC 的所有引线都需要与引线图上的焊盘对齐，如果未对齐则需要重新焊接使之对齐。

5）引线对齐后，将焊好的引线对角线位置的引线焊好，这样可以避免在焊接其他引线时 IC 发生移动引起引线错位。

6）焊接其他引线，此时需要用到放大镜，最好是带有放大镜的台灯，因为焊接时需要双手操作，焊接时选用尖头电烙铁将 IC 的引线一个一个焊好。

7）用放大镜检查引线焊接情况。

8）连脚的处理方法：因为 IC 引线密集，焊接时不可避免地会使两个引线连接到一起，这时需要用吸锡带处理。具体操作是将吸锡带放在连焊的位置上，用电烙铁在吸锡带上加热，直到焊锡熔化被吸锡带吸走，连焊的引线分开为止，之后将连焊的引线进行补焊操作。

注意：此过程中动作要轻，避免弯曲 IC 引线，引起引线错位或者是引线折断。

如果不小心很多个引线连焊到一起也可采用吸锡带进行吸除，而后进行补焊。

9）再次用放大镜检查焊点，确保焊点合格且无粘连短路现象。

注意：焊接 IC 时要佩戴防静电手环，避免焊接过程中产生静电损坏 IC。

焊接 IC 方法二步骤如下：

步骤 1）~4)同上述焊接 IC 方法一的步骤。

5）引线对齐后，一手拿着电烙铁，一手拿着焊锡，在 IC 除固定焊点外的另外两侧选一侧的端点（或者是固定引线侧的对立位置）熔化焊锡，焊锡量在一粒米粒大小即可，之后用电烙铁带动焊锡球沿着一侧引线迅速滑过，从而将 IC 引线焊好，不可重复多次，否则 IC 引线可能会错位。

6）用放大镜检查引线焊接情况，如有短路现象可用吸锡带吸走多余焊锡。

7）再次用放大镜检查引线焊接情况。

注意：贴片 IC 的焊接需要在对焊接工作非常熟练的情况下才可以进行，此种焊接方法只适合于对焊接 IC 非常熟练的技术人员，不适合初学者。初学者用此法进行焊接有可能将一侧所有引线粘连，在拆焊和重新焊接的过程中很容易损坏 IC 芯片。

4.4.5 集成电路的焊接

1. 晶体管的焊接

晶体管焊接一般在其他元器件焊好之后进行，每个管子的焊接时间不能超过 10s，在焊接时为了避免烫坏管子，应用镊子夹住引线散热。

2. 集成电路的焊接

（1）集成电路的特点

1）MOS 电路：MOS 型场效应晶体管制造工艺中绝缘层很薄，绝缘栅极和衬底容易感应电荷，感应电荷在绝缘层上产生高压，导致管子击穿。

2）双极型集成电路：内部集成度高，管子隔离层很薄，过热容易损坏。

（2）安装焊接方法

1）将集成电路直接焊接到印制电路板上。

2）将专用 IC 插座焊接在印制电路板上，然后将集成电路插入插座中。

（3）焊接注意事项

1）对于引线是镀金银处理的集成电路，只需用酒精擦拭引线即可。

2）对于事先将各引线短路的 CMOS 电路，焊接之前不能剪掉短路线，应在焊接之后剪掉。

3）工作人员应佩戴防静电手环在防静电工作台上进行焊接操作，工作台应干净整洁。

4）手持集成电路时，应持住集成电路的外封装，不能接触到引线。

5）焊接时，应选用 20W 的内热式电烙铁，而且电烙铁必须可靠接地。

6）焊接时，每个引线的焊接时间不能超过 4s，连续焊接时间不能超过 10s。

7）要使用低熔点的钎剂，一般钎剂熔点不应超过 150℃。

8）对于 MOS 管，安装时应先 S 极，再 G 极最后 D 极的顺序进行焊接。

9）安装散热片时应先用酒精擦拭安装面，之后涂上一层硅胶，放平整之后安装紧固螺钉。

10）直接将集成电路焊接到电路板上时，焊接顺序为：地端→输出端→电源端→输入端的顺序。

4.4.6 塑封元器件的焊接

塑封元器件目前被广泛使用，例如各种开关、插接件等都是用热铸塑的方式制成的。这种元器件不能承受高温，在焊接过程中如果温度过高，焊接时间过长，将会导致元器件变形、失效。

塑封元器件焊接时的注意事项：

1）焊接前要注意必须清理好接点，引线上锡时要注意不能损坏外封装。

2）选用圆锥形电烙铁，烙铁头应该选尖一些的，这样可以避免在焊接过程中碰触到相邻点或者是元器件的塑料封装。

3）焊接时间要短，不要反复多次焊接一点，在元器件塑封未冷却前不能对元器件进行牢固性实验，避免扭曲外壳，损坏元器件。

4）焊接时烙铁头不能对接线片施加压力。

4.4.7 簧片类元器件的焊接

该类元器件由于有簧片的存在，如果在焊接时对簧片施加外力，则容易损坏簧片触点的弹力，导致元器件失效。

簧片类元器件焊接时的注意事项：

1）要对元器件进行可靠镀锡。

2）装配焊接时不能对元器件任何方向施力。

3）焊锡量要少，否则流入元器件内部后，会造成簧片元器件中静触片弹力变化，元器件失效。

4）安装不能过紧，否则会导致簧片变形失效。

5）焊接时间要短。

4.4.8 瓷片电容、发光二极管、中周等元器件的焊接

此类元器件的共同点是焊接时温度过高，焊接时间过长会导致元器件失效，损坏。

焊接时注意事项如下：

1）要对元器件进行可靠镀锡。

2）可采用镊子夹住引线的方法散热。

3）焊接速度要快，不能反复对一个引线加热。

4.4.9 微型元器件的焊接方法

微型元器件由于其体积小，焊接时容易导致引线粘连。

焊接时注意事项：

1）元器件引线要可靠上锡。

2）选用圆锥形电烙铁头，烙铁头要尽可能尖。

3）选用带放大镜的台灯。

4.4.10 拆焊

1. 拆焊的步骤与焊接的步骤相反，拆焊的基本原则

（1）如果待拆元器件完好，则不能损坏待拆元器件、导线及焊接部位的结构件。

（2）不能损坏印制电路板上的焊盘和印制导线。

（3）如果元器件损坏，可采取先剪断元器件引线再拆除元器件的方法进行拆焊。

（4）以不移动，不损坏其他元器件为前提，如果必须移动其他元器件则在拆除完毕后应将其复原。

2. 拆焊注意事项

（1）严格控制加热时间和温度。

（2）不能用力过猛。

因为上述两种情况都会损坏元器件，尤其是受热易损元器件，而且还会导致印制电路板上的印制导线起层，焊盘脱落。用力过猛也会导致元器件和印制电路板的损坏。

具体的拆焊工具在2.2节中已经介绍本章中不再重复介绍。

第 5 章

焊接质量检验及缺陷分析

　　焊接是电子产品组装过程中的重要环节之一。如果没有相应的焊接工艺质量保证，那么任何一个设计精良的电子装置都难以达到设计指标。因此，在焊接时要对焊点进行严格检查，避免出现不合格焊点导致整个电子产品不合格。本章主要介绍针对各种电子元器件焊接缺陷的检验、判断，接线柱布线、印制电路板的焊接缺陷，最后介绍排除焊接缺陷的措施。

5.1　焊接检验

5.1.1　焊接缺陷

　　焊接操作结束后，为了使产品具有可靠的性能，要对焊接工作进行检验。焊接检验一般是进行外观检验，不只是检验焊点，还要检查焊点周围的情况，例如由于焊接而派生出来的问题。接线柱布线焊接的检验，就是从焊接的状态查起，检查所用导线的绝缘外皮有无破损，接线柱有无伤痕；钩焊的导线钩挂的弯曲程度和松紧状态，各部位有无脏点等。电气性能检查中发现的电子元器件性能损坏，有很多是由于焊接不良引起的。

　　电子产品的焊接主要是用在电气连接上。电气连接有缺陷的产品，必须进行维修，排除其缺陷。

　　焊接缺陷包括电气连接缺陷和外观有缺陷而无电气连接缺陷两种情况。对于具有第一种缺陷的产品的处理前面已提及。但我们为什么把外观有缺陷而无电气连接缺陷的产品作为有焊接缺陷的产品来对待呢？那是因为具有这类缺陷的产品受环境条件影响而出现电气故障的危险性极大，即这类缺陷是造成电气故障的隐患。对于外观检验时具有连接功能，但将来受使用环境影响，可能丧失连接功能的这类焊点，也要作为缺陷处理。因此，以为暂时粘上钎料具有连接功能就行了的检查方法是很不够的。

　　通过目视外观检验和电性能检验发现的缺陷叫做明显缺陷。所谓明显缺陷，就是利用某种方法通过视觉能够寻找到的形状和光泽等表现在外观上的缺陷，即指能够通过目视检验和电性能检验的方法发现的缺陷。

5.1.2　焊接的外观检验

　　外观检验也称目视检验，就是从外观上检查焊接质量是否合格。该项检验的内容大致可分为功能缺陷和外观缺陷两种。

很明显功能缺陷很容易判断，但是要找到具体出现故障的部位却很困难。相反，外观缺陷容易发现，但是这种缺陷却不容易判断。所以要制定出判断焊接好坏用的样品，并培训检验人员，使他们能做出一致的，准确的判断。

外观检验除用目测（或借助放大镜，显微镜观测）检查焊点是否合乎上述典型焊点的四条标准外，还包括检查以下各项：①漏焊；②钎料拉尖；③钎料引起导线间短路（即所谓"桥接"）；④导线及元器件绝缘的损伤；⑤发热体与导线绝缘皮接触；⑥布线整形；⑦钎料飞溅；⑧线头的放置等。对于单靠目测不易发现的缺陷，可采用指触检查、镊子轻轻拨动，检查有无导线脱出、导线折断、钎料剥离、松动等现象。

5.1.3 外观检验的判断标准

焊接检验首先要看钎料的润湿情况和焊点的几何形状，然后以焊点的亮度、光泽等为主进行检查。

钎料的润湿情况一般采用由固体金属面和熔化钎料凝固后形成的接触角的方法来判断。

结合部位的几何形状也是重要的评价对象。根据结合部位的形状可以判断焊点能否满足电气特性和机械强度的要求。此外，还要从总体上看，判断钎料量是否合适。根据上述情况可以归纳出典型焊点的外观。

两种典型焊点的外观如图5-1所示，其共同要求是：

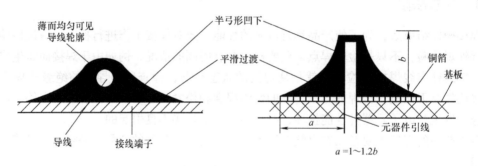

图5-1 典型焊点外观

1）外形以焊接导线为中心，匀称、成裙形拉开。
2）钎料的连接面呈半弓形凹面，钎料与焊件交界处平滑，接触角尽可能小。
3）焊锡量适中，表面有光泽且平滑。
4）无裂纹、针孔、夹渣、拉尖、浮焊等焊接缺陷。

总之，质量好的焊点应该是：焊点光亮、平滑；钎料层均匀薄润，且与焊盘大小比例适当，结合处的轮廓隐约可见；钎料充足，成裙形散开；无裂纹、针孔和钎剂残留物。外观检验中发现的各种明显缺陷如图5-2所示。

5.1.4 焊接的电性能检验

1. 电性能检验中发现的缺陷

电性能检验的目的是检查生产出的产品是否能按要求的条件准确无误地工作。通过电性能检验查出的影响产品功能的缺陷中，直接与焊接有关的内容包括两个方面，即元器件不良和导通不良。

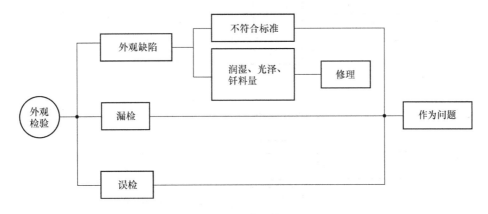

图 5-2　外观检验中的明显缺陷

元器件不良是由焊接造成的元器件损坏。导通不良包括电路开路、短路、断续导通等。特别是还有这样的实例，即在外观检验时未能发现的影响产品性能的缺陷，但在电性能检验中却可以查出来。例如能够查出外观检验不能发现的焊接处的微小裂纹和印制电路板上极细的钎料桥接缺陷等。

插装在印制电路板上的元器件，若其引线根部出现了微小裂纹，在通电后的短时间内电路无任何异常，但经过几十分钟后，电路就会断路，或者过一会儿又导通，这种现象重复发生。出现这种现象时，可用"加振试验法"，即用小橡胶锤子轻轻敲打印制电路板，通过观察显像管上的波形或听噪声来检查有无异常。电性能检验中发现的各种明显缺陷如图 5-3所示。

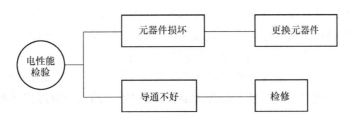

图 5-3　电性能检验中的明显缺陷

2. 电性能检验中发现的缺陷分类

电性能检验中影响电路性能的缺陷是由焊接造成的，包括元器件损坏和导通不良。用特定的外观检验发现不了的影响性能的缺陷，有时在电性能检验中可以发现。例如外观检验中未发现的微小裂纹、焊点内部的虚焊及印制电路板上的桥连，在电性能检验时都可以查出。电性能检验中发现的焊接缺陷的分类如图 5-4 所示。

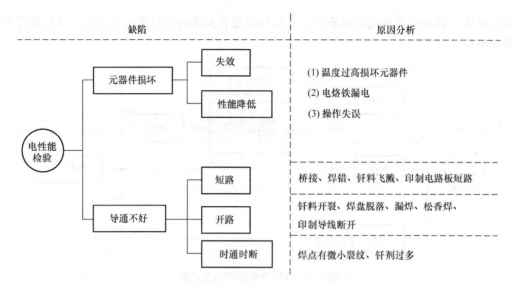

图5-4 电性能检验中的焊接缺陷分类及原因分析

5.2 接线柱布线的焊接缺陷

5.2.1 与环境有关的焊接缺陷

焊接检验的结果，失去连接作用的产品应立即按不合格品处理。那么现在虽有连接作用，以后环境条件恶化会失去连接作用的焊接缺陷有哪些呢？这些缺陷产生的原因又是什么呢？这一小节我们就来探讨一下这个问题。

1. 松香焊

松香焊这种缺陷通常发生在接线柱和元器件引线或导线的端部，主要是由于勾焊导线与接线柱之间的焊接膜导致电气连接不良造成的。电路虽然暂时能够导通，但是随着使用时间的增加会因导通不良而造成电路的开路，如图5-5所示。

这种缺陷的产生原因可能是接线柱或被焊元器件引线或导线金属表面氧化，或者是前道工序的预焊不充分，或者是接线柱和被焊元器件引线/导线的某一方加热不够。

2. 虚焊

具有这种焊接缺陷的焊点表面无光泽，失去了钎料应有的金属光泽和光滑度，表面呈颗粒状，如图5-6所示。这种缺陷的危害是降低了焊点的机械强度、耐冲击性和耐振动性。

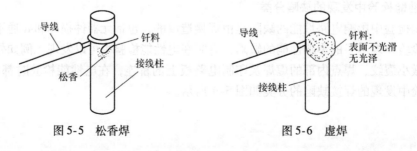

图5-5 松香焊　　　　　　　图5-6 虚焊

虚焊缺陷分两种现象：一种叫做冷焊连接现象，另一种是白色粒状现象，也叫做过热现象。冷焊连接是由于钎料冷却至半固体状态时焊接部位发生了移动或抖动现象造成的。过热虚焊是由于焊接时的温度过高或焊接时间过长，大量产生金属间化合物造成的。

3. 松动

松动是由于钎料在接线柱或被焊元器件引线上未能充分熔合，即钎料未能充分润湿而造成的，如图5-7所示。这时，只要稍碰一下，引线就会松动，甚至完全脱出。

产生这种缺陷的原因是钎料未充分冷却固化时无意中碰了导线，当钎料凝固后，焊点内部产生空隙使引线松动；另外，被焊元器件的引线或导线预焊不良，钎料对金属的润湿性降低，此时即使用大量的钎料覆盖焊接处，也会产生松动。

4. 钎料不足

钎料未达到规定的用量，不能完全封住被连接的导线，而使其部分暴露在外，这种缺陷称为钎料不足，如图5-8所示。

图5-7 松动　　　　　　　　　　图5-8 钎料不足

造成钎料不足的原因有三方面：一是由于预焊不好或加热时烙铁头不能适当加热金属，达不到钎料润湿引线或连接导线所需的温度造成的；二是加热不均匀；三是钎料用量不足。钎料量不足的焊点有可能因振动、温度循环而发生脱焊，造成导通不良。

5. 润湿不良

钎料对被焊元器件引线或导线金属表面的接触角大，钎料不能充分润湿整个引线或导体表面，叫做润湿不良。

金属表面有氧化物、脏物、污物或对两个金属件表面加热不均匀都会导致润湿不良；此外焊接时放置烙铁头的位置不适当等也容易发生润湿不良的焊接缺陷。

5.2.2 容易产生电气故障的焊接缺陷

1. 导线末端突出和钎料拉尖

导线和被焊元器件的引线钩绕在接线柱上，焊接后有可能出现导线末端的针状突出和钎料拉尖，如图5-9所示。

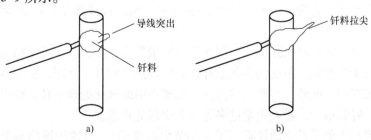

a)　　　　　　　　　　b)

图5-9 拉尖

出现这种缺陷可能是由于操作不认真造成的，即钩绕后忘记剪掉导线的末端，焊接结束后电烙铁撤离的方向不对、焊接时间过长、烙铁头的温度过高过热等都会造成拉尖现象。

此类缺陷若放在高压、高频电路中，危险性更大，因此必须充分注意。

2. 钎料流淌

钎料流到接线柱的根部，形成拉尖或下垂，这种焊接缺陷称为钎料流淌，如图 5-10 所示。产生这种缺陷的原因在于焊接时的温度过高或焊接时间过长，尤其是对热容量大的焊件，当填充的钎料过多时，容易产生这种焊接缺陷。

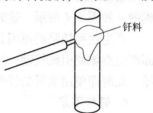

钎料

图 5-10　钎料流淌

这种焊接缺陷容易引起接线柱间短路，必须充分注意。

3. 导体露出过多、绝缘外皮末端异常

为了检查焊接质量，被焊元器件的引线或导线外覆皮端与接线柱的侧面之间要留有一定的间隙，这是一般的布线常识。但是，如果间隙留得过大，电路就有短路的危险。间隙超过规定长度，便形成导体裸露部分过多的缺陷。

4. 导线损伤

导线损伤指被焊元器件引线或导线和印制电路板铜箔的损伤，尤其是径向的损伤。这种损伤使导线打弯时的机械强度下降，有断线的危险。特别是 V 字形的伤痕，其机械强度更小，会过早断线。损伤的原因多半是在除掉导线外皮时造成的。

要注意多股芯线脱皮的操作。机械脱皮时，如不拉直剥皮部分的导线，工具的刃口碰到导线弯曲部位，就有可能划伤导线的芯线。导致焊接后机械强度变小，出现断线现象。

5.3　印制电路板的焊接缺陷

印制电路板焊接缺陷与接线柱焊接缺陷的内容有一些相似之处。但是，因焊接方法、元器件装配和固定的方法不同，也存在差异。下面就对印制电路板焊接缺陷作一介绍。

电子产品中印制电路板的焊点除了用来固定元器件以外，还要能稳定、可靠地通过一定大小的电流。焊接质量直接影响电子产品质量。本节就焊接中常见的缺陷、产生的原因、危害及如何防止这些危害进行详细阐述。

5.3.1　与环境条件有关的焊接缺陷

1. 气泡

将被焊元器件的引线插入印制电路板的插孔内，焊接后，在引线的根部有喷火式的钎料隆起，其中心有小孔，孔的下面可能掩盖着很大的空洞，这种焊接缺陷称为气泡。如图 5-11 所示。

发生空洞的原因是印制电路板的铜箔面的热容量很大，虽然焊接已经结束，但是它的背面还未冷却。由于热惯性，温度仍然在上升，此时焊点外侧开始凝固，而焊点内部产生的气体排出，便造成空洞。此外，焊盘上的污渍，元器件引线氧化处理不良，焊盘过孔太大，元器件引线过细，钎料过少，松香用量过多等也会引起此现象。

这种缺陷看起来似乎是空洞缺陷（下一小节中会提到），但这种缺陷与空洞缺陷还是有区别的。产生空洞缺陷的原因往往是因为安装的孔径与插入的引线线径相差过大，即间隙配合不当、热容量之差过大和被焊元器件的引线的润湿性不好造成的。

有气泡缺陷时电路暂时也能导通，不发生电气故障，但是这样的焊点会因使用环境而恶化，造成钎料开裂产生电路导通不良的问题，也会使焊点机械强度变差，容易脱焊。

2. 钎料不足

用电烙铁焊接时，当钎料过少会造成润湿不良，钎料不能形成平滑面而成平垫状，这种焊接缺陷称为钎料不足，如图 5-12 所示。

产生这种缺陷的原因之一是焊丝撤离过早；二是电烙铁与钎料接触的有效面积小，温度过高或焊接时间过长引起的。钎料不足这种焊接缺陷会因环境恶化造成电路的导通不良。

这种焊接缺陷的危害是焊点间的机械强度不足，可以通过再加焊锡丝重新焊接。

3. 过热

这种焊接缺陷的表现为焊点发白、无金属光泽、表面比较粗糙，如图 5-13 所示。

图 5-11　气泡　　　　　　图 5-12　钎料不足　　　　　　图 5-13　过热

过热产生的原因主要是电烙铁的功率过大，烙铁头温度过高，加热时间过长。过热的危害是焊盘容易剥落，容易造成焊点间的机械强度降低。

4. 冷焊

焊接过程中，钎料尚未完全凝固，被焊元器件导线或引线移动，此时焊点外表灰暗无光泽、结构松散、有细小裂缝等，这种焊接缺陷称为冷焊，如图 5-14 所示。

产生冷焊的原因是被焊元器件导线或引线移开太早、被焊元器件抖动、电烙铁功率不够。冷焊的危害是焊点间的连接强度低、导电性不好。预防冷焊的措施为在焊接过程中避免被焊元器件导线或引线的抖动。如果有怀疑，必要时可以加钎剂进行重焊。

5. 铜箔翘起、剥离、焊盘脱落

铜箔从印制电路板上翘起、剥离，严重的甚至完全断裂，这种现象称为铜箔翘起、剥离，如图 5-15 所示。

产生铜箔翘起、剥离的原因是在手工焊接时，未能掌握好操作要领，焊接时过热或集中加热电路中的某一部分；或者用烙铁头撬钎料等。铜箔翘起、剥离的危害是电路出现短路现象。解决铜箔翘起、剥离、焊盘脱落的措施是加强训练、反复练习、熟练掌握焊接要领。

6. 针孔

焊接结束后，在对焊点进行外观检查（目测或用低倍放大镜）时，可见焊点内有孔，这种焊接缺陷称为针孔，如图 5-16 所示。产生针孔的原因主要是焊盘孔与引线间隙太大造成的。

针孔的危害是焊点的连接强度低，焊点易被腐蚀。解决针孔的措施为印制电路板上所开的焊盘孔不宜过大。

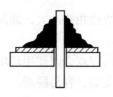
图 5-14　冷焊

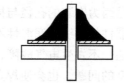
图 5-15　铜箔翘起、剥离

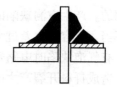
图 5-16　针孔

7. 松香焊

在钎料与被焊元器件引线间形成一层钎剂膜及被溶解的氧化物或污染物，形成豆腐渣形状的焊点，这种现象称为松香焊，如图 5-17 所示。

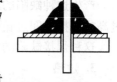
图 5-17　松香焊

产生松香焊的原因是烙铁头移开太早，使钎剂未能浮到表面。

松香焊的危害是焊点间的连接强度不足，电路导通不良会出现时断时通的现象。预防松香焊的措施为不宜加过多钎剂，焊接时间要恰当。

5.3.2　容易产生电气故障的焊接缺陷

1. 桥连

也称为搭焊，即在印制电路板焊接时，不应相通的电路铜箔、焊点间出现了意外的连接。

需要注意的是，这类缺陷有的很容易判断，而有的用目视方法难以判断，例如由毛发似的细钎料连成的桥接，只能通过电性能检验才能判断。桥连缺陷如图 5-18 所示。

产生原因：在手工焊接中产生桥连的地方往往发生在焊点密度较高的印制电路板中，常因烙铁头移开时钎料拖尾产生；此外如果钎料用得过多，漫出焊盘，在焊点附近造成堆积也会造成桥连的缺陷，焊接过程中温度过高，使得相邻焊点的焊锡熔化，也会造成桥连；在自动焊接中产生桥连的原因可能为传送带的速度及钎料槽的温度；另外，钎料槽中杂质增加，钎剂浓度下降，印制电路板离开钎料液面时的提拉角度不当等，也会造成桥连现象。

危害：它使原来不应该有电气联系的两个焊点具有了电联系，造成电路间的短路，轻则损坏元器件影响产品性能，重则会发生人身安全事故。

解决方法：在焊接过程中可以采取加钎剂，用电烙铁烫开桥连处。

2. 拉尖

焊点上有钎料尖角突起，这种焊接缺陷称为拉尖。拉尖多发生在印制电路板铜箔电路的终端，如图 5-19 所示。

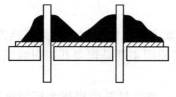
图 5-18　桥连

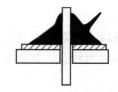
图 5-19　拉尖

产生原因：可能是烙铁头移开太早、焊接时温度太低造成的。但多数原因是烙铁头移开太迟、焊接时间过长、钎剂被汽化产生的，也就是说拉尖与温度和操作有关。在自动焊接中，拉尖发生的原因与桥连相同，即印制电路板离开钎料液面的角度不当，或钎料槽内杂质含量较高。使用流动式自动焊接机时，从拉尖的形状可以知道钎料槽的温度以及传送带的速度是否合适。当焊点有光泽且呈细尖状时，就可能是钎料槽的温度低或是传送带的速度过快。当焊点拉尖且呈圆、短、粗而无光泽状态时，其原因则完全相反。

危害：焊点外观不佳，而且拉尖超过允许长度时使得焊点间的绝缘距离减小，容易造成桥连现象。在高频、高压电路中会造成打火现象，尤其要注意。

解决方法：焊接时间不宜过长。一旦发生拉尖现象只要加钎剂重焊即可。在自动焊接中要注意印制电路板离开钎料液面的角度。

3. 空洞

空洞缺陷是由于钎料尚未完全填满印制电路板插件孔而出现的。

产生原因：印制电路板的焊盘开孔位置偏离了焊盘中心、焊盘不完整，孔周围有毛刺及浸润不完全等。此外还有孔周围氧化，被焊元器件引线氧化、脏污、预处理不良，孔金属处理时两种金属的热容量差大等原因。

危害：由于机械强度减弱，虽然暂时焊接上了，但在使用中可能会因环境恶化而脱离。

4. 堆焊

焊点因钎料过多和浸润不良未能布满焊盘而形成弹丸状，称为堆焊。如图5-20所示。

产生原因：主要是引线或焊盘氧化而浸润不良、焊点加热不均匀、维修时钎料堆积过多等。

危害：焊点间的连接强度低，浪费钎料。

解决方法：可采取将印制电路板翻过来，用电烙铁吸去部分钎料，添加钎剂重焊等方法解决。

5. 松动

焊接后，导线或元器件引线有未熔合的虚焊，轻轻一拉，引线就会脱出或松动，这种缺陷称为松动，如图 5-21 所示。

产生原因：钎料未凝固而引线发生了移动造成空隙，元器件的引线氧化钎料而出现浸润不良等。

危害：电路导通不良或不导通。

解决方法：钎料未凝固前避免引线的移动。保证引线浸润良好。

6. 虚焊（假焊）

焊锡与被焊元器件引线没能真正形成合金层，仅仅是接触或不完全接触，称为虚焊。虚焊是焊接工作中最常见的缺陷，也是最难检查出的焊接缺陷，如图5-22所示。

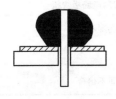

图 5-20　堆焊

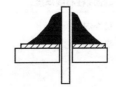

图 5-21　松动

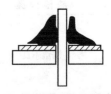

图 5-22　虚焊

产生原因：被焊元器件引线温度未达到钎料熔化温度，钎料只是直接接触烙铁头被熔化了，钎料堆附在焊件面上，被焊元器件引线氧化严重或存在污染物，钎剂不足或质量差。

危害：焊点间的连接强度比较低，电路会出现不通或时断时通的现象。虚焊时，有时稍稍一拉，引线并未脱出，也不活动。在这种情况下，初期也能导通，似乎是合格产品，但经过几个月，几年之后此处就会出现开路现象。

解决方法：被焊元器件引线预先搪锡；在印制电路板焊盘上镀锡或涂钎剂；掌握好焊接温度和时间。

5.3.3 其他缺陷

除上述缺陷之外，还有以下外观上的缺陷问题。

1. 印制电路板焦糊

这种缺陷多发生于手工焊接中，烙铁头滑落到印制电路板上，将印制电路板烫焦，集中一点长时间加热时也会产生焦糊现象。

2. 印制电路板起泡

这种缺陷多发生于玻璃丝基板的印制电路板。发生这种缺陷时印制电路板铜皮与绝缘层分离，基板上出现发白而不透明斑点，这种缺陷称为印制电路板起泡现象。

产生这种缺陷的原因是由于印制电路板质量不好或焊接温度过高。印制电路板起泡对电气机械方面不会有多大的影响，但是在外观上会降低商品价值。

焊接前发现的起泡现象，有时是环境湿度过大造成的。

5.4 焊接缺陷的排除

通常，我们将产品在厂内发生的焊接不良称为缺陷。产品在厂外发生的性能异常称为故障。

5.4.1 制造过程中焊接缺陷的分类

制造过程中的焊接缺陷大致可以分为润湿不良、光泽性差、钎料量不当和清洗不好等情况，具体缺陷见表5-1。

对于表5-1所列缺陷，首先要做到亲眼观察焊点，找出与缺陷相关的各种情况。如操作工人的焊接技能、焊接前被焊元器件引线金属表面的处理情况和保管情况、焊接用的钎料和焊接的情况、电烙铁的功率等均会引起上述缺陷。

表5-1 制造过程中的焊接缺陷

缺 陷 分 类	接线柱布线焊接	印制电路板焊接
润湿不良	（1）松香焊 （2）松动	（1）引线润湿不良 （2）气泡 （3）针孔 （4）钎料间不熔合

（续）

缺 陷 分 类	接线柱布线焊接	印制电路板焊接
光泽差	(1) 过热 (2) 冷焊接 (3) 钎料拉尖	(1) 拉尖 (2) 桥连 (3) 过热
钎料量过少	(1) 焊点成球状堆焊 (2) 钎料流淌 (3) 钎料量不足	(1) 钎料间不熔合 (2) 焊点成球状的堆焊 (3) 桥连 (4) 拉尖
清洗不好	(1) 污垢 (2) 钎剂残渣 (3) 钎料流淌 (4) 变色 (5) 钎剂飞溅	(1) 污垢 (2) 钎剂残渣 (3) 钎料流淌 (4) 变色 (5) 钎剂飞溅

以润湿不良为例。引起润湿不良的原因很多，首先必须了解被焊元器件的保管期限、状态、生产批号和表面处理等情况。此外润湿不良多数是由于操作人员的技术不熟练引起的。有的是由于焊接工具管理不当造成的，例如烙铁头尖部磨损引起的缺陷或烙铁头温度过高过低引起的缺陷。

5.4.2　排除焊接缺陷的措施

工厂中对于目视检查中发现特定的焊接缺陷和电性能检验中发现影响性能的缺陷这两种情况，可以由工厂内的检验部门处理该缺陷，留下缺陷记录，然后在实物上标明缺陷的位置后，进行适当的修理，之后再送检。

制定排除缺陷的措施之前，必须充分了解现存缺陷的问题是什么。在充分了解问题之后，可以利用统计方法，找出问题的根源。如果是目视检查中发现特定的焊接缺陷多的情况，可以将检验部门收集的质量报告反馈到加工车间和技术部门，这些部门可以根据质量报告，分析调查原因，制定出切实可行的措施。

如果是电性能检验中发现影响电性能的缺陷和由于操作人员未能正常焊接而引起的缺陷的情况时，工厂的质量管理部门要亲自检查焊接缺陷情况，找出原因，在此基础上制定出相关的措施。

对于操作人员手工焊接引起的各种缺陷需要在插件操作过程中注意各种相关事项，实现良好焊接。

第 6 章
焊接操作的安全卫生与安全措施

由于焊接过程中必须使用钎料和钎剂，而钎料的主要成分是铅，铅是一种有毒金属，对人体及环境都有一定的危害。钎剂的主要成分是松香，并且还包含其他种类的化学物质和溶剂，焊接操作过程中钎剂受热分解会产生一定的有害物质，这些都会对操作者及使用者的身体造成影响和伤害，因此，应该掌握有关这方面的知识，以保证与焊接相关的操作人员的安全和健康。除此之外，对于从事电子产品的生产、焊接、组装的操作人员来说，还会经常遇到关于用电安全方面的问题，因此本章将从用电安全和焊接操作安全卫生问题这两方面进行阐述。

6.1 用电安全

安全用电知识是关于如何预防用电事故及保障人身、设备安全的知识。在电子元器件手工焊接及工业上的自动焊接中要使用各种工具、电子仪器等，同时还要接触危险的高压电，因此有必要掌握相关的安全用电知识。在焊接操作中如果缺乏足够的警惕性，就可能发生人身、设备事故。为此，必须在熟悉触电对人体危害的基础上，了解安全用电知识和触电时的急救方法。

6.1.1 触电对人体的危害

防止触电是安全生产中最重要的大事，因此有必要了解触电对人体的伤害。人体组织有60%以上由水分组成，而水是导电的，因此人体是导电体。当电流流过人体，就会造成触电现象。

1. 触电的分类

通常将触电对人体伤害分为两类：电伤和电击。

（1）电伤。电伤是指电流流过人体时对人体外表造成的局部伤害，通常分成灼伤、电烙伤和皮肤金属化三种。

灼伤是由于电的热效应而灼伤人体皮肤、皮下组织、肌肉，甚至神经。灼伤会引起皮肤发红、起泡、烧焦或坏死；电烙伤是由电流的机械和化学效应造成人体触电部位的外表伤害，电烙伤通常是皮肤表面的肿块；皮肤金属化是一种化学效应，是由于带电体金属通过触电点蒸发进入人体造成的，局部皮肤会出现相应金属的特殊颜色。

（2）电击。电击是指电流流过人体时，严重影响人体呼吸系统、心脏和神经系统，造成肌肉痉挛（抽筋）、神经紊乱，导致呼吸停止，严重危害生命的触电事故。电伤对人体造成的危害一般是非致命的，真正危害人体生命的是电击。大部分触电死亡事故都是由电击造成的。

2. 触电危险程度的影响因素

影响触电危险程度的因素有电流的大小、作用时间、流经途径及人体电阻4个因素，现分别叙述如下。

（1）电流的大小。当电流在一定的限度内对人体是不会造成损害的，但是通常通过人体的电流越大，人体的不适感越强，致命的危险也越大。电流种类不同对人体损伤也是不同的，通常情况下直流电造成的是电伤，而交流电对人体造成的伤害是电伤与电击同时存在的。在此我们还需要了解另一个常识，当发生交流触电时并不是交流频率越大对人体的伤害越大，其中对人体伤害最大的交流电的频率是在50～60Hz的范围。我国日常使用的交流电的频率为50Hz（工频），日本、美国的交流电的频率为60Hz，它们都是在这个危险的频段内。而当交流电频率达到20kHz时对人体的危害就很小，在医学上用于理疗的一些仪器采用的交流电频率就在20kHz左右。从电击的危害观点来说，高频率交流电的灼伤的危险性并不比直流电和工频的交流电的危险性小。危险频段内，不同大小的交流电流对人体的作用见表6-1。

表6-1　危险频段内交流电流大小对人体的作用

电流/mA	对人体的作用	备　注
<0.6	无感觉	
0.6～1.5	有轻微感觉，如手指开始感觉发麻	
1.5～3	有刺激感觉，一般理疗仪器可用此电流	称为感知电流
3～10	感到痛苦，但可自行摆脱	称为摆脱电流
10～30	可引起肌肉痉挛，颤抖，短时间无生命危险，但长时间有生命危险	
30～50	可引起肌肉强烈痉挛，时间超过60s就有生命危险	称为致命电流
50～250	可引起心脏室性纤颤，丧失知觉，严重危害生命	
>250	短时（1s以上）即可造成心脏骤停，体内还会出现电灼伤	

（2）电流作用时间。触电对人体的伤害程度与电流作用时间的长短有着密切的关系。人体处于电流作用下。电流通过人体时间越长，电流对人体的伤害越大，获救的可能性也就越小。一般用电流与时间的乘积来表示电流对人体的伤害，在有防止触电保护装置的情况下，人体允许通过的电流一般可按30mA·s考虑。

（3）电流流经的途径。研究表明，电流流过人体的不同部位时，其危害程度也不同。如果电流不经人体的脑、心脏、肺等重要部位，除了电击强度较大时可能造成内部灼伤外，一般不会危及生命。但如果电流流经上述致命部位，就会造成严重的后果。例如，电流从一只手流到另一只手，或由手流到脚，这时电流都会通过人的心脏，这种电击会使神经系统麻痹而造成心脏停跳，呼吸停止。如果电流流过人的脊髓，有可能造成触电者瘫痪。电流通过的路径如果是从一只脚到另一只脚，则危险性较小。这是因为电流流经途径不同决定了人体触电时心脏所通过的电流大小不同，当电流从一只手到另一只手时通过心脏的电流占通过人身总电流的3.3%；当电流从左手到脚时通过心脏的电流占通过人身总电流的3.7%；当电流从右手到脚时通过心脏的电流占通过人身总电流的 6.7%；当电流从一只脚到另一只脚时通过心脏的电流占通过人身总电流的 0.4%。

(4) 人体电阻。人体是个阻值不确定的电阻，它取决于皮肤的干燥程度。皮肤干燥时电阻可呈现 100kΩ 以上。而皮肤潮湿时，人体电阻可降到 1kΩ 以下。平常所说的安全电压 36V，就是针对人体皮肤干燥时而言的。如果用湿手接触 36V 电压，同样会受到电击。一个人如果体质好，在皮肤干燥的情况下 42V 的电压对他来说是完全安全的（甚至 100 多伏的电压都不会对其造成致命的伤害）。但是体质再好的人如果浸泡在带酸性的溶液里，对他来说也只有 6V 以下的电压才是完全安全的。在触电事故中就发生过有人在酸性溶液中被 12V 电压电死的情况。

除此之外还应了解一下人体所能承受的安全电压和安全电流的大小。对人体来说安全的电流应是 20mA 以下。安全电压有 5 个等级：42V、36V、24V、12V、6V，将安全电压分为 5 个等级是因为不同体质的人在不同的环境下对电压的承受能力不一样。比如体质好的人，在皮肤干燥的情况下 42V 的电压对他来说是完全安全的；对于潮湿而触电危险性较大的环境（如金属容器、管道内施焊检修），安全电压规定为 12V。

6.1.2 用电安全知识

1. 人身安全

在电子元器件焊接及电子产品组装过程中经常使用电烙铁、电钻、电热风机等电动工具，因此不可避免要接触"强电"。而许多相关的仪器设备和制作装置大部分也需要接市电（50Hz）才能工作，因此用电安全是电子元器件焊接及电子产品组装过程中的首要条件。在从事电子产品焊接及组装时应注意以下三个方面。

(1) 要树立安全用电的观念。用电时，必须树立安全用电的观念，使之贯穿于工作的全过程，不可心存侥幸。

(2) 要牢记安全措施。操作之前及操作过程中要进行设备安全检查。

1) 对于正常工作情况下设备带电的部分，一定要加绝缘防护，并放于人不容易碰到的地方。例如输电线、配电盘及电源板等。

2) 所有带有金属外壳的用电电器及配电装置都应该装设接地保护或接零保护。

3) 在所有使用市电（50Hz 的交流电）场所装设漏电保护器。

4) 随时检查所有电器插头、电线，发现破损老化必须及时维修或更换。

5) 持电动工具时，尽量使用安全电压工作。我国规定常用安全电压为 36V 或 24V 等。使用符合安全要求的低压电器（包括电线、电源插座、开关、电动工具、仪器仪表等）。

6) 工作室或工作台上有便于操作的电源开关。

(3) 养成安全操作习惯。为了防止触电，应遵守以下的安全操作习惯。

1) 任何情况下检修电路和设备时都要确保切断电源，不能仅仅断开设备上的电源开关，还应拔下电源插头。

2) 禁止用湿手操作任何用电设备。

3) 遇到不明情况的电线，先认为它是带电的。

4) 尽量单手操作用电设备以免电流流经人体重要的器官。

5) 避免在疲倦、生病等身体不适的状态下从事电工作业。

6）遇到体积较大的电容器先要进行放电，再进行检修。

7）触及电路的任何金属部分之前都要进行安全测试。

除此之外，还要防止机械损伤和烫伤，相应的安全操作习惯如下：

1）用剪线钳剪断小导线（例如去掉焊好的过长元器件引线）时，要让导线飞出方向朝向工作台或空地，决不可朝向他人或用电设备。

2）用螺钉旋具拧紧螺钉时，另一只手不要握在螺钉旋具刀口方向上。

3）烙铁头在没有确信脱离电源时，不能用手碰触以免烫伤。

4）烙铁头上多余的焊锡不能乱甩。

5）通电状态下不能触及发热电子元器件（例如变压器、功率器件、电阻、散热片等），以免烫伤。

2. 触电急救

一旦发生触电事故，千万不要惊慌，首先要做的是用最快的速度使触电者脱离电源。要牢记触电者在未脱离电源及带电体前也是一个带电体，直接接触触电者同样会使抢救者触电。

使触电者脱离电源及带电体最快、最有效的措施是立即拉下电源插头或闸刀。如果触电者附近没有电源开关或来不及断开电源，可用绝缘电工钳或木柄干燥的斧头切（砍）断电线。如果刚好附近有绝缘板，抢救者也可以站在上面将触电者拉开。当电线搭落在触电者身上时，抢救者绝不能直接用手去拉触电者，必须用干燥的衣服、木板、木棒等绝缘物体拨开触电者身上的电线之后再施救。

触电者脱离电源后，如果发生昏迷现象，但心脏还在跳动、有呼吸，同时尚未失去知觉时，则应将触电者放置在空气流通的环境中静卧休息，然后尽快将触电者送到医院抢救。如果触电者呼吸已经停止，但心脏还在跳动，则应采用人工呼吸法和人工心脏按压等方法进行急救。

电气设备安装不当、设计或装配不符合安装标准、线路超载运行等都会产生过多热量，而且用电设备使用过程中的电火花、通风不畅等情况都可能引起火灾事故，而造成人身伤亡和设备损坏。因此，预防火灾也具有重大意义。

当遇见电气设备、电子产品、电缆及电线等冒烟起火后，要尽快切断电源。如果已经着火一定要采用沙土灭火法。带电灭火时使用二氧化碳或干粉灭火器进行，因为它们都是不导电的灭火介质。切记电着火不能用泡沫灭火器或水进行灭火。救火时必须注意安全，不要将身体或灭火工具触及导线和电气设备，以防二次触电事故的发生。

6.2 焊接的安全卫生问题

从事电子产品焊接的操作人员每天接触最多的就是印制电路板、钎料和钎剂及与其工作相关的材料、工具。因此除了注意上述的用电安全问题以外，工作人员还应该掌握有关这方面的知识，以保证自身的安全和健康，使自己每天都能在良好的工作环境中安心地工作，同时也必须充分重视公害和环境保护问题。

6.2.1 日、美关于焊接操作中对人体危害的研究

在劳动安全卫生条例中，与焊接有关的条例有：预防有机溶剂中毒的条例、预防四烃烷

基铅中毒的条例和预防特殊化学物质造成生理障碍的条例等。

钎料中的铅以及钎剂中的松香的危害已经了解，除此之外钎剂中还可能含有其他种类的化学物质和溶剂。通常溶剂的配方对用户是保密的，如果钎剂中可能含有有害物质的材料时，钎剂生产厂家应该本着为广大操作人员的安全着想，经过充分地研究和试验，才能用于生产。

根据日本劳动科学研究所的劳动维持会资料"焊接操作现场的有害物质"一文记载，自1965～1973年这一期间，该会对当时市场上出售的松香钎料作了调查，其结果如下：焊接操作时产生的烟，其中大部分是钎剂受热分解产生的气体或挥发物（松香或树脂），金属挥发物的生成量是极少的。布线焊接所用的钎剂是在松香（或树脂）中添加少量的有机胺族化合物。自动焊接过程是先在印制电路板表面涂上一层钎剂，然后浸入钎料槽内进行焊接，这是也会产生大量的钎剂烟。下面调查报告的内容均摘自参考文献[1]。

1. 松香钎剂的调查结果

相关调查结果见表6-2和表6-3。

表6-2 含松脂多的焊丝的烟

类 别	有害成分	发 生 源	上升的烟	备 注
三种焊丝（加热到350℃）	蒎烯	437～940ppm	(25cm 上)12～14ppm	苯酚、甲醛、芳香族胺测不出
	三乙醇胺	12～30ppm	0.8～1.6ppm	
	氯化氢	1.2～11.4ppm	0.1～0.3ppm	
	一氧化碳	<10ppm	测不出	
	铅	<0.10mg/m³	测不出	
三种焊丝（加热到300℃）	蒎烯	175～183ppm	(20cm 上)10～23ppm	苯酚测不出，芳香族胺测不出
	甲醛	2.1～2.5ppm	<0.3ppm	
	三乙醇胺	2～34ppm	<0.2ppm	
	溴化氢	5.7～28.8ppm	<0.5～1.2ppm	
	一氧化碳	<10ppm	测不出	
	铅	<0.10mg/m³	测不出	
一种焊丝（加热到350℃）	蒎烯	1260ppm	(25cm 上)13.4ppm	胺类（脂肪族、芳香族）、氯测不出
	甲醛	9.3ppm	0.2ppm	
	氨	625ppm	17ppm	
	一氧化碳	10ppm	测不出	
	溴酸	23.8mg/m³	1.0mg/m³	
	铅	<0.10mg/m³	测不出	

注：ppm 是指百万分之一颗粒数。

表 6-3　含松脂及树脂的焊丝的烟

类　别	有害成分	发生源	上升的烟	备　注
六种焊丝 （加热到350℃）	蒎烯	43～93ppm	（20cm 上） 1～4ppm	芳香族胺测不出
	甲醛	4.7～7.3ppm	0.2～0.4ppm	
	苯酚	3.6～10.5ppm	0.2～0.3ppm	
	三乙醇胺	4.5～21.0ppm	<1.0ppm	
	氯化氢	3.3～12.8ppm	0.2～0.5ppm	
	一氧化碳	10～20ppm	测不出	
	铅	<0.10mg/m³	测不出	
三种焊丝 （加热到350℃）	蒎烯	29～55ppm	（20cm 上） 4～8ppm	芳香族胺测不出
	苯酚	<0.1～1.5ppm	<0.1～0.2ppm	
	甲醛	0.16～0.31ppm	0.02～0.05ppm	
	二乙基胺	0.3～2.6ppm	<0.1～0.3ppm	
	氯化氢	0.5～1.4ppm	<0.1～0.2ppm	
	一氧化碳	5～10ppm	测不出	
	铅	0.06～0.16mg/m³	测不出	
十种焊丝 （加热到300℃）	蒎烯	17～76ppm	（20cm 上） 0.6～12ppm	芳香族胺测不出
	甲醛	0.2～5.9ppm	<0.1～11ppm	
	苯酚	<0.4ppm	<0.1～0.3ppm	
	二乙基胺 （或二甲基胺）	1.1～5.0ppm	<0.1～0.9ppm	
	氯化氢	1.2～8.2ppm	<0.1～1.7ppm	
	一氧化碳	5～20ppm	测不出	
	铅	<0.10mg/m³	测不出	

　　表6-2是根据1965～1973年检测过的约30种商品的数据整理的。在检查松香焊丝产生的烟时，是将松香焊丝放入加热到一定温度的坩埚里，使其熔化冒烟，然后在坩埚表面（发生源）和上升的烟中（20cm或25cm上）进行测定。表6-2和表6-3中列出了松香钎料加热到350℃和300℃时产生的烟中所含的有害成分浓度。

　　表6-2和表6-3中蒎烯（主要成分为松节油）浓度大的是松香成分多的焊锡丝。例如焊锡丝中有树脂混入，还会有甲醛产生。

　　表6-3列出了含树脂多的松香焊锡丝的烟的成分。虽然产生的蒎烯成分有所减少，但是另外又产生了甲醛和苯酚。一般说来，此种松香钎料用得多些。

2. 钎料槽烟的调查

　　钎料槽焊接印制电路板或预焊时，钎剂溶液热分解产生的烟中的有害成分的实测值见表6-4。

表6-4 钎料槽中钎剂的烟

检查条件	有害成分	发生源	上升的烟中（20cm上）
往加热到300℃的熔化钎料上滴钎剂溶液（坩埚内）	甲醇	2130ppm	135ppm
	萜烯	71ppm	10ppm
	甲醛	0.5ppm	<0.1ppm
	三乙基胺	2ppm	0.2ppm
	一氧化碳	<10ppm	测不出
	氨	500ppm	30ppm
用自动焊接机焊接印制电路板（250℃钎料槽）	氯化铵	57.6mg/m³	7.4mg/m³
	异丙醇	不测	76~82ppm
	萜烯		<0.5ppm
	甲醛		0.8~0.9ppm
	苯酚		<0.2ppm
	二甲基胺		1.0~1.1ppm
	氯化氢		<0.2ppm
	一氧化碳		<5ppm

从表6-4中可以看出，在加热到300℃的钎料槽内将钎料熔化，向其表面滴下钎剂使之挥发，在发生源处甲醛的含量为0.5ppm，甲醇的含量为2130ppm，而在距钎料表面20cm以上的上升烟中甲醛的含量小于0.1ppm，甲醇的含量为135ppm。

报告指出，在使用自动焊接装置时，必须在钎料槽的上方加一局部通风装置。

3. 有害物质的允许浓度

日本产业卫生学会及ACGIH（美国产业卫生监督官会议）建议的焊接时有害物质的允许浓度见表6-5。

表6-5 焊丝烟中有害物质的允许浓度

有害物质	日本产业卫生学会1973年的建议值	ACGIH在1972年的建议值
萜烯	无	100ppm
甲醛	5ppm	上限2ppm
苯酚	无	5ppm
二乙基胺	无	25ppm
二甲基胺	无	10ppm
三乙基胺	无	25ppm
苯胺	5ppm	5ppm
溴酸	无	1mg/m³
氯化氢	5ppm	上限5ppm
溴化氢	无	3ppm
一氧化碳	50ppm	50ppm

（续）

有 害 物 质	日本产业卫生学会 1973 年的建议值	ACGIH 在 1972 年的建议值
氨	50ppm	50ppm
氯化氨	无	10mg/m³
铅	0.15mg/m³	0.15mg/m³
镉	0.1mg/m³	0.1mg/m³

4. 焊接操作场所的环境

见表6-6。（注：表6-6 中的内容为参考文献中的相关内容）。

表6-6 焊接操作场所的环境

车间（调查年份）	测定场所及条件	空气中有害物质浓度
电气布线焊接空调车间（1962 年）	焊接作业位置及车间内	蒎烯 0.5 ~ 10ppm 甲醛 0.02 ~ 0.04ppm 铅 < 0.05mg/m³
焊丝生产厂（1968 年）	钎料的原料金属熔化区 料丝制造、机械操作位置	铅 0.07 ~ 0.61mg/m³ 铅 0.03 ~ 0.04mg/m³
布线焊接空调车间（1968 年）	焊接产生的烟 焊接操作位置 车间内通路上	铅 0.21mg/m³ 铅 0.03 ~ 0.05mg/m³ 铅 0.02mg/m³
电气零件焊接空调车间（1970 年）	焊接操作位置工作台下（距地面 50cm） 车间内通路上（距地面 125cm）	铅 0.012 ~ 0.013mg/m³ 铅 0.006mg/m³ 铅 0.002 ~ 0.003mg/m³
使用焊接机的车间（1972 年）	两人操作、旁边有通风扇操作位置	铅 0.016mg/m³
仪器组装空调车间（1972 年）	局部排风，焊接操作位置 局部排风，小型钎料镀槽操作位置 带顶盖的大型钎料镀槽位置 自动浸焊装置入口侧位置 自动浸焊装置出口侧位置	铅 0.001 ~ 0.004mg/m³ 铅 0.004mg/m³ 铅 0.009mg/m³ 铅 0.007mg/m³ 铅 0.001mg/m³

根据研究报告记载，有的女工因钎料的烟而引起脸部皮肤中毒发炎。尽管每个操作人员对于刺激性成分的敏感性和反映的差别很大，但钎料的烟也是不可忽视的诱因之一。

在焊接操作现场，要注意铅中毒。在使用松香钎料操作时，需要注意不要弄脏衣服和手指。在卫生管理方面，应考虑带安全手套，工作后应洗手，更换工作服等。工作间内安装局部通风设备或进行整体通风设计。

表6-6 是 1962 年至 1972 年的焊接操作场所的环境调查结果。该表说明了焊接操作现场空气中有害物质的浓度。

5. 印制电路板对人体的危害性

无论手工焊接还是工业上的自动焊接以及从事电子产品生产过程的工作人员都不可避免

地会接触到印制电路板（PCB）。在此介绍关于印制电路板的生产及其使用过程中对人体及环境的危害。

在印制电路板表面采用锡铅钎料涂层，对人体产生的危害主要有以下三个方面：

（1）加工过程会接触到铅。

（2）锡铅电镀等含铅废水、及热风整平（喷锡）的含铅气体会对环境带来不良的影响。

（3）印制电路板上含有锡铅镀/涂层，这类印制电路板报废或所用电子设备报废时，其上的含铅物质目前尚无法回收处理，如果作垃圾埋入地下，长年累月会使地下水中含有铅，这样又对环境造成了污染；另外，在印制电路板装配中采用锡铅钎料进行波峰焊、再流焊或手工焊操作中都有铅气体存在，影响人体和环境，同时在印制电路板上留下更多的铅含量。

我们只有一个地球，我们也有一次生命，保护我们的地球，爱惜自己的生命，提倡无铅化是非常必须以及必要的，我们都要共同努力。

6.2.2　关于焊接操作的安全卫生的相关限令及行业标准

（1）欧盟关于"焊锡技术之有害物质限用指令（RoHS）"限用指令。（Directive on Restriction of the use of certain Hazardous Substances in electrical and electronic equipment，简称RoHS）

RoHS与WEEE同时间发布，可视为WEEE精神的延伸，规范产品除了WEEE中"医疗设备"与"监控设备"尚未纳入之外，其余八类电子电机产品皆属其限制范畴。

首先简单介绍一下WEEE，WEEE即Waste Electrical and Electronic Equipment Directive，是指报废的电子电气设备指令。在该指令中对"waste"作出了详细的定义，即使该产品并无达到使用寿命结束的阶段，只要被消费者丢弃都视为废弃物。WEEE指令案适用于以下电子电气产品：大型家用器具，小型家用器具，信息技术和远程通信设备，用户设备，照明设备，电气和电子工具（大型静态工业工具除外），玩具、休闲和运动设备，医用设备（所有被植入和被感染产品除外），监测和控制器械，自动售货机。

RoHS是以六项有害化学物质：铅（Pb）、汞（Hg）、镉（Cd）、六价铬（Cr^{6+}）、多溴联苯（PBB）与多溴联苯醚（PBDE）的限用禁用为主要内容，其中前四项化学物质的规范曾出现在过去的"包装废弃物管理指令"与"废弃车辆指令"（读者如有兴趣可参考相关的报告）中，RoHS是限用范围的再扩大。这份限制指令要求欧盟各国在指定时间前完成立法程序，可见对其的重视程度。

（2）我国对于焊接操作的安全卫生的相关限令及行业标准。2009年11月17日，我国的工业和信息化部发布公告（工科［2009］第62号）正式公布了《电子信息产品环保使用期限通则》及无铅焊接标准共五项电子行业标准，它们分别是：①SJ/Z 11388—2009《电子信息产品环保使用期限通则》；②SJ/T 11389—2009《无铅焊接用钎剂》；③SJ/T 11390—2009《无铅钎料试验方法》；④SJ/T 11186—2009《焊锡膏通用规范》；⑤SJ/T 11391—2009《电子产品焊接用锡合金粉》；⑥SJ/T 11392—2009《无铅钎料化学成分与形态》。其中《电子信息产品环保使用期限通则》SJ/Z 11388—2009作为指导性技术文件，与《电子信息产品污染控制标识要求》（SJ/T 11364—2006）配套使用，可有效指导企业更加科学、合理地确定产品环保使用期限。无铅焊接系列标准在充分参考国外先进无铅焊接标准的同时，兼顾了我国无铅焊接技术的发展现状，且五项标准在内容上相互引用，具有配套性，对于促进我国电子行业无铅化进程将起到积极的推动作用。

上述标准的发布，为深入贯彻、执行我国《电子信息产品污染控制管理办法》将会起到重要的技术支撑作用。

6.2.3 焊接的安全措施

由于距离电烙铁头 20～30cm 处的化学物质的浓度比建议值小得多，所以焊接时应保持正确的操作姿势，电烙铁头的顶端距离操作者鼻尖部位至少要保持 20cm 以上，工作时要伸直腰，挺胸端坐，不要躬身操作，如图6-1所示。

铅几乎不蒸发，但由于操作时要用拇指和食指捏住焊锡丝，钎料的微细粉末会粘附在指尖上，因此一定要养成饭前洗手的习惯。

图 6-1 手工焊接操作

用自动焊接机焊接时，焊机产生的大量的烟笼罩室内。这时可以先开通风装置，再开始操作。

当焊接时，特别是因为修理而需要拆卸焊接过的导线时，有时由于导线的弹性作用而使钎料崩出来。弹回的钎料会引起意外的伤害，所以操作时应该戴防护眼镜，这一点一定要坚决执行。

在工作台及周围地面上不得有飞溅的钎料，以防钎料粘附在身体或衣服上。至少每天要清扫一次，以便能在清洁的环境下从事焊接工作。

由于焊接时使用钎剂或溶剂的时候很多，并且通电的电烙铁就放置在工作台上，从防火的角度考虑，一定要备有电烙铁架，电烙铁要整齐摆放，做到井然有序。

有的人经常把粘在电烙铁上的多余钎料甩下来，这不但容易伤着别人，而且还会弄脏地面。因此，电烙铁架上可放置电烙铁头清洗器，以便擦洗。或者在操作台上放置湿毛巾，也可以用来擦除电烙铁上的焊锡。

此外，在比较干燥的季节进行焊接时，可以佩戴防静电手环，穿防静电工作服。

焊接操作中电烙铁的使用应注意以下几点：

1）电烙铁使用前应检查使用电压是否与电烙铁标称电压相符。

2）如果需要，电烙铁应该接地。电烙铁接地一是为了防止电烙铁漏电时发生触电事故。二是为了防止焊接集成电路和半导体器件时感应电将这些元器件击穿，例如现在焊接电子元件的电烙铁，都用 20W 的内热式烙铁，里边是一根陶瓷芯，绝缘程度高，分布电容小，一般使用时可不必接地线。只有在安装、焊接场效应晶体管、CMOS 集成电路等高阻抗元器件时，为防止元器件被静电、感应电击穿损坏，电烙铁应该接上良好的地线。如果没有可接地线，那在焊接这类元器件前，应该将电烙铁电源插头拔下。

3）电烙铁通电后不能任意敲击、拆卸及安装其电热部分零件。

4）电烙铁应保持干燥，不能在过分潮湿或淋雨环境中使用。

5）拆电烙铁头时，一定要关掉电源，以防触电。

6）关电源后，利用余热在烙铁头上上一层锡，以保护烙铁头。

7）当烙铁头上有黑色氧化层时，可用砂布擦去，然后通电，并立即上锡。

8）可以用海绵来收集锡渣和锡珠，用手捏住海绵时以刚好不出水为宜。

9）焊接之前做好"5S"，焊接之后也要做"5S"。

在此简单说明一下"5S"的含义。5S 起源于日本的现场管理体系，目前已被许多企业采用和发扬。5S 的现场管理包括整理、整顿、清扫、清洁、素养。后来"6S"是在"5S"基础上加了"安全"。"7S"又在"6S"基础上加了"服务"。现场管理的目的是对生产现场中的人员、机器、材料、方法、环境进行充分而有效的科学管理，其基本思想是"物有其位，物在其位"。

归纳起来，焊接的安全措施有以下几条：

（1）保持正确的操作姿势。

（2）饭前必须洗手。

（3）戴防护眼镜。

（4）保持良好的操作环境。

（5）戴防静电手环、手套操作。

第 7 章

常见电子元器件介绍

电子元器件是具有独立电气性能的基本单元，是组成电子产品的基础。任何一个电子装置、设备和家用电器都是由许多电子元器件组装而成的。因此，熟悉和掌握常用电子元器件的种类、结构、性能和正确使用方法对电子产品的设计、焊接、调试都有着十分重要的意义。本章将详细介绍常用的电子元器件。

7.1 电阻、电感和电容

7.1.1 固定电阻器

在电路中起阻碍电流作用的元器件称为电阻器，简称电阻。电阻器在电路中主要用来控制电压和电流，即其具有降压、分压、限流和分流等作用。

1. 固定电阻器的型号命名方法及符号表示

（1）电阻器的型号命名方法。根据国家标准的规定，电阻器的型号由四个部分组成：

1）第一部分，用字母 R 表示固定电阻器主称。

2）第二部分，用字母表示材料。

3）第三部分，用数字或字母表示特征分类。

4）第四部分，用数字表示以区别外形尺寸和性能指标。

电阻器型号中各种符号的含义见表7-1。

表 7-1 电阻器型号组成及各部分符号意义

第一部分：主称		第二部分：材料		第三部分：特征分类			第四部分：序号
符号	含义	符号	含义	符号	含义		
					电阻器	电位器	
R	电阻器	T	碳膜	1	普通		数字表示
W	电位器	J	金属膜	2	普通		
		Y	氧化膜	3	超高频		
		H	合成膜	4	高阻		
		C	沉积膜	5	高阻		
		S	有机实心	6		普通	
		N	无机实心	7	精密	普通	

（续）

第一部分：主称		第二部分：材料		第三部分：特征分类			第四部分：序号
符号	含义	符号	含义	符号	含义		
					电阻器	电位器	
W	电位器	X	线绕	8	高压	精密	数字表示
		I	玻璃釉膜	9	特殊	特种	
		P	硼碳膜	G	高功率	特殊	
		U	硅碳膜	T	可调		
				W		微调	
				D		多圈	
				X		小型	

某些电子产品中还会用到敏感电阻器，其型号及命名见表7-2。

表7-2 敏感电阻器型号组成及各部分符号含义

第一部分：主称		第二部分：材料		第三部分：分类				
符号	含义	符号	含义	符号	含义			
					负温度系数	正温度系数	光敏	压敏
R	电阻器	F	负温度系数热敏材料	1	普通			碳化硅
		Z	正温度系数热敏材料	2	稳压			氧化锌
		G	光敏材料	3	微波			氧化锌
		Y	压敏材料	4	旁热		可见	
W	电位器	S	湿敏材料	5	测温		可见	
		C	磁敏材料	6	微波	普通	可见	
		L	力敏材料	7	测量	普通		
		Q	气敏材料					

（2）几种常见电阻器的电路符号

几种常见电阻器的图形符号如图7-1所示。

a)　　　　　　　　b)　　　　　　　　c)

图7-1　电阻器的图形符号

a) 电阻器　b) 热敏电阻器　c) 电位器

2. 固定电阻器的主要参数

（1）标称值。电阻器的标称值是指在电阻器上所标注的阻值。电阻器的阻值单位为欧姆，简称欧，用字母 Ω 表示。目前主要采用 E 数系列作为电阻器的规格。当 E 取 6，12，24……所得值构成的数列，分别称为 E6，E12，E24……系列。

固定电阻器的标称系列见表 7-3。

表 7-3　电阻器的标称系列

等级 Ⅰ	等级 Ⅱ	等级 Ⅲ
E6	E12	E24
允许误差 ±20%	允许误差 ±10%	允许误差 ±5%
1.0; 1.5; 2.2; 3.3; 4.7; 6.8	1.0; 1.2; 1.5; 1.8; 2.2; 2.7; 3.3; 3.9; 4.7; 5.6; 6.6; 6.8; 8.2	1.0; 1.1; 1.2; 1.3; 1.4; 1.5; 1.6; 1.8; 2.0; 2.2; 2.4; 2.7; 3.0; 3.3; 3.6; 3.9; 4.3; 5.1; 5.6; 6.2; 6.8; 7.5; 8.2; 9.1

表 7-3 中所列数值乘以 10^n，其中 n 为正整数，即为电阻器的阻值。例如，以 E24 系列 2.0 为例，电阻器的标称值可为 2Ω，20Ω，200Ω，$2k\Omega$，$20k\Omega$，$200k\Omega$，$2M\Omega$，$20M\Omega$，$200M\Omega$。

表 7-3 所列是通用电阻器采用的系列，而精密电阻器采用 E48（偏差 ±2%），E96（偏差 ±1%），E192（偏差 ±0.5%）等系列，由于这些电阻器的成本比较高，因此使用数量较少。

（2）允许误差。因工艺原因，实际加工出来的电阻器的阻值很难做到与标称值完全一致，所以每个电阻器的实际阻值不一定正好等于其标称阻值，因此引入允许误差来说明这一问题。允许误差计算方法见式（7-1）。

$$\Delta = \frac{R_{实} - R_{标}}{R_{标}} \times 100\% \tag{7-1}$$

式中　$R_{实}$——电阻器的实际阻值；

　　　$R_{标}$——电阻器的标称阻值；

　　　Δ——电阻器的允许误差。

对于标称值不同系列的电阻器，允许误差也不同，数值分布越疏散，允许误差越大，见表 7-3。

（3）额定功率。电流流过电阻器时会使电阻器产生热量，当流过电阻器电流过大时，电阻器温升过高就会将其烧坏。在规定温度下，电阻器长期工作允许消耗的最大功率称为额定功率。

电阻器消耗的功率，可以用电阻器上通过的电流和该电阻器上的两端电压来计算，计算方法见式（7-2）。

$$P = I \cdot U = I^2 \cdot R = U^2 / R \tag{7-2}$$

使用时应选择额定功率大于实际功率 1.5 ~ 2.0 倍以上的电阻器。

此外，有时在电路中电阻采用一定符号来表示功率，如图 7-2 所示。

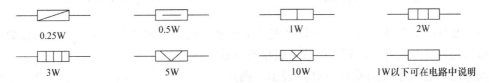

图 7-2　电阻器功率的标示

（4）温度系数。计算方法见式（7-3），各种材料的电阻率都会随着温度的变化而变化，电阻的阻值也同样如此，在衡量电阻温度稳定性时，使用温度系数。

$$\alpha_r = \frac{R_2 - R_1}{R_1(t_2 - t_1)} \qquad (7-3)$$

式中 α_r——电阻温度系数，单位为 $1/℃$；

R_1、R_2——温度为 t_1，t_2 时的阻值。

（5）非线性。非线性是指流过电阻的电流与加在电阻两端的电压不成比例变化。电阻的非线性用电压系数表示，即在规定电压范围内，电压每变化1V，电阻值的平均相对变化量，计算方法见式（7-4）。

$$K = \frac{R_2 - R_1}{R_1(U_2 - U_1)} \times 100\% \qquad (7-4)$$

式中 U_2——额定电压；

U_1——测试电压；

R_1、R_2——在 U_1、U_2 条件下所测的电阻值。

（6）噪声。电阻器的噪声是产生于电阻中的一种不规则的电压起伏，分为热噪声和电流噪声两种类型。任何电阻都有热噪声，降低电阻的工作温度，可以减小热噪声。电流噪声与电阻器内的微观结构有关，合金型电阻器无电流噪声，薄膜型电阻器电流噪声较小，合成型电阻器电流噪声最大。

（7）极限电压。当电阻两端电压增加到一定数值时，会发生电击穿现象，使电阻损坏。因为 $U = \sqrt{P \cdot R}$，当额定电压升高到一定值不允许再增加时的电压称为极限电压，它受电阻尺寸和结构的限制。一般常用电阻器功率与极限电压如下：0.25W，250V；0.5W，500V；1～2W，250V。

3. 固定电阻器阻值的表示方法

（1）直标法。直标法是将电阻器的类别、标称阻值、允许误差及额定功率等主要参数直接标在电阻器表面上的表示方法，如图7-3所示。这种表示方法常用在体积比较大的电阻器上。

（2）文字符号法。这种方法是在单位符号前面标出电阻器阻值的整数值，后面标出电阻器阻值的第一位小数值。例如，电阻器上数字符号5k1，如图7-4所示，表示阻值为5.1kΩ。1M5表示阻值为1.5MΩ。5R6表示阻值为5.6Ω。R33表示阻值为0.33Ω。

图7-3 电阻器阻值的直标法   图7-4 电阻器阻值的文字符号

（3）数码法。数码法是用三位数字表示电阻器的阻值，如图7-5所示。前两位数字表示电阻器阻值的有效数字，第三位数字表示有效数字后面零的个数，单位用欧姆（Ω）表示。例如，103表示电阻器的阻值为10000Ω，即10kΩ。154表示该电阻器的阻值为150000Ω，即150kΩ。

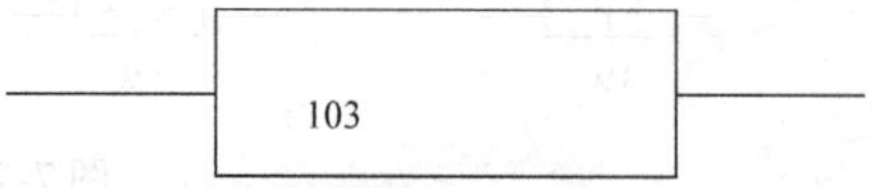

图7-5 电阻器阻值的数码表示法

（4）色标法。色标法是国际上常用的阻值表示法，大多数采用四色环和五色环表示电阻器的阻值和偏差。不同颜色的色环印在电阻器的表面上。在四色环的色标法中，从左至右，前两环表示电阻器阻值的有效数字，第三环表示有效数字后面零的个数，第四环表示允许偏差。若为五色环电阻器，前三环表示阻值的有效数字。四色环表示一般用于普通电阻器标注，五色环表示一般用于精密电阻器标注。色标法中不同颜色色环的含义见表7-4。

表7-4　色标法色环的含义

颜　　色	有 效 数 字	乘　　数	允 许 误 差（％）	工作电压/V
棕	1	10^1	±1	/
红	2	10^2	±2	/
橙	3	10^3	/	4
黄	4	10^4	/	6.3
绿	5	10^5	±0.5	10
蓝	6	10^6	±0.25	16
紫	7	10^7	±0.1	25
灰	8	10^8	/	32
白	9	10^9	/	40
黑	0	10^0	/	50
金	/	10^{-1}	±5	63
银	/	10^{-2}	±10	/
无色	/	/	±20	/

色标法表示的电阻器如图7-6所示。

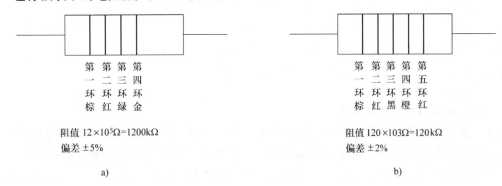

阻值 $12×10^5Ω$=1200kΩ
偏差 ±5%

a)

阻值 $120×103Ω$=120kΩ
偏差 ±2%

b)

图7-6　电阻器阻值的色标法

a）四环电阻标法　b）五环电阻标法

4. 固定电阻器的分类

固定电阻器分为普通固定电阻和特殊电阻两种。

（1）普通固定电阻。普通电阻器可以分为下面几种类型。

1）薄膜型电阻器。薄膜型电阻器主要分为碳膜电阻器、金属膜电阻器和金属氧化膜电阻器三种类型。

碳膜电阻器（RT）的特点是稳定，受电压和频率影响小、负温度系数、价格便宜。

金属膜电阻器（RJ）的特点是耐热，稳定性及湿度系数均优于碳膜电阻器，体积小，精度可达0.05%～0.5%。

金属氧化膜电阻器的特点是抗氧化性和热稳定性优于金属膜电阻器，阻值范围小。

2）合金型电阻器。它是将导电材料与非导电材料按一定的比例混合成不同电阻率的材料而制成的。它的优点是可靠性高。缺点是噪声大、线性度差、精度低、高频特性不好。合成型电阻器分为金属玻璃釉电阻器、实心电阻器、合成膜电阻器和电阻网络四种。

金属玻璃釉电阻器（RI）的特点是具有较高的耐热性和耐潮性，常制成小型化贴片式电阻器。

实心电阻器（RS）的特点是机械强度高，过载能力强，噪声大，分布参数大，稳定性差。

合成膜电阻器（RH）的特点是阻值范围宽，耐压可达35kV，抗温性差，噪声大，稳定性差。

电阻网络（B－YW）的特点是高精度、高稳定性、噪声低、温度系数小、高频性能好。

3）线绕型电阻器。它是用合金丝绕制在瓷管上制造而成，分为精密型和功率型两种。

线绕型电阻器（RX）的特点是噪声低、线性度高、温度系数小、稳定精度可达0.01%，工作温度达315℃。

（2）特殊电阻。特殊电阻又可以分为以下两种类型。

1）敏感电阻器。使用不同材料、工艺制造的半导体电阻器，它的阻值具有对温度、光照、湿度、压力、磁通量、气体浓度等物理量敏感的性质，这种电阻称为敏感电阻器。因此有热敏、压敏、光敏、温敏、磁敏、气敏、力敏等不同类型的敏感电阻器。它可以用于制作检测相应物理量的传感器及无触点开关。光敏电阻器将在7.4节详细阐述。

2）熔断电阻器（FU）。它是将电阻器与熔断器（熔丝）集于一身，正常情况下具有电阻器的功能，一旦电路出现异常电流时（电流值过大），它就熔断，对电路中其他元器件进行保护。熔断器符号如图7-7所示。

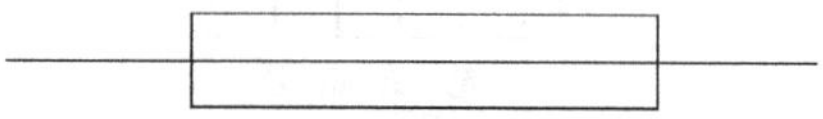

图7-7 熔断器符号

5. 固定电阻器的测量与选择

（1）固定电阻器的测量。用万用表测量时，将万用表的功能选择开关置于电阻档，先调零。将万用表的两根表笔短接，调节"0Ω"电位器，使表头指针满度，指向"0"位，然后再进行测量。使用数字万用表时要记录表笔短接时的电阻值，再测量，计算出实际的电阻值。

将两表笔（不分正负）分别与电阻器的两端相接即可测出其实际电阻值。如果测得的结果为0，则说明该电阻器已经短路。如果测得的结果为无穷大，则表示该电阻器开路了，如果出现了这两种情况，相应的电阻就不能使用。

测量时的注意事项如下：

1）测量电阻时，特别是测量高阻值电阻时，例如1～20MΩ的电阻器，手不要触及表笔和电阻器，因为人体具有一定电阻，会影响测量结果。

2）待测的电阻器必须从电路中拆焊下来，至少要焊开一个头再进行测量，以免电路中的其他元器件对测量产生影响，造成测量误差。

3）色环电阻器的阻值虽然能以色环来确定，但在使用时最好还是先用万用表测量一下其实际电阻值。

（2）固定电阻器的选择。

1）优先选择通用型电阻器。因为这类电阻器品种多、规格全、来源充足、价格便宜，有利于生产和维修。

2）所用电阻器的额定功率必须大于其实际承受功率的 2 倍，才能保证电阻器正常工作而不致烧坏。

3）在高增益前置放大电路中，应选用噪声小的电阻器，以减小噪声对有用信号的干扰。

4）根据电路对温度稳定性的要求选择电阻器。

5）根据安装位置选用电阻器。例如，相同功率的金属膜电阻器的体积是碳膜电阻器的一半左右，因此适合于安装在元器件比较紧凑的电路中。相反，在元器件安装位置比较宽松的场合，选用碳膜电阻器就相对经济些。

7.1.2　电位器

电位器也叫可变电阻器，是一种连续可调的电子元器件。

1. 电位器的结构和接法

典型的电位器，即旋转式电位器的结构如图 7-8a 所示。此外，还有直滑式和微调式电位器，如图 7-8b、c 所示。电位器在电路中通常用 R_P 表示。

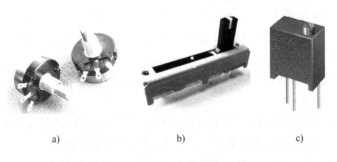

a)　　　　　　　　b)　　　　　　　　c)

图 7-8　电位器
a）旋转式电位器　b）直滑式电位器　c）微调式电位器

下面我们以旋转式电位器为例介绍其接法。电位器通常有三种接法，如图 7-9 所示。电位器用作分压器时，它可以看成是一个四端或三端的电子元器件，它的电路原理图如图 7-9a 和 7-9b 所示。当电位器用作变阻器使用时，它可以看成是一个二端电子元器件，原理图如图 7-9c 所示。

电位器和一般可变电阻不同之处在于，电位器是用于电路中经常改变电阻的位置，例如收音机的音量控制、电视机中的亮度、对比度调节等就是通过电位器来完成的。

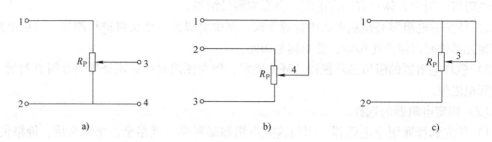

图 7-9　电位器的三种接法

2. 电位器型号的含义

电位器的型号是直接标在其表面上的，电位器的型号通常用字母或数字表示。如图7-10所示。

3. 电位器的主要参数

（1）标称值和允许误差。电位器上标的阻值即为电位器的标称阻值。电位器的标称阻值系列采用 E12 和 E6 系列。非线绕电位器有 ±20%、±10% 及 ±5% 的允许误差。线绕式电位器可有 ±10%、±5%、±2% 及 ±1% 的允许误差。精密电位器的允许误差可达 ±0.1%。

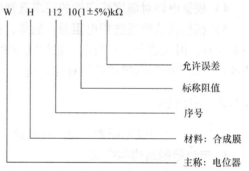

图 7-10　电位器的型号表示

（2）额定功率。电位器的额定功率是指电位器上两个固定端允许耗散的最大功率。使用中应注意的问题是，额定功率不等于中心抽头与固定端的功率。线绕电位器功率系列为 0.25W、0.5W、1W、2W、3W、5W、10W、16W、25W、40W、63W 等。非线绕电位器功率系列为 0.025W、0.05W、0.1W、0.25W、0.5W、1W、2W、3W、40W 等。

（3）分辨率。分辨率是电位器对输出量可实现的最精细的调节能力。非线绕电位器的分辨率高于线绕电位器的分辨率。

（4）滑动噪声。电位器的簧片在电阻体上滑动时，电位器中心与固定端的电压会出现无规则的起伏现象，称为电位器的滑动噪声。滑动噪声越小越好。

（5）阻值变化规律。电位器的阻值变化规律是指电位器旋转角度（或滑动行程）与阻值之间的关系。电位器的阻值变化规律分为对数式，用 D 表示；直线式，用 X 表示；指数式，用 Z 表示三种。

（6）耐磨性。电位器旋转或滑动的次数用周数表示，电位器能旋转和滑动的最多的周数指耐磨性。

（7）零位电阻。零位电阻是指簧片处于电阻始端或末端时，簧片与始端或末端之间的电阻值。电位器的零位电阻与其材料、电阻体的阻值和结构等因素有关。零位电阻一般不会是零，通常为几欧姆至十几欧姆。某些应用场合对此电阻有要求，应先用零位电阻尽可能小的电位器。

4. 常用的电位器总类

（1）合成膜电位器。用字母 WH 表示，如图 7-11 所示。合成膜电位器通常用炭黑、石墨、炭粉、粘合剂等敷在绝缘机体上再加热聚合而成。阻值范围为 100Ω ~ 4.7MΩ，功率范围为 0.1 ~ 2W。

合成膜电位器的特点是阻值范围宽、分辨率高、寿命长、价格低廉、非线性、噪声大、温度系数大。它经常用于民用中低档产品及一般仪器仪表电路。

（2）有机实心电位器。用字母 WS 表示，如图 7-12 所示。有机实心电位器通常用炭黑、石墨、炭粉及有机粘合剂经热压制成。阻值范围为 100Ω ~ 4.7MΩ，功率范围为 0.25 ~ 2W。

图7-11　合成膜电位器

图7-12　有机实心电位器

有机实心电位器的特点是耐热、耐磨、体积小、过载能力强、温度系数大、噪声大、耐湿性差、精度低。它经常用于对可靠性、温度及过载能力要求高的电路。

（3）线绕电位器。用字母 WX 表示，如图 7-13 所示。线绕电位器通常用电阻丝绕在绝缘基体上并弯成圆形电刷在电阻丝上滑动。阻值范围为 14.7Ω ~ 100kΩ，功率范围为 0.25 ~ 25W。

绕线电位器的特点是功率大、精度高、温度系数小、耐高温、稳定性好、分辨力低、耐磨性能差、高频性能差、价格较高，它经常用于高温、大功率电路及精密调节电路中。

（4）金属玻璃釉电位器。用字母 WI 表示，如图 7-14 所示。金属玻璃釉电位器是将金属粉末、玻璃釉粉及粘合剂混合烧结在基体上而制成的。阻值范围为 100Ω ~1MΩ，功率范围为 0.25 ~ 0.75W。

图 7-13　绕线电位器

图 7-14　金属玻璃釉电位器

金属玻璃釉电位器的特点是耐磨、耐湿、耐热、温度系数小、分辨力高、可靠性高、过载能力强、高频性能好、噪声大。它经常用于要求较高的电路和高频电路中。

（5）金属陶瓷微调电阻。结构类似于金属玻璃釉电位器。如图 7-15 所示。阻值范围为 20Ω ~2MΩ。功率范围为 0.5 ~ 0.75W。

金属陶瓷微调电位器的特点是阻值范围宽、体积小、温度系数小、稳定性好、分辨力高、机械寿命较短。它经常用于要求较高的电路微调用。

（6）数字电位器。数字电位器常见的阻值为 $1k\Omega$、$2k\Omega$、$10k\Omega$、$50k\Omega$、$100k\Omega$。它的特点是寿命长、易数字化、输出为离散量。常用于音视频设备和数字系统中。如图7-16所示。

图7-15　金属陶瓷微调电阻　　　　　图7-16　数字电位器

5. 电位器的选用原则

（1）种类的选择。对于一般的电子产品，可以使用普通的碳膜或碳质电阻器，它们价格便宜，货源充足；对于高品质的扩音器、录音机、电视机等，应选用较好的碳膜电阻、金属膜电阻或线绕电阻；对于测量电路或仪表、仪器电路，应选用精密电阻，以满足高精度的需要。在高频电路中，应选用有机实心电阻或无感电阻，不能使用合成电阻或普通的线绕电阻。

（2）阻值和精度的选择。电阻值应根据实际需要的计算值，选择系列表中接近的标称值。若有高精度的要求，则应选择精密电阻值。

（3）额定功率的选择。电阻值的额定功率应大于实际耗散功率，在一般情况下，选择电阻器的额定功率为耗散功率的两倍以上。

（4）最高工作电压的限制。在选用电阻器时，电阻器的耐压应高于工作电压。电阻器在高压使用时，对于高阻值电阻器，其应用值应小于最高工作电压。

（5）电位器的选择。除了以上几点，选择电位器还应注意以下三点。

1）阻值变化性的选择。应根据用途来选择，如音量控制电位器应选用指数式或直线式，但不宜选用对数式；用做分压器时，应选用直线式；用做音调控制时，应选用对数式。

2）要求高分辨力可选用各类非线绕电位器，多圈式微调电位器。

3）调节后不需要再动的，选用锁紧式电位器。

7.1.3　电容器

电容器通常是由中间夹有电介质的两块金属板构成的一种电路元器件。电容器是组成电路的一种基本而重要的元器件。它在电路中起隔直流通交流、旁路和耦合等作用。

1. 电容器的型号

根据国家标准规定，电容器的命名与电阻器的命名类似，也是由以下几部分组成。

第一部分，用字母C表示产品主称；第二部分，用不同字母表示产品材料；第三部分，用数字或字母表示产品分类；第四部分，用数字表示产品序号。电容器型号的命名中各部分符号的意义见表7-5。

2. 电容器的分类

按工作中电容量的变化分为固定电容器、半可调电容器和可变电容器三种。按介质材料不同，可分为瓷介电容器、涤纶电容器等。

3. 电容器的电路符号

常见电容器的电路符号如图 7-17 所示。

表 7-5 电容器的命名方法

第一部分：主称		第二部分：材料		第三部分：分类				
符号	意义	符号	意义	符号	意义			
					瓷介电容	云母电容	电解电容	有机电容
C	电容器	C	高频瓷介	1	圆片	非密封	箔式	非密封
		Y	云母	2	管形	非密封	箔式	非密封
		Z	纸介	3	叠片	密封	烧结粉固体	密封
		J	金属化纸介	4	独石	密封	烧结粉固体	密封
		B	聚苯乙烯有机薄膜	5	穿心			穿心
		L	聚酯涤纶有机薄膜	6	支柱			
		D	铝电解质	7			无极性	
		A	钽电解质	8	高压	高压		高压
		N	铌电解质	9			特殊	特殊
				G	高功率			
				W	微调			

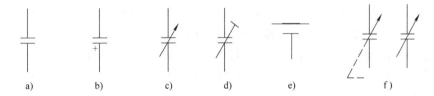

图 7-17 电容器的电路符号

a) 一般符号   b) 极性电容器   c) 可变电容器   d) 微调电容器

e) 穿心电容器   f) 双联同轴可变电容器

4. 电容器的主要参数

（1）标称容量。电容器的标称容量与电容器绝缘介质材料有关。高频有机薄膜介质电容器、瓷介质电容器的标称容量系列采用与电阻器相同的 E24、E12 系列。其中容量在 4.7pF 以上的电容器，其标称容量系列采用 E24 系列，容量小于或等于 4.7pF 的电容器采用 E12 系列。铝、钽、铌等电解电容器标称容量采用 E6 系列。容量在 $100pF \sim 1\mu F$ 时，采用 E6 系列；标称容量在 $1 \sim 100\mu F$ 时，采用 1、2、4、6、8、10、15、20、30、50、100 系列。

（2）允许误差。电容器的允许误差分为三级，即 I 级，±5%；Ⅱ级，±10%；Ⅲ级，±20%。有些电容器，用 J 表示允许误差为 ±5%；K 表示允许误差为 ±10%；M 表示允许误差为 ±20%。

（3）额定电压。在允许环境温度范围内，能够连续长期施加在电容器上的最大电压有效值称为额定电压，习惯上也称为耐压。

一般电解电容和体积较大的电容器都将电压值标在电容器上，较小体积的电容器则只能依靠型号判断。不同类型的电容器有不同的额定工作电压范围。国标 GB 2472—1981 规定了固定电容器的额定工作电压系列，见表7-6。

表7-6 固定电容器的额定工作电压系列

系　列	1.6	4	63	10	16
额定工作电压值/V	25	32 *	40	50 *	63
	100	125 *	160	250	300 *
	400	450 *	500	630	1000
	1600	2000	2500	3000	4000

注：* 表示仅为电解电容所具有的额定工作电压。

（4）漏电流。电容器介质材料不是绝对绝缘体，它在一定的工作温度和电压下，总会有些电流流过，这个电流称为漏电流。其中电解电容的漏电流较大，其他类型电容的漏电流很小。漏电流通常用字母 I_L 表示。I_L 过大会使电容的性能变坏，引起电路的故障，甚至使电容发热失效或爆炸。

（5）温度系数。温度系数是指电容的容量随温度变化的程度，用 a_c 表示。电容的温度系数越小，电路工作越稳定。

5. 电容器参数的标注方法

（1）直标法。直标法是指在电容器表面直接标出其主要参数的标注方法。电容器的单位有微法（μF）和皮法（pF）。如电容器 CB41 250V 2000pF ±5%，表示 CB41 型精密聚苯乙烯薄膜电容器，工作电压为 250V，容量为 2000pF，允许误差 ±5%。

用直标法标注的容量，有时并不标出容量的单位，识读方法为：凡容量大于1的无极性电容器，它的容量单位为 pF，例如 2000 表示容量为 2000pF。凡容量小于1的电容器，它的容量单位为 μF，例如 0.1 表示容量为 0.1μF。凡是有极性电容器，容量的单位都是 μF，例如 10 表示容量为 10μF。

（2）文字符号法。文字符号法是指将文字和数字符号有规律地组合起来，在电容器表面上标注出电容器的主要特性参数的方法。通常将容量整数部分标注在容量单位标志符号前面，容量小数部分标注在容量单位标志符号后面，其实容量单位符号所占部分就是电容容量的小数部分的位置。例如，4p7 表示容量为 4.7pF 的电容。还有一种表示是在数字前标注有 R 字样，则容量为零点几微法，例如，R47 就表示容量为 0.47μF。

（3）数字表示法。数字表示法是指用三位数字表示电容器的容量大小。其中前两位表示电容器容量的有效数字，第三位表示有效数字后零的个数，单位是 pF。例如，103 表示容量为 10000pF 的电容器。若第三位为9，则表示 10^{-1}，例如，479 表示 $47 \times 10^{-1} pF = 4.7pF$ 的电容器。

（4）色标法。色标法是指用不同色环按照规定的方法在电容器上标出电容器主要参数的方法。色环从上端向电容器引线排列，前两环为电容器容量的有效数字，第三环表示乘数即零的个数，第四环表示允许误差，第五环表示额定工作电压，单位是 pF。色环的不同颜色表示的含义见表7-7。

表 7-7　部分电解电容的允许漏电流

颜　色	棕	红	橙	黄	绿	蓝	紫	灰	白	黑	金	银	无色
有效数字	1	2	3	4	5	6	7	8	9	0			
乘　数	10^1	10^2	10^3	10^4	10^5	10^6	10^7	10^8	10^9	10^0	10^{-1}	10^{-2}	
允许误差（%）	±1				±0.5	±0.25	±0.1		±(20~50)		±5	±10	±20
工作电压/V			4	6.3	10	16	25	32	40	50	63		

如图 7-18 所示为一用四环表示的电容，通过查找表 7-7 不同色环的含义可知这个电容的容量为 $0.47\mu F$，允许误差为 ±5%。

6. 常用电容器种类

（1）有机介质电容器。包括传统的纸介电容器、金属化纸介电容器和涤纶、聚苯乙烯、聚丙烯等有机薄膜类电容器。有机介质电容器的实物图如图 7-19 所示。

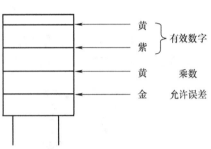

图 7-18　电容器的色环表示法

（黄、紫 有效数字；黄 乘数；金 允许误差）

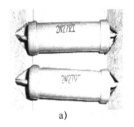
a)

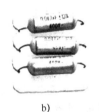
b)

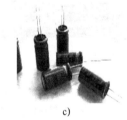
c)

图 7-19　几种有机介质电容器实物图
a）纸介电容器　b）金属化纸介电容器　c）聚苯乙烯电容器

（2）无机介质电容器。包括瓷介电容器、云母电容器和玻璃电容器等。无机介质电容器的实物图如图 7-20 所示。

a)

b)

c)

图 7-20　几种无机介质电容器实物图
a）瓷介电容器　b）云母介电容器　c）玻璃电容器

（3）电解电容器。前面两类电容器不具有极性，而电解电容器是一种区分正负极性的电容器。电解电容器在相同容量和耐压值的情况下，与其他类型电容器相比，体积要小，因此它可以用在要求大容量的电路中。但它的缺点是频率特性差，温度特性差，漏电流较大。

常见的电解电容器包括铝电解电容器、钽电解电容器和铌电解电容器等。前两种电解电容器的实物图如图 7-21 所示。

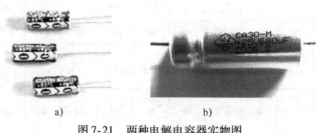

图 7-21 两种电解电容器实物图
a）铝电解电容器 b）钽电解电容器

（4）可变电容器。按介质分有空气介质电容器和薄膜介质电容器两种。按结构分有单联、双联、三联和四联等类型。空气介质电容器和双联可变电容器的实物图如图 7-22 所示。

a）　　　　　　　　　　　　　　b）

图 7-22 可变电容器实物图
a）空气介质电解电容器 b）双联可变电容器

（5）微调电容器。微调电容器即电容可做调整的电容器，实物图如图 7-23 所示。

7. 电解电容器的测量包括其性能的判别和容量的测定

（1）电解电容器性能的判别。用普通指针式万用表可方便地判别电容器，特别是电解电容器的性能。测量时选用电阻档，针对不同容量选择合适的量程。根据经验，一般情况下 1～47μF 的电解电容器，可用 R×1k 档测量；大于 47μF 的电解电容器可用 R×100 档或 R×10 档测量。

图 7-23 微调电容器实物图

判别时，先将万用表红表笔接电解电容器的负极，黑表笔接电解电容器的正极，如图 7-24a 所示。

在刚接通的瞬间，万用表指针将向右偏转较大幅度（对于同一电阻档，容量越大，摆幅越大），接着逐渐向左回转，直到停在某一位置，此时的阻值便是电解电容器的正向漏电阻。该值越大，说明漏电流越小，电解电容器的性能越好。然后将红、黑表笔对调，如图 7-24b 所示，万用表指针将重复上述摆动现象。但此时所测阻值为电解电容器的反向漏电阻，该值略小于其正向漏电阻，即反向漏电流要比正向漏电流大。

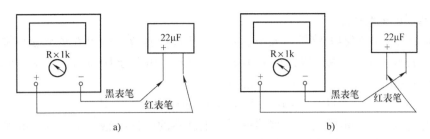

图 7-24　电解电容器的性能判别

实际使用经验表明，电解电容器的漏电阻一般应为几百千欧，甚至更高，否则电解电容器将不能正常工作。在测试中，若正向、反向均无充电的现象，即万用表指针不动，则说明电解电容器的容量已经很小，甚至丧失功能或内部断路；如果所测阻值很小或为零，则说明电容器的漏电流很大或已击穿损坏，不能使用。

（2）电解电容器容量的测定。如果采用指针式万用表给电解电容器进行正、反向充电的方法，根据指针向右摆动幅度的大小，可估测出电解电容器的容量，即指针向右偏转幅度越大，容量越大。

数字式万用表一般都具有电容测量的功能。因此欲测出电容器的具体容量大小，采用数字式万用表比较方便。

7.1.4　电感器

电感器通常也称为电感线圈，是一种储能元器件。电感器在电路中有通直阻交的作用，并且它在谐振、耦合、滤波等电路中的应用也十分普遍。与电阻器和电容器不同的是电感器没有品种齐全的标准产品，特别是一些高频小电感，通常需要根据电路要求自行设计制作。一般用漆包线、纱包线或镀银、铜线等绕制而成。

1. 电感器型号的组成及含义

电感器型号一般由四部分组成：

第一部分：主称，用字母 L 表示，ZL 表示阻流圈。

第二部分：特性，用字母 G 表示。

第三部分：型号，用字母 X 表示。

第四部分：区别型号，用数字表示。

例如，LG - 1 表示高频固定电感器，LGX 表示小型高频固定电感器。

2. 常用电感量的符号

常用的电感器有普通电感线圈、微调电感线圈和可调电感线圈，它们的符号如图 7-25 所示。

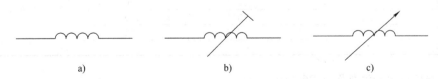

图 7-25　常用电感器的符号

a）普通电感器　b）微调电感器　c）可调电感器

3. 电感器的主要参数

（1）电感量。电感器电感量的大小主要取决于线圈匝数、绕制方式及磁心材料。电感量用字母 L 表示，简称电感。电感的基本单位是亨利，用字母 H 表示，常用的单位有毫亨（mH）、微亨（μH）、纳亨（nH）。它们的关系是：

$$1H = 1 \times 10^3 \, mH = 1 \times 10^6 \, \mu H = 1 \times 10^9 \, nH$$

（2）允许误差。同电阻器、电容器一样，电感器的标称电感量具有一定的误差。电感器的允许误差指电感器上的标称电感量与实际电感量的允许偏差。通常分为Ⅰ级、Ⅱ级和Ⅲ级，分别表示 ±5%、±10%、±20% 的误差。对于精度要求较高的振荡线圈，其误差为 ±0.2% ~ ±0.5%。

（3）品质因数。电感器的品质因数用字母 Q 表示，Q 的表达式见式（7-5）。

$$Q = \frac{2\pi fL}{R} \tag{7-5}$$

式中　f——电路的工作频率；

　　　L——电感器的电感量；

　　　R——电感器的总损耗电阻（包括直流电阻、高频电阻及介质损耗电阻）。

品质因数是衡量电感器质量的重要参数。它反映了电感器损耗的大小，Q 值越高，其损耗越小，效率越高。

（4）分布电容。电感器的线圈匝与匝之间的导线、线圈与磁心之间存在着分布电容。电感器的分布电容越小，其稳定性越好。

（5）额定电流。电感器在正常工作条件下，允许通过的最大电流称为额定电流。如果工作电流超过额定电流，则电感器会发热而改变性能参数，甚至被烧坏。

4. 电感器的色标法

电感器的色标法与电阻的色环表示法相同，此时的单位为 μH。电感器色环、色点表示的含义见表7-8。

表7-8　电感器的色环、色点的含义

色　　环	有 效 数 字	乘　　数	误差（%）	工作误差 /V
黑	0	1		
棕	1	10		
红	2	10^2		
橙	3	10^3		
黄	4	10^4		
绿	5			250
蓝	6			500
紫	7			
灰	8	10^{-2}		
白	9	10^{-1}	±5	
金		10^{-1}	±10	
银		10^{-2}	±20	
无色				

电感器色环表示法如图7-26所示。

5. 电感量故障的排除

由于电感器的电感量通常比较小，所以在一般条件下，很难准确地测出其电感量的大小，但可以使用万用表的电阻档确定色码电感器的好坏。

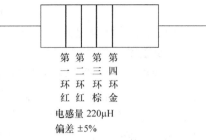

　　将万用表置于 R×1 档，红、黑表笔分别接电感器的一引线，此时万用表的指针应向右摆动。根据测出的电阻值大小，可分为以下三种情况进行排除电感器的故障情况。

第 一 环 红
第 二 环 红
第 三 环 棕
第 四 环 金
电感量 220μH
偏差 ±5%

图 7-26　电感器的色环表示法

　　（1）电感器的电阻值为零。如果出现这种情况说明电感器内部线圈有短路故障。在测试时，一定要先认真将万用表调零，并仔细观察指针向右摆动的位置是否达到 0 位，以免造成误判。当怀疑电感器内部有短路性故障时，最好用 R×1 档反复多测量几次，这样才能做出正确的判断。

　　（2）电感器的电阻值为一定值但不为零。电阻器的直流电阻值的大小与电感器所用的漆包线直径、绕制匝数有直接的关系，漆包线的直径越小，匝数越多，则电阻值越大。通常只要用万用表的 R×1 档测出电阻值为一定值（但不为零），就可以认为被测电感器是无故障的。

　　（3）电感器的电阻值为无穷大。如果出现这种情况，说明电感器内部的线圈与线圈接点处发生了断路故障。

7.1.5　变压器

　　变压器实质是一种电感器。它是利用两个电感线圈靠近时的互感现象工作的。变压器在电路中可以起到电压变换、电流变换和阻抗变换的作用，是电子产品中常见的元器件。

　　变压器是将两组或两组以上的线圈绕在同一个线圈骨架上，或绕在同一铁心上制成的。若线圈是空心的，则为空心变压器。若在绕制好的线圈中插入了铁氧体磁心时，则为铁氧体磁心变压器。如果在绕制好的线圈中插入了铁心的，则为铁心变压器。变压器的电路符号如图 7-27 所示。

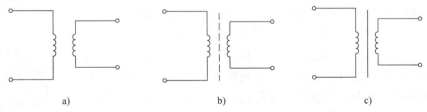

图 7-27　变压器的电路符号

a）空心变压器　b）铁氧体磁心变压器　c）铁心变压器

1. 变压器的主要参数

　　（1）额定功率。变压器的额定功率是指在规定的频率和电压下，变压器长期工作而不超过限定温度时的输出功率。额定功率用伏安（V·A）、瓦（W）或千瓦（kW）表示。

　　电子产品中使用的变压器功率一般都在几百瓦以下。

　　（2）变压比（也称匝数比）。变压器的一次电压（或线圈数）和二次电压（或线圈数）分别用 U_1（或 N_1）和 U_2（或 N_2）表示，其变压比为 K，计算公式见式（7-6）。

$$U_1/U_2 = N_1/N_2 = K \qquad (7\text{-}6)$$

K 表明了该变压器是升压变压器还是降压变压器。例如 220V/10V，匝数比为 22:1，为一个降压变压器。

（3）效率。变压器的效率是指在额定负载的情况下，变压器输出功率和输入功率之比。在输入功率一定的情况下，变压器的输出功率越大，效率越高。

变压器的效率与设计参数、材料、制造工艺及功率有关。通常 20W 以下的变压器效率大约为 70%~80%，而 100W 以上变压器可达 95% 以上。普通电源、音频变压器要注意效率，而中频、高频变压器可以不考虑效率。

（4）空载电流。变压器的空载电流是指变压器在工作电压下次级空载时初级线圈流过的电流。变压器的空载电流一般不超过额定电流的 10%，性能良好的变压器的空载电流可小于额定电流的 5%。空载电流大的变压器损耗大、效率低。

（5）绝缘电阻和抗电强度。绝缘电阻是指电源变压器的线圈之间、线圈与铁心之间以及引线之间的电阻。抗电强度是指在规定时间内变压器可承受的电压。常用的小型电源变压器的绝缘电阻不小于 500MV，抗电强度大于 2000V。

2. 常用的变压器

按照工作频率的不同，变压器可以分为低频变压器、中频变压器、高频变压器。

（1）低频变压器。可分为小型电源变压器和音频变压器两种。

1）小型电源变压器　此种类型的变压器主要用于提升或降低电网的交流电压。民用电子产品中使用的都是小型降压变压器。

根据变压器中铁心的不同，小型电源变压器又可分为 E 型和 C 型两种。E 型电源变压器外形结构如图 7-28 所示，C 型电源变压器外形结构如图 7-29 所示。

2）音频变压器。音频变压器是音频放大电路中所用的各种变压器的统称。在电路中传送信号、实现电路之间的阻抗匹配。

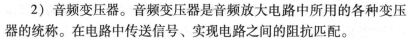

图 7-28　E 型电源变压器

（2）中频变压器。中频变压器又称中周，它的适用范围从几千赫到几十兆赫。普通变压器仅仅利用了电磁感应原理，而中频变压器除此以外还应用了并联谐振原理。因此，中周不仅具有普通变压器的电压、电流和阻抗变换的作用，还具有谐振于某一特定频率的特性。中频变压器在超外差收音机、电视机及一些测量仪器中都有应用。例如用在超外差收音机中，它起到了选频和耦合作用，其谐振频率在调幅式接收机中为 465kHz，在调频半导体收音机中的频率为 10.7MHz±100kHz。

图 7-29　C 型电源变压器

半导体收音机的中频变压器一般由磁心、线圈、支架、底座、磁帽和屏蔽外壳组成，中频变压器实物图如图 7-30 所示。通常在其磁帽端涂上不同颜色的漆，以区别外形相同的中频变压器和振荡线圈。调节磁心在线圈中的位置可以改变电感量，使电路在特定频率下谐振。

3. 变压器性能检测

包括外观检测、同名端的检测以及一次绕组、二次绕组的判断。

（1）外观检查。通过仔细观察变压器的外观，检查它是否有明显的异常现象称为外观检查。例如线圈引线是否断裂、脱焊，绝缘材料是否有烧焦痕迹，铁心紧固螺杆是否有松动，硅钢片有无锈蚀，绕组是否有外露等。

图 7-30 中频变压器

（2）同名端的检测。检测原理如图 7-31 所示，一般阻值较小的绕组可直接与电池相连。当开关闭合的一瞬间，万用表指针正偏，则说明 1、4 脚为同名端。若反偏，则说明 1、3 脚为同名端。

（3）一次绕组、二次绕组的判断。首先，可以通过外观检查来判断。一般电源变压器的初级绕组所用漆包线是比较细的，且匝数比较多，而次级绕组所用的漆包线比较粗，且匝数比较少。所以，初级绕组的直流电阻要比次级绕组的直流电阻大得多。因此可以根据这一特点，通过用万用表的电阻档测量各绕组的电阻值，来进一步判断电源变压器的初级绕组和次级绕组。

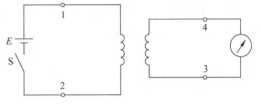

图 7-31 变压器同名端的检测

7.2 常用电气元器件

7.2.1 开关

开关是利用机械力或电信号的作用完成电气接通、断开等功能的元器件。它的突出特点是接触可靠性。如果接触不可靠，不仅会影响电信号和电能的传输，而且也是噪声的主要来源之一。开关的品种繁多，此节仅作简单介绍，如果想深入了解可参考相关产品手册。

1. 开关的电路符号及分类

开关是接通或断开电路的一种电气元器件，大多数是手动机械式结构。由于开关的构造简单、操作方便、价格便宜、性能可靠，因此应用十分广泛。

开关的种类很多，按照机械动作的方式可分为旋转式开关、按动式开关和波动式开关。按照结构和工作原理，主要分为单刀开关、多刀开关、单刀多掷开关、多刀多掷开关等。常用开关的电路符号如图 7-32 所示。

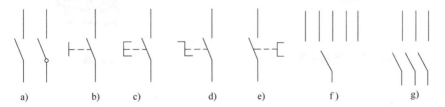

图 7-32 几种开关的电路符号

a）一般开关 b）手动开关 c）按钮开关 d）旋转开关 e）拉拨开关
f）单极多位开关 g）多极多位开关

有两个概念在学习"开关"时是必须要了解的，即"极"和"位"的概念。"极"是指开关的活动触点，有时也称为"刀"。"位"是指开关的静止触点，有时也称为"掷"。

对于单极单位开关，只能接通（或断开）一条电路。单极双位开关，可接通（或断开）两条电路中的一条。单极多位开关，可接通（或断开）多条电路中的一条。多极多位开关可同时接通（或断开）多条独立的电路。

2. 开关的主要参数

（1）额定电压。开关在正常工作时可承受的最高电压称为额定电压。在交流电路中，是指能承受的交流电压的有效值。

（2）额定电流。开关在正常工作时允许流过触点的最大电流称为额定电流。在交流电路中，是指能承受的交流电压的有效值。

（3）接触电阻。开关在接通以后，两个连接触点之间的电阻称为接触电阻。接触电阻越小越好，通常小于 $20m\Omega$。

（4）绝缘电阻。开关导体之间或者开关导体与金属外壳之间不相接触的电阻称为绝缘电阻。绝缘电阻越大越好，一般在 $100M\Omega$ 以上。

（5）耐压。有时也称抗电强度，是开关不接触的导体之间所能承受的电压值。一般开关的耐压应大于100V，而电源开关的耐压一般应大于500V。

（6）工作寿命。开关在正常工作环境下使用的次数称为开关的工作寿命。通常为5000 ~ 10000次，质量较好的开关工作寿命可达 $5 \times 10^4 \sim 5 \times 10^5$ 次。

3. 常用的开关

（1）拨动开关。拨动开关是通过左右平滑换位，切入式咬合接触，从而控制开关的触点的接通或断开，如图7-33所示。

（2）钮子开关。扭子开关是电子设备中常见的一种开关，有大、中、小和超小型等类型，如图7-34所示。

（3）琴键式开关。也称直键式开关，它属于摩擦接触式开关。分为单键式和多键式两种类型，如图7-35所示。

（4）微动开关。它是一种小型开关，通过小行程、小动作力而使电源接通或断开，如图7-36所示。

图7-33 拨动开关

图7-34 钮子开关

图7-35 琴键式开关

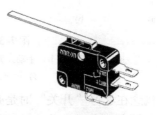

图7-36 微动开关

（5）旋转式拨动开关。它是通过旋转开关手柄来控制开关的接通和断开的。通常分为大、中、小三种类型。按结构还可分为多刀位和多层型。按绝缘基体可分为瓷质、胶质等类型，如图7-37所示。

图 7-37　旋转式拨动开关

7.2.2　继电器

继电器和接触器的结构和工作原理大致相同。主要区别在于：接触器的主触点可以通过大电流；继电器的体积和触点容量小，触点数目多，且只能通过小电流。所以，继电器一般用于控制电路中，它在电路中起着自动调节、自动操作、安全保护和检测机器运转等作用。

1. 继电器的主要参数

（1）额定工作电压。继电器的额定电压是指它正常工作时线圈所需的电压，可以是交流电压，也可以是直流电压。为了保证继电器可靠地动作，继电器线圈上所加的电压应等于或略大于额定工作电压，但不能超过额定电压的 1.5 倍，否则继电器可能烧坏。

（2）直流电阻。继电器的直流电阻是指线圈的直流电阻。

（3）吸合电流。继电器的吸合电流是指继电器能够产生吸合动作的最小电流。在实际使用时给定的电流必须略大于吸合电流，继电器才能正常工作。

（4）释放电流。继电器的释放电流是指继电器产生释放动作的最大电流。

（5）触点的切换电压和电流。继电器触点的切换电压和电流是指继电器触点允许加载的电压和电流，其值决定了继电器能控制的电压和电流的大小。实际使用时不能超过此数值，否则将损坏继电器的触点。

2. 常见的继电器

（1）电流及电压继电器。电流继电器可用于过载保护，电压继电器可作为欠电压、失电压保护。

（2）中间继电器。通常用于传递信号和同时控制多个电路，也可直接用它来控制小容量电动机或其他电气执行元器件。中间继电器触头容量小，触点数目多，用于控制线路。中间继电器的实物图如图 7-38 所示。

（3）时间继电器。时间继电器是从得到输入信号（线圈通电或断电）起，经过一段时间延时后才动作的继电器。适用于定时控制。时间继电器工作原理为当衔铁未吸合时，磁路气隙大，线圈电感小，通电后励磁电流很快建立，将衔铁吸合，继电器触点立即改变状态。而当线圈断电时，铁心中的磁通将衰减，磁通的变化将在铜套中产生感应电动势，并产生感应电流，阻止磁通衰减，当磁通下降到一定程度时，衔铁才能释放，触头改变状态。因此继电器吸合时是瞬时动作，而释放时是延时的，故称为断电延时。时间继电器的实物图如图7-39 所示。

（4）热继电器。用于电动机的过载保护。工作原理为发热元器件接入电动机主电路，若长时间过载，双金属片被加热。因双金属片的下层膨胀系数大，使其向上弯曲，杠杆被弹簧拉回，常闭触点断开。热继电器的实物图如图 7-40 所示。

图 7-38　中间继电器

图 7-39　时间继电器

图 7-40　热继电器

7.2.3　插头和插座

1. 电源插头和插座

插头和插座通常都是配套使用的。电源插头、插座一般分为二线或三线等类型，其实物图如图 7-41 所示。

a)　　　　　　　　　b)　　　　　　　　　c)

图 7-41　二线、三线电源插头和插座
a）三线插头　b）二线插头　c）插座

2. 二芯、三芯小型插头和插座

通常用于低频电路，例如耳机、话筒及外接直流稳压电源中。耳机的插头和插座的实物图如图 7-42 所示。

a)　　　　　　　　　b)

图 7-42　耳机的插头和插座
a）插头　b）插座

3. 屏蔽插头和插座

屏蔽插头和插座通常用于各种音响、录放/像设备、VCD、彩色电视机及多媒体等设备中。由于大多数音响设备都是双声道或多声道输出的，所以屏蔽插头和插座在音响设备中是成双或成套出现的。屏蔽插头和插座实物图如图 7-43 所示。

a)　　　　　b)

图 7-43　屏蔽插头和插座
a）插头　b）插座

7.3 半导体分立器件

晶体管自 20 世纪 50 年代问世以来，曾为电子产品的发展起到了重要作用。目前，虽然在电子产品中广泛采用了集成电路，它们在不少场合取代了晶体管，但任何时候都不可能将晶体管完全取代，这是因为晶体管有其自身的特点，并在电子产品中发挥着其他元器件所不能起到的作用。因而晶体管不仅不能被淘汰，而且还应有所发展。

7.3.1 半导体分立器件的分类及型号命名

1. 分类

晶体管种类有很多，分类方式也有很多种。通常分为如下类型。

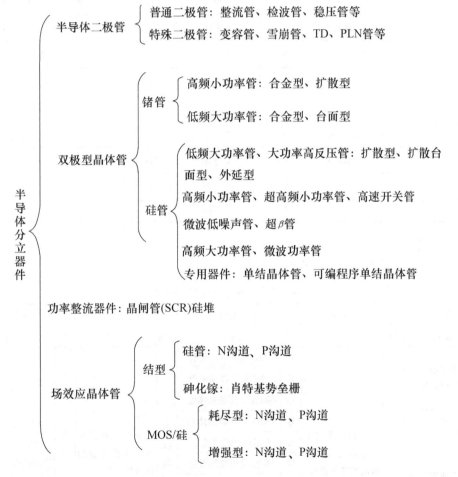

2. 型号命名

（1）国内半导体分立器件的型号命名。国内半导体分立器件的型号命名通常是由五部分组成。

第一部分：用数字表示半导体器件电极数目，2 表示二极管，3 表示三极管。

第二部分：用字母表示半导体的材料和极性。

第三部分：用字母表示半导体类别。

第四部分：用数字表示序号。

第五部分：用字母表示区别代号。

说明：一些特殊半导体器件只有第三、四、五部分，而没有第一、二部分。半导体器件型号命名中的第一、二、三部分字母意义见表7-9。

表7-9　国产半导体分立器件的型号命名

| 第一部分 | | 第二部分：材料 | | | | 第三部分：类别 | |
符号	含义	符号	含义	字母	含义	字母	含义
2	二极管	A	N型，锗材料	P	普通管	D	低频大功率管 $f_a < 3MHz$，$P_c > 1W$
		B	P型，锗材料	W	稳压管	A	高频大功率管 $f_a > 3MHz$，$P_c > 1W$
		C	N型，硅材料	Z	整流管	G	高频小功率管 $f_a > 3MHz$，$P_c < 1W$
		D	P型，硅材料	L	整流堆	X	低频小功率管 $f_a < 3MHz$，$P_c < 1W$
3	晶体管	A	PNP型，锗材料	N	阻尼管	C	参量管
		B	NPN型，锗材料	K	开关管	JG	激光管
		C	PNP型，硅材料	F	发光管	CS	场效应晶体管
		D	NPN型，硅材料	S	隧道管	BT	半导体特殊器件
		E	化合物材料	U	光电管	PIN	PIN型管
				V	微波管	FH	复合管
				T	晶闸管		

（2）部分国外半导体分立器件的型号命名。

1）日本半导体器件的型号命名见表7-10。

表7-10　日本半导体器件的型号命名

| 第一部分 | | 第二部分 | | 第三部分 | | 第四部分 | | 第五部分 | |
序号	含义	序号	含义	序号	含义	序号	含义	序号	含义
0	光电二极管或晶体管	S	已在日本电子工业协会注册等级的半导体器件	A	PNP型高频晶体管	多位数字	该器件在日本电子工业协会的注册登记号	A B C D …	该器件为原型号产品的改进产品
				B	PNP型低频晶体管				
				C	NPN型高频晶体管				
1	二极管			D	NPN型低频晶体管				
				E	P型控制极晶闸管				
2	晶体管或有三个电极的其他器件			G	N型控制极晶闸管				
				H	N基极单结晶管				
				J	P沟道场效应晶体管				
				K	N沟道场效应晶体管				
3	四个电极的器件			M	双向晶闸管				

2）美国半导体器件的型号命名见表 7-11。

表 7-11 美国半导体器件的型号命名

第一部分		第二部分		第三部分		第四部分		第五部分	
用符号表示 器件类别		用数字表示 PN 结数目		美国电子工业 协会注册标志		美国电子工业 协会登记号		用字母表示 器件分档	
符号	意义	符号	意义	符号	意义	符号	意义	符号	意义
JAN 或 J	军用品	1	二极管	N	该器件是在 美国电子工业 协会注册登记 的半导体器件	多位数字	该器件在美 国电子工业协 会的登记号	A B C D ⋮	同一型号器件的不 同档别
		2	晶体管						
		3	三个 PN 结元件						
无	非军用品	n	n 个 PN 结 元件						

下面详细介绍一些常见的半导体器件，如二极管、晶体管、场效应晶体管、单结管和晶闸管等。

7.3.2 二极管

1. 二极管的电路符号 二极管按材料分，可分为硅二极管、锗二极管、砷二极管等。按结构不同可分为点接触型二极管和面接触型二极管。按用途不同可分为整流二极管、检波二极管、稳压二极管、变容二极管，发光二极管、光敏二极管等。各种二极管的电路符号如图 7-44 所示。

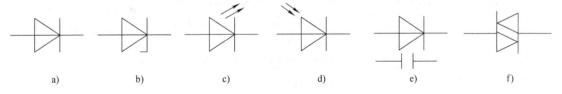

图 7-44 常见二极管的电路符号

a）普通二极管 b）稳压二极管 c）发光二极管

d）光敏二极管 e）变容二极管 f）双向触发二极管

2. 二极管的主要参数

（1）最大整流电流 I_{OM}。二极管长期使用时，允许流过二极管的最大正向平均电流。

（2）反向工作峰值电压 U_{RWM}。保证二极管不被击穿而给出的反向峰值电压，一般是二极管反向击穿电压 U_{BR} 的一半或三分之二。二极管击穿后单向导电性被破坏，甚至过热而烧坏。

（3）反向峰值电流 I_{RM}。二极管加反向工作峰值电压时的反向电流。反向电流大，说明管子的单向导电性差，I_{RM} 受温度的影响，温度越高反向电流越大。硅管的反向电流较小，锗管的反向电流较大，为硅管的几十到几百倍。

3. 常用二极管

（1）整流二极管。利用 PN 结的单向导电性能，将交流电变换成脉动的直流电的二极管。整流二极管多用硅半导体材料制成，有金属封装和塑料封装两种。常见的整流二极管的实物图如图 7-45 所示。

（2）检波二极管。指将调制在高频电磁波上的低频信号检测出来的二极管称为检波二极管。由于二极管要求结电容小，反向电流也小，所以检波二极管常采用点接触式二极管。常用的检波二极管有2AP1~2AP7等。检波二极管常采用玻璃或陶瓷外壳封装，以保证较好的高频特性。检波二极管也可用于小电流整流电路。检波二极管的实物图如图7-46所示。

（3）稳压二极管。稳压二极管是一种特殊的面接触型半导体硅二极管。由于它在电路中与适当数值的电阻配合后能起稳压的作用，因此称为稳压二极管。它的电路符号如图7-44b所示，实物图如图7-47所示。

图7-45　整流二极管

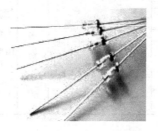
图7-46　检波二极管

图7-47　稳压二极管

1）稳压二极管的工作原理。稳压二极管的伏安特性曲线如图7-48所示。它的伏安特性曲线与普通二极管相似，其差异是稳压二极管的反向特性曲线比较陡。稳压二极管工作于反向击穿区。从反向特性曲线上可以看出，反向电压在一定范围内变化时，反向电流很小。当反向电压增高到击穿电压时，反向电流会突然急剧增加，如图7-48所示，稳压二极管反向击穿。此后，电流虽然在很大范围内变化，但稳压二极管两端的电压变化比较小。利用这一特性，稳压二极管在电路中能起到稳压作用。稳压二极管与一般二极管不一样，它的反向击穿是可逆的。当去掉反向电压之后，稳压二极管又恢复正常。但是，如果反向电流超过允许范围（I_{Zmax}），稳压二极管将会发生热击穿而损坏，此时的击穿是不可逆的。

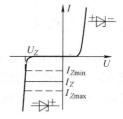
图7-48　稳压二极管的伏安特性曲线

2）稳压二极管的主要参数。

① 稳定电压 U_Z。稳压管正常工作（反向击穿）时管子两端的电压。手册中所列的都是在一定条件（温度、工作电流）下的数值，即使是同一型号的稳压二极管，由于工艺方面等原因，稳压值也具有一定的分散性。例如2CW59稳压二极管的稳定电压为10~11.8V。也就是说，如果把一个2CW59稳压二极管接到电路中，它可能稳压在10.5V。再换一个2CW59稳压二极管，则可能稳压在11.8V。

② 电压温度系数 α_u。环境温度每变化1℃引起稳压值变化的百分数。例如2CW59稳压二极管的电压温度系数是0.095%/℃，就是说温度每增加1℃，它的稳压值将升高0.95%。如果在20℃时的稳定电压值是11V，那么在50℃时的稳压值将是11.3℃。

③ 动态电阻。动态电阻是指稳压二极管端电压的变化量与相应的电流变化量的比值，计算公式见式（7-7）。

$$r_Z = \frac{\Delta U_Z}{\Delta I_Z}$$

（7-7）

其中，r_Z 愈小，曲线愈陡，稳压性能愈好。

④ 稳定电流 I_Z、最大稳定电流 I_{ZM}。稳压二极管的稳定电流只是一个作为选择依据的参考数值，设计选用时要根据具体情况（例如工作电路的变化范围）来考虑。但对于不同型号的稳压二极管，都规定有一个最大稳定电流。

⑤ 最大允许耗散功率。管子不致发生热击穿的最大功率损耗，计算公式见式（7-8）。

$$P_{ZM} = U_Z I_Z \qquad (7\text{-}8)$$

（4）变容二极管。变容二极管是指利用 PN 结的空间电荷区具有电容特性的原理制成的具有可变电容器功能的二极管。

变容二极管的特点是结电容跟随加到管子上的反向电压大小而变化。在一定范围内，反向偏置越小，结电容越大；反之反向偏置越大，结电容越小。变容二极管多采用硅或砷化镓材料制成，采用陶瓷和环氧树脂封装。变容二极管的实物图如图 7-49 所示。

图 7-49　变容二极管

变容二极管经常在电视机、录像机、收录机等电路中起到调谐电路和自动频率微调作用。

（5）发光二极管。关于发光二极管的内容将在 7.4 节中阐述，此处不再说明。

4. 二极管的极性判别和性能检测

将 PN 结加上相应的电极引线和管壳，就构成了二极管。按结构分，二极管有点接触型、面接触型和平面型三类。点接触型二极管（一般为锗管）的 PN 结结面积很小，因此结电容小而不能通过较大的电流，但其高频性能好，因此适用于高频和小功率的电路，也用作数字电路中的开关器件。面接触型二极管（一般为硅管）的 PN 结结面积大，结电容大，因此可以通过较大的电流，但其工作频率较低，一般用作整流电路。平面型二极管可用作大功率整流管和数字电路中的开关管。因此选用二极管时应根据不同使用场合从正向电流、反向饱和电流、最大反向电压、工作频率、恢复特性等多个方面进行综合考虑。特殊用途的二极管，如红外线发射（接收）二极管、发光二极管、光敏二极管、变容二极管、激光二极管等，用于一些特殊场合中，更应根据电路需要合理地选用。

（1）普通二极管的极性判别和性能检测。关于普通二极管的极性判别和性能检测的内容将在 10.1 节中详细阐述，此处不再说明。

（2）稳压二极管的极性判别和性能检测。稳压管是利用其反向击穿时两端电压基本不变的特性来工作，所以稳压管在电路中是反偏工作的，其极性和好坏的判断与普通二极管所使用的方法一样（注：不要使用 $R \times 10k\Omega$ 档）。

稳压管稳压值的测量原理图如图 7-50 所示，可用直流调压器做电源，也可使用万用表内高压电池做电源，如 22.5V 层叠电池，但测量最高稳压值应小于该电池电压，若要测量更高稳压值，则需要再串联 1 个到 2 个同样的电池，此时万用表电压档显示的读数就是稳压管的稳压值。万用表电阻档最高档常使用高压层叠电池，如 6V、9V、15V、22.5V。当用最高档测量稳压管反向电阻且表内层叠电池电压高于稳压管稳压值时，其反向电阻则变得较小，因为此时稳压管已被击穿。可以利用万用表这一特性来区分普通二极管与稳压管，但若

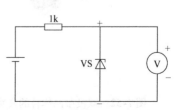

图 7-50　测量稳压管稳压值

稳压值高于层叠电池电压,就不能用这种方法来判别,只能直接测量其稳压值,若无稳压值,则可能是一般二极管。

(3)发光二极管的极性判别和性能检测。关于发光二极管的内容将在7.4节阐述,此处不再说明。

(4)二极管的代用。二极管的代用比较容易。当原电器装置中二极管损坏时,最好选用同型号同档次的二极管代替。如果找不到相同的二极管,首先要查清原二极管的性质及主要参数。检波二极管一般不存在反向电压的问题。只要工作频率能满足要求的二极管均可代替。整流二极管要满足反向电压(一定不能低于原档次的反压)和整流电流的要求(电流可以大于原二极管,但不得小于)。稳压二极管一定要注意稳定电压的数值,因为同型号同一档次稳压管其稳定电压值会有差别,所以更换时各项指标尽量合适,在要求较严的电路中还应调整有关的电路元器件,使其输出电压与原来的相同。

7.3.3 晶体管

这里仅介绍双极型晶体管。双极型晶体管又称晶体管。它是最重要的一种半导体元器件,其放大作用和开关作用促使电子技术飞跃发展。

1. 双极型晶体管的基本结构、分类及电路符号

双极型晶体管的结构,目前最常见的有平面型和合金型两类,如图7-51所示。硅管主要是平面型,锗管都是合金型。常见的双极型晶体管的实物图如图7-52所示。

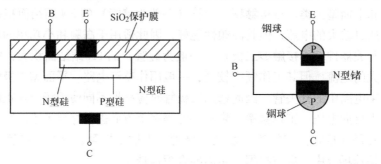

图7-51 双极型晶体管的结构

不论平面型或合金型,都分为NPN或PNP三层,因此又把双极型晶体管分为NPN型和PNP型两种,电路符号如图7-53所示。

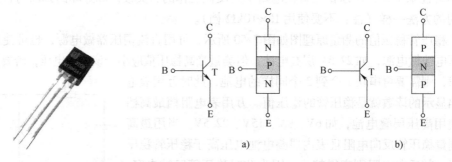

图7-52 双极型晶体管的实物图

图7-53 双极型晶体管的电路符号
a) NPN型 b) PNP型

每一类都分成基区、发射区和集电区，分别引出基极 B、发射极 E 和集电极 C。每一类都有两个 PN 结。基区和发射区之间的 PN 结称为发射结，基区和集电区之间的 PN 结称为集电结。NPN 型和 PNP 型双极型晶体管的工作原理相似，只是在使用时电源极性连接不同而已。

2. 双极型晶体管的主要参数

（1）电流放大系数 $\bar{\beta}$，β。二者含义不同，但在特性曲线近于平行等距并且 I_{CEO} 较小的情况下，两者数值接近。由于晶体管的输出特性曲线是非线性的，只有在特性曲线的近于水平部分，I_C 随 I_B 成正比变化，β 值才可认为是基本恒定的。常用的晶体管的 β 值在 $20 \sim 200$ 之间。

（2）集 – 基极反向截止电流 I_{CBO}。I_{CBO} 是由少数载流子的漂移运动所形成的电流，受温度的影响大，温度 $\uparrow \rightarrow I_{CBO} \uparrow$。

（3）集 – 射极反向截止电流（穿透电流）I_{CEO}。I_{CEO} 受温度的影响大，温度 $\uparrow \rightarrow I_{CEO} \uparrow$，所以 I_C 也相应增加。晶体管的温度特性较差。

（4）集电极最大允许电流 I_{CM}。集电极电流 I_C 上升会导致晶体管的 β 值下降，当 β 值下降到正常值的三分之二时集电极电流即为 I_{CM}。

（5）集 – 射极反向击穿电压 $U_{(BR)CEO}$。当集 – 射极之间的电压 U_{CE} 超过一定的数值时，晶体管就会被击穿。手册上给出的数值是 25℃、基极开路时的击穿电压 $U_{(BR)CEO}$。

（6）集电极最大允许耗散功耗 P_{CM}。P_{CM} 取决于晶体管允许的温升，消耗功率过大，温升过高会烧坏晶体管。

$$P_C \leqslant P_{CM} = I_C U_{CE} \tag{7-9}$$

硅管允许结温约为 150℃，锗管约为 $70 \sim 90$℃。

3. 双极型晶体管的极性判断和性能检测

关于这部分内容将在 10.1 节具体阐述，此处不进行说明。

4. 双极型晶体管的代用

晶体管的选用应该从频率、集电极最大耗散功率、电流放大系数、反向击穿电压等方面进行考虑，以满足各种不同电路对晶体管的要求。在考虑晶体管代用时，要选用与原晶体管参数相近的晶体管进行代换。首先确认晶体管已损坏，如果找不到相同型号的双极型晶体管时，可以用相近功能的代替。需要注意的问题如下：

（1）极限参数高的可以代替极限参数较低的双极型晶体管。

（2）性能好的可以代替性能差的双极型晶体管。

（3）高频、开关晶体管可以代替普通低频晶体管。

（4）硅管与锗管的相互代用。

7.3.4　场效应晶体管

场效应晶体管是利用电场效应来控制电流的一种半导体器件，是电压控制元器件。它的输出电流决定于输入电压的大小，基本上不需要信号源提供电流，所以它的输入电阻高、温度稳定性好、便于集成，但易被击穿，造成损坏。

1. 场效应晶体管的种类与电路符号

按结构不同场效应晶体管分为两类，一类为结型场效应管；另一类为绝缘栅场效应管，它也称 MOS（Metal Oxide Semiconductor）场效应晶体管。MOS 场效应晶体管按工作状态可分为增强型和耗尽型两类。每类又有 P 沟道和 N 沟道之分。这两类场效应晶体管均有源极（S）、栅极（G）和漏极（D）三个电极。场效应晶体管有 P 沟道和 N 沟道之分。结型场效应晶体管的实物图和电路符号如图 7-54 示。MOS 场效应晶体管的实物图和电路符号如图 7-55 所示。

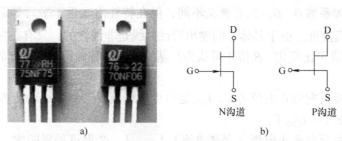

图 7-54 结型场效应晶体管的实物图和电路符号

a）实物图 b）电路符号

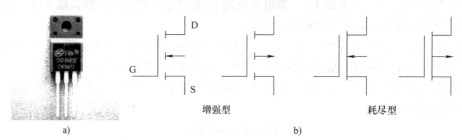

图 7-55 MOS 场效应晶体管的实物图和电路符号

a）实物图 b）电路符号

2. 场效应晶体管的主要参数

（1）开启电压 $U_{GS(th)}$。是增强型 MOS 管的参数，是指在一定的漏 – 源极电压 U_{DS} 下，使管子由不导通变为导通的临界栅 – 源极的电压。

（2）夹断电压 $U_{GS(off)}$。当 U_{GS} 达到一定负值时，导电沟道内的载流子（电子）因复合而耗尽，沟道被夹断，$I_D \approx 0$，这时的 U_{GS} 称为夹断电压，用 $U_{GS(off)}$ 表示。

（3）饱和漏电流 I_{DSS}。在 U_{DS} 为常数的条件下，当 $U_{GS} = 0$ 时，漏、源极间已可导通，流过的是原始导电沟道的漏极电流，这个电流称为饱和漏电流。

（4）低频跨导 g_m。低频跨导表示栅 – 源电压对漏极电流的控制能力。计算方法见式（7-10）。

$$g_m = \frac{\Delta I_D}{\Delta U_{GS}}\bigg|_{U_{DS}} \tag{7-10}$$

3. 场效应晶体管的极性判别和代用

（1）场效应晶体管的极性判别。

1）结型场效应晶体管的极性判别。结型场效应晶体管的极性判别、PN 结损坏的检测方法与双极型晶体管检测方法相同。判别控制栅极 G 的方法与判别双极型晶体管基极 B 的方法相同。控制栅极 G 确定后，余下两电极为源极 S 和漏极 D。结型场效应晶体管的源极 S 和漏极 D 原则上可以互换，故不再判断源极和漏极。结型场效应晶体管各电极间的阻值见

表 7-12。

表 7-12　结型场效应晶体管各极间电阻值

沟道 类型	黑表笔接 G 极 红表笔接 D 极	黑表笔接 G 极 红表笔接 S 极	红表笔接 G 极 黑表笔接 D 极	红表笔接 G 极 黑表笔接 S 极	红表笔接 S 极 黑表笔接 D 极	黑表笔接 S 极 红表笔接 D 极
N 沟道	几百欧	几百欧	∞	∞	几百～几千欧	几百～几千欧
P 沟道	∞	∞	几百欧	几百欧	几百～几千欧	几百～几千欧

具体做法为：将万用表置于 R×100 档测量它的任意两极，当发现指针偏转较大时，把黑（红）表笔固定，红（黑）表笔接到另一引线上，若万用表指针同样偏转，则黑（红）表笔为 G 极且为 N(P) 沟道结型场效应晶体管。其余的 D、S 极可互换使用，不用判别。

估测结型场效应晶体管放大能力的方法为：将万用表表笔分别接 S 极和 D 极，用手碰触 G 极，并观察表针偏转角度大小，然后调换表笔位置，重复上述过程。表针偏转角度越大，则放大能力越大，跨导也越大。

判断结型场效应晶体管的好坏时，先要判断 GS 和 GD 两个二极管的好坏，然后再测量 D、S 两极之间的电阻，阻值一般都在几千欧内，若发现阻值过大或过小（只有几百欧以下）则都说明该结型场效应晶体管已坏。必要时还要测量结型场效应晶体管的跨导。

2) MOS 场效应晶体管的极性判别。目前家用电子产品中运用了较多的 MOS 场效应晶体管。关于 MOS 场效应晶体管的检测，增强型 MOS 场效应晶体管可以使用万用表进行检测，MOS 场效应晶体管各电极间的电阻值见表 7-13。对于耗尽型 MOS 场效应晶体管，因栅极平时不允许开路，故一般不用万用表进行检测。

表 7-13　MOS 场效应晶体管各极间的电阻值

沟道 类型	管子 状态	黑表笔接 G 极 红表笔接 D 极	黑表笔接 G 极 红表笔接 S 极	红表笔接 G 极 黑表笔接 D 极	红表笔接 G 极 黑表笔接 S 极	红表笔接 S 极 黑表笔接 D 极	黑表笔接 S 极 红表笔接 D 极
N 沟道	未触发栅极前	∞	∞	∞	∞	∞	∞
	触发栅极后	∞	∞	∞	∞	几～十几欧	几～十几欧
P 沟道	未触发栅极前	∞	∞	∞	∞	∞	∞
	触发栅极后	∞	∞	∞	∞	几～十几欧	几～十几欧

（2）场效应晶体管的代用。不论是 MOS 场效应晶体管还是结型场效应晶体管最容易出现的损坏情况是栅击被击穿，所以场效应晶体管在存放时应将三个电极短路并放在屏蔽的金属盒内。当确定电路上某一场效应晶体管损坏时，应查阅相关手册看清该管子主要技术参数并用参数相同或相近的管子代换。更换时为防止电烙铁的微小漏电损坏管子，电烙铁的外壳应接地线，或断开电源利用电烙铁余热进行焊接。

7.3.5　晶闸管

晶闸管是一个可控导电开关，能以弱电来控制强电的各种电路。因其导通压降小、功率大、耐压、易于控制，因此常用于整流、调压、交直流变换、开关、调光等控制电路中。常见晶闸管的种类有：单向晶闸管、双向晶闸管、可关断晶闸管、快速晶闸管、光控晶闸管等多种类型。目前运用最多的是单向晶闸管和双向晶闸管。在此仅介绍这两种晶闸管。

1. 单向晶闸管

（1）单向晶闸管的实物图和电路符号。单向晶闸管是由PNPN四层结构组成的半导体器件，共有三个电极，分别为阳极（A），阴极（K）和门极（G），门极（G）从P型硅层上引出，供触发用，如图7-56所示。单向晶闸管的电路符号和实物图如图7-57所示。

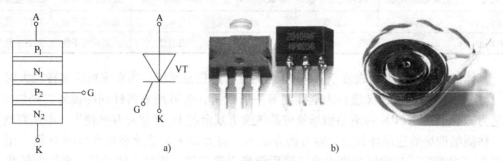

图7-56 单向晶闸
管的结构图

图7-57 单向晶闸管的电路符号和实物图
a）电路符号 b）实物图

晶闸管导通必须具备两个条件：一是晶闸管阴极与阳极间必须加正向电压。二是控制极电路也要接正向电压。另外，晶闸管一旦导通后，即使降低门极电压或去掉门极电压，晶闸管仍然导通。

（2）单向晶闸管的极性判别和质量检测。

1）单向晶闸管的极性判别。用万用表 R×1kΩ 档测量单向晶闸管的任意两极，若发现万用表指针出现较大摆动时，黑表笔所接触的是门极 G，红表笔所接触的是阴极 K，那么剩下的就是阳极 A。

2）单向晶闸管的质量检测。用万用表 R×10kΩ 档测量门极（G）—阳极（A）—阴极（K）间的正反向电阻。单向晶闸管阳极（A）—阴极（K）之间、门极（G）—阳极（A）之间正反向电阻应为无穷大。用万用表 R×1kΩ 档，黑表笔接阳极（A），红表笔接阴极（K），黑表笔在保持和阳极（A）接触的情况下，再与门极（G）接触，即给门极加上触发电压，此时，单向晶闸管导通，阻值减小，指针偏转。然后，黑表笔保持和阳极（A）接触，并断开与门极（G）的接触。若断开门极（G）后，单向晶闸管仍维持导通状态，即指针偏转状况不发生变化，则单向晶闸管基本正常。

2. 双向晶闸管

（1）双向晶闸管的实物图和电路符号。双向晶闸管相当于两个单向晶闸管反并联而成。它为NPNPN五层半导体器件，有三个电极，分别为第一阳极（T_1）、第二阳极（T_2）、门极（G）。双向晶闸管的第一阳极（T_1）和第二阳极（T_2）无论加正向电压或反向电压都能触发导通。不仅如此，而且无论触发信号的极性是正是负，都可触发双向晶闸管使其导通。双向晶闸管的电路符号和实物图如图7-58所示。

（2）双向晶闸管的极性判别和质量检测

1）双向晶闸管的极性判别。由于门极（G）与第一阳极（T_1）间正反向电阻都较小，而第二阳极（T_2）与门极（G）之间、第二阳极（T_2）与第一阳极（T_1）之间，正反向电阻不会都是低电阻，这样很容易判别出第二阳极（T_2）。区分出 T_2 以后，将万用表置于 R×1kΩ 档。假设某一脚为 T_1 极、并将黑表笔接在假设的 T_1 极上，红表笔接在 T_2 极上，保持

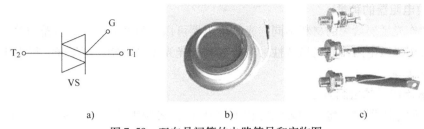

图 7-58　双向晶闸管的电路符号和实物图

a）电路符号　b）平板型双向晶闸管　c）螺旋式双向晶闸管

红表笔与 T_2 极相接触，红表笔再与 G 极短接，即给 G 极一个负极性触发信号，双向晶闸管将导通，内电阻减小、因此它的导通方向为从 T_1 极到 T_2 极。在保持红表笔和 T_2 极相接触的情况下，断开 G 极，此时，晶闸管应能维持导通状态。然后将红、黑表笔调换，保持黑表笔与 T_2 极相接触，黑表笔再与 G 极短接，即给 G 极一个正极性触发信号，双向晶闸管将导通，导通方向为从 T_2 极到 T_1 极。在保持黑表笔和 T_2 极相接触的情况下，断开 G 极，晶闸管也应能维持导通状态。因此，该管具有双向触发特性，并且上述假设正确。

2）双向晶闸管的质量检测。如果双向晶闸管具有双向触发导通的能力，则该双向晶闸管就是正常。如果无论怎样检测均不能使双向晶闸管触发导通，表明该管已损坏。

7.4　光电元器件

光电元器件通常用于显示、报警、耦合和控制电路中。这节对常用的几种光电元器件作一简要介绍。

7.4.1　光敏电阻器

1. 光敏电阻器的结构、电路符号和实物图

光敏电阻器是基于内光电效应制成的。在半导体光敏材料两端安装上引线，将其封装在带有透明窗的管壳里。通常光敏电阻器都做成薄片状，以便于光敏电阻器吸收更多的光能。光敏电阻器是由玻璃基片、光敏层、电极等部分组成。光敏电阻器的结构、电路符号和实物图如图 7-59 所示。

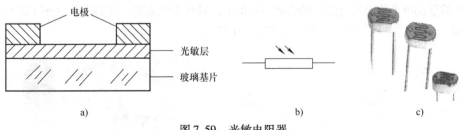

图 7-59　光敏电阻器

a）结构图　b）电路符号　c）实物图

光敏电阻器的特点是对光线非常敏感。无光照时，光敏电阻器呈现高电阻状态，此时的电阻称为暗阻。当有光照时，电阻值迅速减小，此时的电阻称为亮阻。对于光敏二极管来说，暗阻越大越好，而亮阻则越小越好。

2. 光敏电阻器的种类

根据制作光敏层所用的材料不同，光敏电阻器可以分为多晶光敏电阻器和单晶光敏电阻器两类。根据光敏电阻器的光谱特性，可分为紫外光光敏电阻器、可见光光敏电阻器和红外光光敏电阻器等。

3. 光敏电阻器的检测方法

检测光敏电阻器时，将万用表设置在 R×1k 档，将两表笔分别接到光敏电阻器的引线上，然后按照下面的方法进行检测。

（1）检测暗阻（避光检测法）。用黑纸将光敏电阻器的透光窗口遮住，将万用表的档位开关调整至欧姆档，然后用万用表的两个表笔测量其两端的电阻，此时如果万用表的指针基本保持不动，阻值很大或接近无穷大，则说明光敏电阻器性能越好。如果阻值很小或接近零，则说明此光敏电阻器已击穿损坏，不能继续使用。

（2）检测亮阻（透光检测法）。将光源对准光敏电阻器的透光窗口，用万用表的两个表笔接触光面电阻器的两个引线，如果此时万用表的指针有较大幅度的摆动，阻值明显减小，说明此光敏电阻器是正常的。阻值越小说明光敏电阻器性能越好，如果阻值很大甚至为无穷大，则说明此光敏电阻器内部开路损坏，不能继续使用。

（3）检测灵敏性（间断受光检测法）。将光敏电阻器的透光窗口对准入射光源，用黑纸片在光敏电阻器的透光窗口上部晃动，使它间断受光，如果此时万用表指针随黑纸片的晃动而左右摆动，则说明该光敏电阻器是正常的。如果万用表指针始终停在某一位置而不随纸片晃动而摆动，则说明此光敏电阻器的光敏材料已经损坏，不能继续使用。

7.4.2 光敏二极管

1. 光敏二极管的工作原理、电路符号和实物图

光敏二极管又称光电二极管，是利用半导体的光敏特性制成的。它能将接收到的光转换为电流的变化。光敏二极管仅具有一个 PN 结，但在结构上和普通二极管有着明显的不同。普通二极管的 PN 结是被封装在管壳内的，因此光线的照射对它的特性影响不大。光敏二极管的管壳上开有一个透明的窗口，光线可以透过该窗口照射到 PN 结上，因此对其特性产生影响。

光敏二极管是在反向电压作用下工作的，其典型工作电路如图 7-60 所示。当无光照时，光敏二极管和普通二极管一样，反向电流很小，通常小于 $0.2\mu A$，这个电流称为暗电流。当有光照时，产生的反向电流称为光电流。光电流一般很小，只有几十微安，应用时必须进行放大。

光敏二极管的电路符号和实物图如图 7-61 所示。

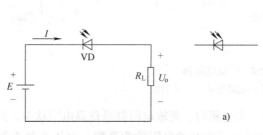

图 7-60 光敏二极管的典型工作电路

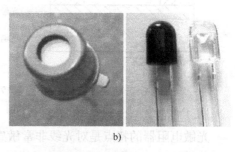

a)

b)

图 7-61 光敏二极管
a）电路符号 b）实物图

2. 光敏二极管的主要参数

（1）最高工作电压 U_{max}。U_{max} 是指在没有光线照射并且反向电流不超过规定值（一般为 0.1μA）的情况下允许加在光敏二极管上的反向电压值。U_{max} 通常在 10 ~ 50V 之间。

（2）暗电流 I_D。I_D 是指在光线照射的情况，给光敏二极管加上正常工作电压时的反向漏电流。要求此值越小越好，一般小于 0.5μA。

（3）光电流 I_L。I_L 是指在加有正常反向工作电压的情况下，光敏二极管受到一定光线照射时所流过的电流，一般为几十微安。

3. 光敏二极管的极性判别和质量检测

（1）光敏二极管的极性判别。光敏二极管中靠近管键或标有色点的一侧为正极，另一侧则为负极。如果无法从管键或色点判断引线的极性，则可用万用表进行判别，方法如下。

把万用表置于 R×1k 档，用黑纸片遮住光敏二极管的透明窗口，将万用表的红、黑表笔分别接触光敏二极管的一个电极，如果万用表指针向右偏转较大，则黑表笔所接的电极为正极，红表笔所接的电极为负极；如果测量时万用表指针不动，则红表笔所接的电极为正极，黑表笔所接的电极为负极。

（2）光敏二极管的质量检测。确定好光敏二极管的极性后，可采用下面的方法检测其质量。

用黑纸片将光敏二极管的透明窗口遮住，将万用表置于 R×1k 档，万用表红表笔接负极，黑表笔接正极，此时电阻值应为 10 ~ 20kΩ，此电阻为光敏二极管的正向电阻。

然后将黑表笔接负极，红表笔接正极，如果此时万用表的指针不动，电阻值应为无穷大，且此电阻为光敏二极管的反向电阻。如果出现这两种情况，则说明该光敏二极管是好的，可以使用。

在上述测量中，如果正、反向电阻值都很小或都很大，则说明光敏二极管已经击穿或内部开路，不能再使用。

此外我们还可以对光敏二极管进行光照特性测试。方法如下：

将万用表置于 R×1k 档，红表笔接正极，黑表笔接负极。将光敏二极管透明窗口上的黑色纸片移开，使透明窗口朝向光源。如果万用表指针从无穷大位置向右明显偏转，偏转角度越大，说明光敏二极管的灵敏度越高。如果将其对准光源后，万用表指针无任何摆动，则表明该光敏二极管已经损坏。

7.4.3 发光二极管

1. 发光二极管的电路符号和实物图

发光二极管也称 LED（Light – Emitting Diode 的缩写），是一种发光的半导体元器件。当在发光二极管上加正向电压并有足够大的正向电流时，就可以发出清晰的光。这是因为半导体中电子与空穴复合而释放能量的结果。光的颜色由制作 PN 结的材料和发光的波长决定，例如采用磷砷化镓制成的发光二极管可以发出红光或黄光，采用磷化镓则发出绿光。与普通二极管相似，发光二极管也具有单向导电性，将其正向接入电路时才能发光，反向接入电路时发光二极管截止不发光。二者的区别是发光二极管可以将电能转换成光能，并且它的管压降比后者的要大。

发光二极管的电路符号和实物图如图 7-62 所示。

2. 发光二极管的主要参数

（1）正向工作电流 I_F。它是指发光二极管正常发光时的正向电流值。在实际使用中应根据需要选择 I_F 在 0.6 倍 I_{FM} 以下。

图 7-62　发光二极管

a）电路符号　b）实物图

（2）最大正向直流电流 I_{FM}。允许加在发光二极管的最大正向直流电流。超过此值可能损坏发光二极管。

（3）正向工作电压 U_F。是指在给定的正向电流下得到的正向电压。一般是在 $I_F = 20\text{mA}$ 时测得的。发光二极管正向工作电压 U_F 在 1.4～3V。U_F 受外界温度影响，当外界温度升高时，U_F 将下降。

（4）最大反向电压 U_{RM}。是指允许加到发光二极管的最大反向电压。超过此值，发光二极管可能被击穿损坏。

（5）允许功耗 P_M。是指允许加到发光二极管两端的正向直流电压与流过它的直流电流之积的最大值。超过此值，发光二极管发热而损坏。

3. 发光二极管的极性判别和性能检测

（1）发光二极管的极性判别。

1）肉眼观察法。由于发光二极管的管体一般都是用透明材料制成的，因此可以用肉眼观察来识别它的正、负极。具体做法为，将发光二极管拿到明亮处，从侧面观察它的两条引线在管体内的形状，较大的是正极，较小的是负极。

2）万用表检测法。当用万用表检测发光二极管的极性时，必须将万用笔置于 R×10k 档。因为发光二极管的管压降为 2V，而万用表如果设置在 R×1k 档，表内的电池仅为 1.5V，低于发光二极管的管压降。因此无论正向接入还是反向接入，发光二极管都是截止的而无法检测它的极性。而将万用表设置于 R×10k 档时，表内接有 9V（或 15V）的电池，高于发光二极管的管压降，因此可以检测发光二极管的极性。此时，将万用表的红、黑表笔分别与发光二极管的两个引线相接，如果万用表的指针偏转过半，同时管内有一发亮光点，则说明发光二极管是正向接入，因此与万用表的黑表笔（与表内电池正极相连）相接的是管子的正极，红表笔（与表内电池负极相连）相接的是管子的负极。然后再将万用表的两个表笔对调再与发光二极管相连，这时为反向接入二极管，万用表的指针应不摆动。如果无论正向接入还是反向接入，万用表的指针都偏转到最右或不动，则说明发光二极管已损坏。

（2）发光二极管的性能检测。

在万用表外部接一节 1.5V 的干电池和一个限流电阻，将万用表置于 R×10 或 R×100 档，用万用表两表笔轮换接触发光二极管的两引线。如果发光二极管性能良好，则必定有一次能正常发光。此时，黑表笔所接的为发光二极管的正极，红表笔所接的为负极。如果无论怎样交换两表笔测量，该发光二极管都不发光，则说明被测发光二极管是坏的。

7.5　电声元器件

电声元器件（electroacoustic device）是指能够完成电和声相互转换的元器件。它是利用电磁感应、静电感应或压电效应等来完成电声转换的。常见的电声元器件有扬声器、耳机、传声器、蜂鸣器、唱头等。这一节来简单介绍常见的电声元器件的结构、工作原理，分类等。

7.5.1 扬声器

1. 扬声器的工作原理和结构

扬声器（Loudspeaker）俗称喇叭，是一种把音频电信号转换成声音信号的电声元器件。扬声器的结构图如图 7-63 所示。

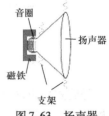

图 7-63　扬声器
结构图

从扬声器的结构图可知其主要组成包括电磁铁、线圈、喇叭、支架。当将扬声器接入电路时流过它的电流每次改变方向时，电磁铁上的线圈所产生的磁场方向也会随之改变，因此线圈与磁铁一会儿相吸，一会儿相斥，产生了振动。线圈与一个薄膜相连，当线圈振动时就会带动薄膜振动而推动周围空气的振动，也就产生了声音。

2. 扬声器的分类

按结构分可分为内磁扬声器和外磁扬声器。前者的体积比较小、重量轻、磁场泄露少，因而适合于需要防磁场干扰的场合。例如电视机的扬声器。后者功率大、散热好，但磁场辐射大，会干扰到其他的设备。这种扬声器通常用于音响设备及不需防电磁干扰的场合。按振膜形状可分为锥形、平板形、球顶形、带状形、薄片形等。按放声频率可分为低音扬声器、中音扬声器、高音扬声器、全频带扬声器。按工作原理可分为电动式扬声器、电磁式扬声器、静电式扬声器和压电式扬声器。

3. 常见的扬声器

（1）压电式扬声器。压电式扬声器也称为蜂鸣器，是一种一体化结构的电声元器件，采用直流电压供电，广泛应用于计算机、打印机、复印机、报警器、电子玩具、汽车电子设备、电话机、定时器等电子产品中作发声元器件。蜂鸣器主要分为压电式蜂鸣器和电磁式蜂鸣器两种类型。蜂鸣器在电路中用字母"H"或"HA"（旧标准用"FM"、"LB"、"JD"等表示）表示。

这里简单介绍一下电磁式蜂鸣器，它的结构图如图 7-64
所示。电磁式蜂鸣器由振荡器、电磁线圈、磁铁、振动膜片及
外壳等组成。接通电源后，振荡器产生的音频信号电流通过电
磁线圈，使电磁线圈产生磁场。振动膜片在电磁线圈和磁铁的
相互作用下，周期性地振动发声。

图 7-64　电磁式蜂鸣器
的实物图

（2）电动式扬声器。电动式扬声器是应用最广泛的一种
扬声器。它可分为纸盆式、号筒式和球顶形三种。这里只介绍
前两种。

1）纸盆式扬声器。纸盆式扬声器又称为动圈式扬声器，是电动扬声器的代表，应用范围也比较广。纸盆式扬声器如图 7-65 所示。

纸盆式扬声器一般由三部分组成：振动系统，包括锥形纸盆、音圈和定心支片。磁路系统，包括永久磁铁、导磁板和心柱等。辅助系统，包括纸盆铁架、接线板防尘盖等。当处于磁场中的音圈通有音频电流时，就产生随音频电流变化的磁场，它与永久磁铁的磁场相互作用，使音圈振动，从而带动纸盆振动来推动空气而发声。

2）号筒式扬声器。号筒式扬声器的实物图如图7-66所示。

图7-65 纸盆式扬声器的实物图   图7-66 号筒式扬声器的实物图

号筒式扬声器是由振动系统（高音头）和号筒两部分构成。振动系统与纸盆扬声器的结构相似，二者的区别是号筒式扬声器的振膜不是纸盆，而是一球顶形膜片。振膜的振动通过号筒的两次反射向空气中辐射声波而发生。号筒式扬声器的优点是频率高、音量大，电声转换率高。缺点是低频性能差。号筒式扬声器通常用于室外及广场的大型广播中，它还经常与大功率低频扬声器组成大功率的音箱。

3）组合式扬声器。由于单个扬声器很难实现全频段（20Hz～20kHz）发音，因此可以考虑组合式扬声器，即在1个低频扬声器的上方再固定一个高频扬声器，从而实现全频段发音。组合式扬声器还有另一种称为同轴型扬声器的结构形式，它在高、低频特性都很好、失真小，是一种真正全频段扬声器，经常在较高档音箱中使用。组合式扬声器的实物图如图7-67所示。

（3）电磁式扬声器。当交流电通过电磁式扬声器的线圈时，因为交流电时弱时强，因此其产生的磁场也时强时弱，电磁波和扬声器底部磁体一起作用，产生振荡而使扬声器发声。电磁式扬声器的实物图如图7-68所示。

图7-67 组合式扬声器的实物图   图7-68 电磁式扬声器的实物图

电磁式扬声器的特点是音质好、声场均衡、发音清晰。但其频响较窄，因此这种扬声器的使用不是很多，它只是出现在一些较高档的音响设备中。

4. 扬声器的主要参数

（1）功率。扬声器的功率有标称功率和最大功率两种。

标称功率也称额定功率、不失真功率。它是指扬声器能长时间工作的输出功率。如果扬声器的实际功率大于额定功率，扬声器发出的声音有可能出现失真甚至线圈过热有可能烧坏扬声器。在扬声器的技术说明书上标注的功率为额定功率。

最大功率是指扬声器在某一瞬间所能承受的最大功率。为保证扬声器工作的可靠性，要求扬声器的最大功率为额定功率的2～4倍。

（2）额定阻抗。扬声器的额定阻抗是指扬声器在额定状态下，扬声器输入端的电压与流过电流的比值。额定阻抗和频率有关。额定阻抗一般是在音频为 400Hz 时测得的。扬声器常见的额定阻抗有 4Ω、8Ω、16Ω、32Ω 等。

（3）频率响应特性。在同一扬声器上加相同电压而不同频率的音频信号时，它产生的声压将会产生变化。一般中音频时产生的声压较大，而低音频和高音频时声压较小。当声压下降为中音频的某一数值时的高、低音频率范围，称为扬声器的频率响应特性。

频率响应特性是衡量扬声器放音频宽度的性能指标。理想的扬声器频率范围应为20Hz ~ 20kHz。

（4）失真。扬声器不能把原来的声音逼真地重放出来的现象叫失真。失真分为两种：频率失真和非线性失真。

频率失真是由于扬声器对某些频率的信号放音较强，而对另一些频率的信号放音较弱造成的。失真破坏了原来高低音响度的比例，改变了原声音色。非线性失真是由于扬声器振动系统的振动和信号的波动不够完全一致，从而在输出的声波中增加一新的频率成分而造成的。

（5）指向特性。扬声器对不同方向辐射时，它的声压频率特性也是不同的，这种特性称为扬声器的指向特性。扬声器的指向特性与扬声器的口径和信号的频率有关。口径大时指向特性窄，口径小时指向特性宽。频率越高指向性越窄，反之指向特性宽。

（6）灵敏度。灵敏度是指输入 1W 的功率，在其正前方 1m 处测试的声压的大小。灵敏度的单位一般为 dB/W/m。一般的有源音箱灵敏度都是 83 ~ 92dB/W/m 之间，其中每相差 3dB，功率就要提高一倍才能获得相同的音量。

5. 扬声器的使用

应根据使用的场合和对声音的要求，结合不同扬声器的特点来选择扬声器。例如在室外以语音为主的广播，可选用电动式号筒扬声器；要求音质较高，则应选用电动式扬声器；室内的一般广播，可选单个电动纸盆扬声器做成的小音箱；以欣赏音乐为主或用于高质量的会场扩音器，则应选用由高、低音扬声器组合的扬声器箱等。

使用扬声器的注意事项如下：

（1）扬声器的实际功率不要超过它的额定功率，否则将会使音圈振散甚至烧毁音圈。电磁式和压电陶瓷式扬声器工作电压不能超过 30V。

（2）注意扬声器的阻抗应与输出线路匹配。

（3）要正确选择扬声器的型号。例如在广场使用，应选用高音扬声器；在室内使用，应选用纸盆式扬声器。

（4）在布置扬声器的时候，例如用单只（点）扬声器不能满足需要，可设置多点，使每一位听者得到几乎相同的声音响度，提高声音的清晰度并具有好的方位感。扬声器应高于地面 3 米以上安装，让听众能够"看"到扬声器，并尽量使水平方位的听觉和视觉（讲话者）一致，而且两只扬声器之间的距离也不能过大。

（5）使用号筒式扬声器时，必须把音头套在号筒上以后才能使用，否则很容易损坏发音头。

（6）两个（或多个）扬声器在一起使用时，必须注意相位问题。如果是反相，声音将明显削弱。

7.5.2　传声器

传声器（Microphone）就是日常生活中常说的"麦克风"，是将声音信号转换为电信号的能量转换元器件。传声器也常被称为话筒、微音器。常见的扬声器包括铝带式话筒、动圈式话筒、驻极体话筒、电容式话筒等，当前被广泛使用的是驻极体话筒和动圈式话筒。在此对这两种传声器作一简单介绍。

1. 驻极体话筒

驻极体话筒是由一片单面涂有金属的驻极体薄膜与一个上面有若干小孔的金属电极（背电极）构成。驻极体面与背电极相对，中间有一个极小的空气隙，形成一个以空气隙和驻极体作绝缘介质，以背电极和驻极体上的金属层作为两个电极构成的一个平板电容器。电容的两极之间有输出电极。由于驻极体薄膜上分布有自由电荷，背电极极板接在场效应晶体管的栅极上，栅极与源极之间接有一个二极管，当声波引起驻极体薄膜振动时会使两极板间的距离改变而引起电容容量发生变化，但是驻极体极板上的电荷数不会发生改变，根据公式 $U = Q/C$，极板间电压会发生变化。电压变化的大小，反映了外界声压的强弱，也即外界声音的频率，这就是驻极体传声器的工作原理。

驻极体话筒的特点是噪声小，频响宽、灵敏度高，但噪声大，因此驻极体话筒常用于通信设备、家用电器等电子产品中。驻极体话筒的实物图如图 7-69 所示。

图 7-69　驻极体话筒的实物图

2. 动圈式话筒

动圈式话筒是利用电磁感应原理制成的，其结构图如图 7-70a所示，实物图如图 7-70b 所示。当声波使其中的音膜振动时，连接在膜片上的线圈（也称为音圈）随着一起振动，音圈在永久磁铁的磁场里振动而做切割磁力线运动，因此就产生感应电流，即电信号。感应电流的大小和方向及变化的振幅和频率由声波决定，这个信号电流经扩音器放大后传给扬声器，从扬声器中就能发出放大的声音。

动圈式话筒的特点是频响特性好、噪声小、失真小，常用于录音、演出、讲演等场合。

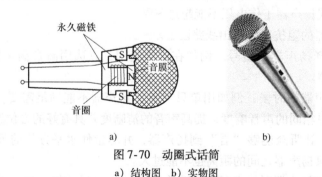

永久磁铁

音膜

音圈

a)　　　　　　　　　b)

图 7-70　动圈式话筒

a）结构图　b）实物图

7.6　集成电路

集成电路英文简写为 IC（Integration Circuit）是指将电路中的有源元器件（如二极管、

晶体管、场效应晶体管等）和无源元器件（如电阻器、电容器、电感器）以及连线等制作在基片上，形成一个具有一定功能的完整电路，然后封装在一个特制的外壳中而制成的电路。集成电路具有体积小、重量轻、功耗小、性能好、可靠性高、电路稳定等优点，被广泛用于电子产品中。集成电路的问世，是电子技术的一个新的飞跃，使其进入了微电子学时代，从而促进了各个科学技术领域先进技术的发展。

7.6.1 集成电路的分类

集成电路的分类方法有多种。按集成度可分为小规模、中规模、大规模和超大规模集成电路（即 SSI、MSI、LSI 和 VLSI）。当前的超大规模集成电路，每块芯片上制有上亿个元器件，而芯片面积只有几十平方毫米。按导电类型可分为双极型集成电路、单极型集成电路和二者兼容的集成电路。按功能分可分为数字集成电路和模拟集成电路。常见的数字集成电路有 TTL 电路、DTL 电路、ECL 电路和 HTL 电路等。模拟集成电路有常用的 A- D、D- A 转换器，运算放大器等。

7.6.2 集成电路的封装与引线的识别方法

常见的集成电路的封装、引线识别方法如下。

1. 金属环形封装

通常为 8 或 12 引线封装。示意图如图 7-71 所示。

2. 双列直插封装

通常为 8、14、16、18、20、22、24、28、40 引线封装。示意图及实物图如图 7-72 所示。

图 7-71　金属环形封装引线示意图

a)　　　　　　　　　　b)

图 7-72　双列直插封装集成电路
a) 引线图　b) 实物图

3. 单列直插封装

通常为 3、5、7、8、9、10、12、16 引线封装。示意图及实物图如图 7-73 所示。

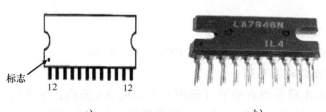

a)　　　　　　　　　　b)

图 7-73　单列直插封装集成电路
a) 引线图　b) 实物图

4. 功率塑封

通常为3、4、5、8、10、12、16引线封装。示意图及实物图如图7-74所示。

5. 双列表面安装

通常为5、8、14、16、18、20、22、24、28引线封装。示意图及实物图如图7-75所示。

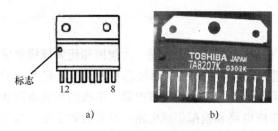

图 7-74 功率塑封集成电路
a) 引线图 b) 实物图

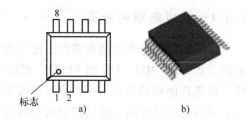

图 7-75 双列表面安装集成电路
a) 引线图 b) 实物图

6. 扁平矩形表面封装

通常为32、44、44、64、80、120、144、168引线封装。示意图及实物图如图7-76所示。

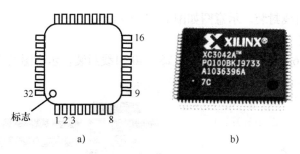

图 7-76 扁平矩形表面封装集成电路
a) 引线图 b) 实物图

7.6.3 集成电路的命名方法

集成电路的命名规律性较强，绝大部分国内外厂商生产的同一种集成电路，采用的数字标号基本相同，只是用不同的字头代表不同的厂商。例如 NE555、LM55、SG555 分别是由不同国家和厂商生产的定时器电路，它们的性能、封装和引线排列也都一致，因此可以相互替换。

1. 国内常见的集成电路系列

国内常见的集成电路系列有 CT、CC、CF、CD、CW 等。

2. 国外常见的集成电路系列

国外常见的集成电路系列有松下（乐声）公司的 AN 系列；东芝公司的 TA、TC、TD、TM 等系列；日立公司的 HA、HD、HM、HN 等系列；三洋公司的 LA、LB、LC、STK 等系列；摩托罗拉公司 MC、MCC、MFC 等系列；美国国家半导体公司的 LM、AH、AM、CD 等系列；韩国的 KA 系列；德克萨斯仪器公司的 TTL54/74 系列等。

因此使用集成电路时要以相应的产品说明书为准。

7.6.4　集成电路的质量判别及代用

1. 集成电路的质量判别

（1）电阻法。

1）通过测量单块集成电路各引线对地正、反向电阻，与参考资料或另一块好的集成电路进行比较，从而作出判断（注意：必须使用同一万用表的同一档测量，结果才准确）。

2）在没有对比资料的情况下只能使用间接电阻法测量，即在印制电路板上通过测量集成电路引线外围元器件（如电阻、电容、晶体管）好坏来判断。若外围元器件没有损坏，则集成电路有可能已损坏。

（2）电压法。

测量集成电路引线对地的动、静态电压，与线路图或其他资料所提供的参考电压进行比较。若引线电压有较大差别，其外围元器件又没有损坏，则集成电路有可能已损坏。

（3）波形法。

测量集成电路各引线波形是否与原设计相符，若发现有较大区别，其外围元器件又没有损坏，则集成电路有可能已损坏。

（4）替换法。

用相同型号集成电路做替换试验，若电路恢复正常，则集成电路已损坏。

2. 集成电路的代用

（1）用型号完全相同的集成电路进行替换。

（2）用具有相同功能的集成电路代用。具有相同功能且后面数字又相同的集成电路一般可互换。例如 TA7240 国产仿制品有 CD720，又如 NE555、HA555、LM555 等都是可以互换的。但有些集成电路后面数字虽然相同，功能却截然不同，这些集成电路是不可互换的，例如 TA7680 为彩电中放集成电路，而 LA7680 是彩电单片集成电路。

（3）同一个厂家针对同一功能在不同时期所生产的改进型产品可作单向性替换，即可用改进型集成电路代替旧型号集成电路，例如 TD2030A 可代替 TDA2030；又如日立公司伴音中放集成电路 HA1124，HA1125，HA1184 等，都可作单方向性替换。

第 8 章
电子装连技术

电子设备的装配与连接技术简称电子装连技术，是电子零件和部件按设计要求组装成整机的多种技术的综合，是按照设计要求制造电子整机产品的主要生产环节。

8.1 电子设备装配的基本要求

装配是指用紧固件、粘合剂等将产品电子零部件按照要求装接到规定的位置上，组装成一个新的构件，直至最终组装成产品，主要连接方式有螺装、铆装、粘接、压接、绕接及表面贴装等。

安装的基本要求如下：

1. 安装的零件、部件、整件必须检验合格，符合工艺要求，外观应无伤痕，涂覆应无损坏。

2. 安装时，电子元器件、机械安装件的引线方向、极性安装位置应当正确，不应歪斜，电子元器件封装外壳不得相碰。

3. 要进行机械安装的电子元器件，焊接前应当固定，焊接后不应再调整安装。

4. 安装各种封装件时不得拆封，有特殊要求的除外。

5. 安装中的机械活动部分，必须使其动作平滑、自如，不能有阻滞的现象。

6. 安装时，机内异物要清理干净，杜绝造成短路故障的隐患。

7. 安装中需要涂覆润滑剂、紧固剂、粘合剂的地方，应当到位、均匀和适量。

8. 绝缘导线穿过金属机座孔时，不应有尖端毛刺，防止产生尖端放电。

9. 用紧固件安装地线焊片时，在安装位置上要去掉涂漆层和氧化层，使接触良好。

8.2 螺装

用螺钉、螺栓、螺母及各种垫圈将各种元器件、零件、部件、整件等紧固地安装在整机各个位置上的过程称为螺装。螺装可拆卸，便于更换器件，在电子整机产品装配中应用广泛。

8.2.1 螺钉

根据螺钉头部的不同可分为一字头螺钉和十字头螺钉，通常情况下十字头螺钉的刀口相对不易损坏，应用广泛。按不同的用途可分为盘头、自攻和沉头螺钉等。盘头螺钉和沉头螺钉用于面板的装配固定。自攻螺钉用于塑料制品零件的固定，其装配孔不必攻丝，可直接拧入，常用于经常拆卸的面板等。但是自攻螺钉不能用于紧固像变压器、铁壳大电容等相对质量较大的零部件。

螺栓、螺母二者通常是配合使用，常用于连接两个或两个以上的连接件。这种连接方式，不需要内螺纹就能实现。其特点是结构简单、装拆方便。

垫圈的作用是防止螺钉连接的松动。常用的垫圈有弹簧垫圈、止动垫圈、绝缘垫圈等。

部分常用紧固件实物图如图 8-1 所示。

图 8-1 部分常用紧固件实物图

a) 一字槽盘头螺钉 b) 十字槽盘头螺钉 c) 六角螺母

d) 一字槽沉头螺钉 e) 十字槽沉头螺钉 f) 螺栓

g) 一字槽自攻螺钉 h) 十字槽盘头自攻螺钉 i) 弹簧垫圈

8.2.2 螺钉连接

这种连接方式必须在被接插件上制作出螺纹孔，然后再进行连接。一般用于被连接件较厚或被连接件另一端不能放置螺母的场合，但不宜用于经常拆装的场合，否则将导致连接件磨损失效，常用螺钉连接方式如图 8-2 所示。

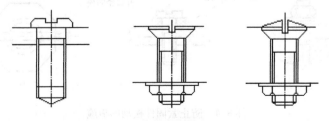

图 8-2 常用螺钉连接方式

　　螺钉的紧固顺序。紧固某一零部件需要两个以上的螺钉时，其紧固顺序应遵循"交叉对称，分步拧紧"的原则。其目的是防止逐个拧紧造成的被紧固件倾斜、扭曲或碎裂的现象。拆卸螺钉的顺序与紧固的原则类似，即"交叉对称，分步拆卸"。其目的是防止被拆零部件偏斜而影响其他螺钉的拆卸。

　　螺钉的紧固或拆卸顺序如图8-3所示。

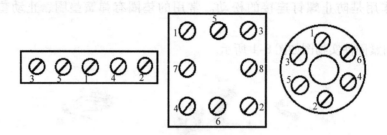

图8-3　螺钉的紧固或拆卸顺序

螺装的注意事项：

1. 正确选择工具如起子口的厚度、宽度、尺寸等。

2. 正确使用起子，特别是采用"+"字头起子使在拧入或旋出操作时应注意将"+"字头压紧后再拧，否则将出现起子头损伤或螺钉"+"字槽损坏。

3. 如果垫圈与弹簧垫圈共同使用时，弹簧垫圈要在垫圈之上。

4. 安装时要保证螺钉旋具垂直于安装孔表面的方位旋转。

5. 拧松或者拧紧螺钉、螺母或螺栓时，应尽量用扳手或套筒使螺母旋转，不要用尖嘴钳拧紧螺母。

6. 拧紧螺钉时，不能用力过猛，避免滑丝。

　　防止紧固件松动的措施如图8-4所示。

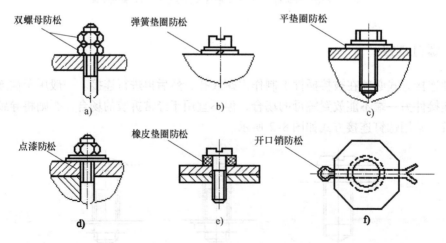

图8-4　防止紧固件松动的措施

8.3 铆接

用各种铆钉将零件或者部件连接在一起的操作过程称为铆接。有热铆和冷铆两种方法，属于不可拆卸的固定连接。

几种常见的铆钉如图8-5所示。

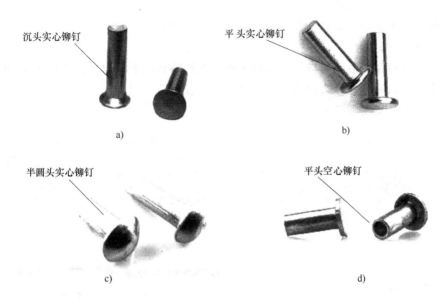

图8-5 几种常见铆钉

1. 手工铆接方法

各种铆钉镦铆成型的好坏与铆钉留头长度及铆装方法有关。铆钉长度应等于铆台厚度与留头长度之和。半圆头铆钉留头长度应等于其直径的 4/3 ~ 7/4，铆钉直径应大于铆板厚度的 1/4，一般应为板厚度的 1.8 倍。常见铆钉铆接后的形式如图8-6所示。

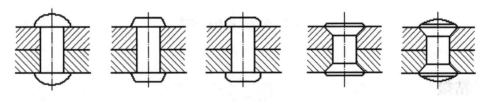

图8-6 常见铆钉铆接后的形式

2. 铆接方法

铆钉头镦铆成半圆形时，铆钉孔要与铆钉直径配合适当。先将铆钉放到孔内，铆钉头放到垫模上，压紧冲头放到铆钉上，压紧两个被铆装件，然后拿下压紧冲头，改用半圆头冲头镦铆出的铆钉端，开始时不要用力过大，最后用力砸几下即可以紧固。

铆钉头镦铆成沉头时，先将铆钉放到被铆装孔内，铆钉头放在垫模上，用压紧冲头压紧两个被铆装件，然后用平头镦铆成型。

铆装空心铆钉时，首先在铆接材料上钻出大小合适的孔并使用合适的工具，然后将装上了空心铆钉的被铆装件放到平垫模上，用压紧冲头压紧，再用尖头冲头将铆钉扩成喇叭状，用冲头压紧。

3. 铆接注意事项

（1）铆接成半圆头铆钉时，铆钉头应完全平贴于被铆零件上，并应与铆窝形状一致，不允许有凹陷、缺口和明显的裂开。

（2）铆接后不应出现铆钉杆歪斜和被焊件松动的现象。

（3）用多个铆钉连接时，应按对称交叉顺序进行。

（4）沉头铆钉铆接后应与被铆面保持平整，允许略有凹下，但不得超过0.2mm。

（5）空心铆钉铆紧后扩边应均匀、无裂纹，管径不应歪扭。

常见铆接缺陷及成因如图8-7所示。

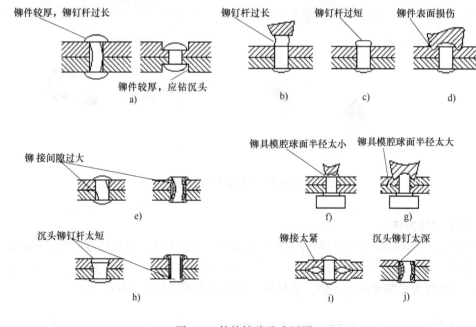

图8-7 铆接缺陷及成因图

8.4 粘接

粘接也称为胶接，是用各种黏合剂将零件、材料或元器件粘在一起的过程，能用于常规安装无法连接的零部件。

黏合剂的种类繁多，有快速粘合剂、环氧粘合剂、导磁胶、热熔胶、压敏胶、光敏胶等。几种常见的黏合剂如表8-1所示。

表 8-1 几种常见黏合剂

名 称	适用范围	使 用 方 法	注 意 事 项
XY401 （常称为 88 号胶）	橡胶与橡胶、橡胶与金属、橡胶与玻璃、橡胶与木材等	粘接时用毛刷在器件表面均匀涂上一层胶液，在室温下放置 5～10min，然后将两个胶合面贴在一起，用压铁或专用工具加压	粘接时要先对胶合面进行处理；粘接后在室温下固化 24h 后才能去掉加压器，然后在同样的室温下再干燥 24h
XY98-1（树脂胶合剂）	金属、玻璃、陶瓷及层压塑料等	粘接时用毛刷在需要黏合的表面上均匀涂上一层胶液，在室温下放置 30min，用烘箱在 50～60℃ 保持 15min，取出冷却至室温，重复操作保证胶层厚度为 0.1～0.28mm 之后加压，并在烘箱内升温至 40～50℃	粘接前先用砂纸将金属面打磨好，再用酒精等擦好，晾干；要保证胶面平滑，如不平可多涂几次胶液
Q98-1	螺钉与螺母	用香蕉水系时取出红色硝基一份与 9 份质量的 Q98-1 胶混合在一起搅匀之后涂于清洁的螺钉或螺母上立即旋入配件中，后在螺钉或螺母端面上滴入 1～2 滴混合胶液旋紧，可补充用	固化好的零件需在室温下自然干燥 24h
环氧树脂胶	各种金属、非金属材料	环氧树脂 1010 与固化剂 H-4 按 1:1 的比例搅匀，在黏合面上涂抹均匀后黏合加压	黏合之前需要先清理粘合面，黏合加压后需要放置 24h；未涂完的环氧树脂应立即密封
热熔胶	金属、木材、塑料凳	粘接前要进行表面处理	粘接时要避免烫伤

黏合接头设计：

黏合接头是粘接的一个薄弱点，因此在黏合连接时，需要对接头处进行设计，并考虑一定的裕度，几种黏接接头如图 8-8 所示。

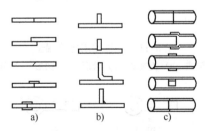

图 8-8 几种黏接接头设计

a）对接 b）角接 c）管子连接

8.5 压接

压接是使用专用工具，在常温下对导线和接线端子施加足够的压力，使这两个金属导体产生塑性变形，从而达到可靠电气连接的方法。此方法适用于导线的连接。

压接工艺简单，操作方便，不受场合、人员的限制；耐高温和低温，适合各种场合，使用寿命长；维修方便，成本低；无污染。但是压接点的接触电阻大，压接处的电气损耗大。

压接工具有手动压接工具、气动式压接工具、电动压接工具、自动压接工具等。压接钳的实物如图 8-9 所示，压接原理示意图如图 8-10 所示。几种常见常用压接端子如图 8-11 所示。裸端子压接不良如图 8-12 所示。带绝缘端子压接不良如图 8-13 所示。

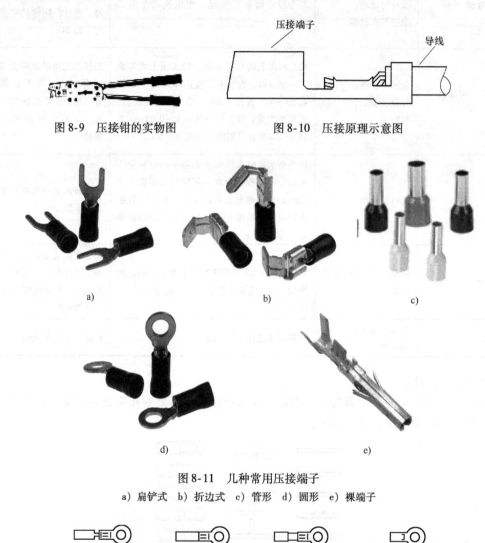

图 8-9　压接钳的实物图　　　　图 8-10　压接原理示意图

a)　　　　　　　b)　　　　　　　c)

d)　　　　　　　e)

图 8-11　几种常用压接端子

a）扁铲式　b）折边式　c）管形　d）圆形　e）裸端子

a)　　　　b)　　　　c)　　　　d)

e)　　　　f)　　　　g)

图 8-12　裸端子压接不良

a）插入不足　b）突出过多　c）端子尾露出过多　d）压端太靠前
e）压着端子根部　f）端子压反　g）压接位置太偏

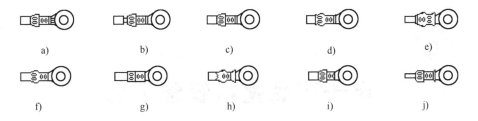

图 8-13　带绝缘端子压接不良

a）芯线突出太长　b）芯线外露太多　c）芯线插入太短　d）压接过多　e）压接位置相反
f）绝缘层进入端子　g）压接不足　h）压接位置靠后　i）压接位置靠前　j）端子太大

8.6　绕接

绕接是用绕接器，将一定长度的单股芯线高速地绕到带棱角的接线柱上，形成牢固的电气连接。接线柱又称接线端子，一般由铜或铜合金制成，其截面为有棱角的方形或矩形。绕接器实物如图 8-14 所示。

1. 绕接的连接机理

绕接属于压力连接。绕接时，导线以一定的压力和接线柱的棱边进行相互摩擦挤压，两个金属间的温度升高，二者接触面的氧化层被破坏，从而使金属导线和接线柱之间紧密地结合，形成连接的合金层。

绕接点要求导线紧密排列，不得出现重绕、断绕的现象。绕接示意图如图 8-15 所示。

2. 绕接的特点

优点：接触电阻小、工作寿命长、可靠性高、无热损伤、操作简单。

缺点：对接线柱有特殊要求，且走线方向受限制；多股线不能绕接，单股线又容易折断。

图 8-14　绕接器实物图

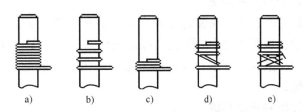

图 8-15　绕接示意图

a）正确绕接　b）间距过大　c）圈数过大　d）绕线不均　e）绕线重叠

第 **9** 章

电子产品整机装配工艺

随着电子技术的发展，电子产品已广泛地走入到人们的生产、生活中。随着各种电子产品的使用范围扩大，结构也越来越复杂，人们对其质量的要求也越来越高。对于制造商来说，其生产的每一台产品都代表着所有的产品。一台电子产品往往是由许多电子元器件、零部件、导线以及机箱连接装配而成的。从零部件到整机装配完成，中间需要许多环节，每一个环节都关系到了产品的质量，因此我们有必要对电子产品整机装配工艺进行介绍。

电子产品的整机装配工艺过程是指整机的装接工序安排，即以设计文件为依据，按照工艺文件的工艺规程和具体要求，把各种电子元器件、零部件等装连在印制电路板、面板、机壳等指定位置上，构成具有一定功能的完整的电子产品的过程。

本章将对电子产品装配过程的注意事项、原则、工艺流程及静电防护做一简单介绍。

9.1 整机装配过程中的注意事项

如果希望生产出合格的产品，在整机装配过程中应注意以下几点：

1. 不能将产品碰伤

产品的外表如果在装配过程中碰伤，产品的价值就会大打折扣。产生碰伤的原因通常是由于在装配过程中以下这些操作失误造成的：①碰撞了机壳的棱角；②碰掉了零件；③拖拽产品造成的划痕；④产品未水平放置；⑤装配工具掉落到了机箱内；⑥运输过程中的损伤。

2. 不能将产品弄脏

在装配过程中，不能将产品弄脏，比如油痕、汗水、指纹留在了产品中。最初可能我们意识不到它们的严重性，但这些污渍有可能在后来造成产品的锈斑，而影响到产品的性能。

3. 不能将物品遗忘在产品中

由于操作人员的疏忽，有时会将物品遗忘在产品中，这些物品有焊锡渣、螺钉、螺帽、电子元器件及焊接或装配工具等。有时还会发现产品中有纸屑、硬币等物品。为了减少这种情况的发生，平时要对操作人员进行这方面的培训，并且还要采取如下的预防措施：

（1）对产品包含的电子元器件的数量进行严格管理；

（2）产品的元器件和操作工具等要放在指定位置，防止掉入产品中；

（3）不要把焊锡切成小段。

9.2　整机装配的顺序和原则

9.2.1　整机装配的顺序

电子产品整机装配要经过多道工序，装配顺序是否合理会直接影响到整机的装配质量及操作人员的劳动强度。

按装配级别来分，整机装配要按元件级、插件级、插箱板级和箱柜级顺序进行，如图 9-1 所示，现分别叙述如下：

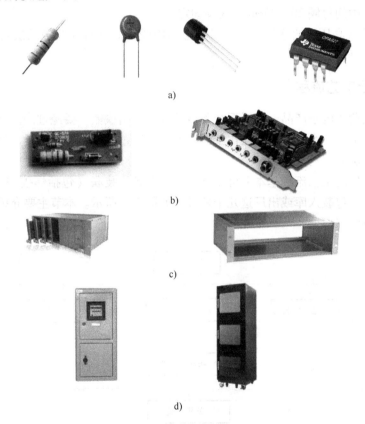

图 9-1　整机装配顺序

a）第一级组装（元件级）　　b）第二级组装（插件级）

c）第三级组装（插箱板级）　　d）第三级组装（箱、柜级）

（1）元件级：是指电子元器件、集成元器件，这一级是最低的组装级别。

（2）插件级：是指装有元器件的印制电路板或插件板，用于组装和互连电子元器件。

（3）插箱板级：用于安装和互连的插件或印制电路板的部件。

（4）箱、柜级：通过电缆及连接器互连插件和插箱而组成具有一定功能的电子产品。

9.2.2 整机装配的原则

一般来说是先轻后重，先小后大，先铆后装，先里后外，先下后上，先低后高，易碎易损坏的器件后装，上一道工序不影响下一道工序。具体如下：

（1）装配时要注意零部件的位置、方向、极性，不能装错。

（2）安装的元器件、零件及部件必须端正牢固。安装好的螺钉头部应用胶黏剂固定。铆好的铆钉不应有偏斜、开裂、毛刺及松动现象。

（3）装配时不能破坏零件，元器件的覆盖层要保持干净。

（4）导线或线扎的放置必须稳固、安全、整齐及美观，导线的抽头分叉、转弯、终端等部位或长线束中间每隔 20～30cm 用线夹固定。

（5）电源线或高压线的连接一定要可靠，不能受力。查看导线绝缘层是否损坏以防止发生短路或漏电事故。

9.3 整机装配工艺流程

无论多么复杂的电子产品，从千百个元器件到生产出成品，要经过许多道工序。在生产过程中，大量的工作是由具有一定操作技能的人员，通过使用特定的工具、设备，按照特定的工艺流程和方法完成的。

电子产品装配的工艺流程基本上可以分为装配准备、装联（包括焊接和安装过程）、总装、调试、检验、包装入库或出厂这几个环节，如图 9-2 所示。本节主要介绍装配准备、装联过程和整机总装三部分。

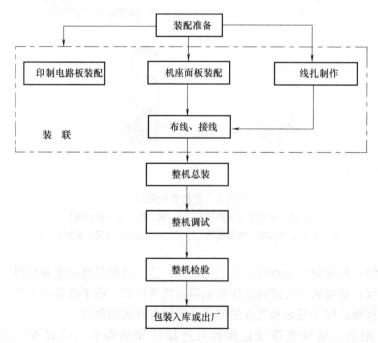

图 9-2　电子产品装配流程图

9.3.1 装配准备

装配准备主要是准备好整机装配时用的各种工艺文件。主要包括产品技术工艺文件和组织生产所需的工作文件。前者又分为两类：一类是以投影关系为主绘制的图纸，用以说明产品加工和装配要求等，零件图、印制电路板装配图等；另一类是以图形符号为主绘制的图纸，用以描述电路的设计内容，如系统图、方框图、电路图、接线图等。

下面以第 11 章的焊接实例中的 HX108-2 型超外差收音机为例说明常见的产品技术工艺文件的准备。

1. 方框图

方框图是由带注释的方框概略地表示电子产品的基本组成、相互关系和主要特征的一种简图。方框图中的"方框"代表一个功能块，"连线"代表信号通过电路的路线或顺序。图 11-2 为 HX108-2 型超外差收音机方框图。

2. 电路原理图

电路原理图又称电气原理图、电子线路图，它是将产品的各元器件按顺序排列的图纸。电路原理图不考虑元器件的实际位置，不代表各元器件的形状和尺寸，它是在电路方框图的基础上绘制的，是设计、布线和产品性能分析及维修的依据。

电路原理图的绘制要求准确、美观、布局合理。输入信号一般在左边，输出信号在右边。元器件的符号符合绘图要求。同一元器件符号按照自左向右或自上而下的顺序进行编号。电路原理图中各元器件之间的连线表示导线，两条或多条连线的连接处标注"·"（实心点）。表示两条或多条导线交叉但不连接处不能标注"·"。电路图中"地"用符号"⊥"表示，所有的"地"都要用导线连接起来。图 11-1 为 HX108-2 型超外差收音机的电路原理图。

3. 配套材料明细表

配套材料明细表是一张列出电子产品所需材料的名称、规格、数量和元器件代号的表格，以便于采购和装配。HX108-2 型超外差收音机的配套材料明细表如表 11-1 所示。

4. 零部件简图

零部件简图主要包括印制电路板装配图和机箱面板简图。

（1）印制电路板装配图

印制电路板装配图是表示各元器件及零部件、整件与印制电路板连接关系的图纸，适用于装配焊接印制电路板的工艺图样。HX108-2 型超外差收音机的印制电路板装配图如图 9-3 所示。

电路原理图与实际电路板之间是通过印制电路板装配图联系起来的，是电子装配和维修不可缺少的简图，有时也用来测试与维修时查找元器件的位置。

（2）机箱面板简图

机箱面板简图是显示机箱面板安装各种零部件的说明图。由于超外差收音机是一个简单的电子产品，因此无机箱面板简图。

对于复杂的电子产品，其技术工艺文件还包括接线图与接线表，在此不进行说明。

5. 线扎图

对于并不复杂的电子产品的连线，应不需要线扎图，例如 HX108-2 型超外差收音机。但是对于复杂的产品，由于连接导线较多、连线复杂，不便于查找或影响美观，因此一般要求绘制线扎图。

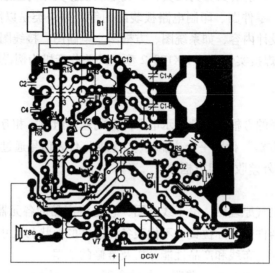

图9-3　HX108-2 型超外差收音机的印制电路板装配图

在线扎图中，符号"⊙"表示走向出图面折弯 90°；符号"⊕"表示走向进图面折弯 90°；符号"→"表示走向出图面折弯后方向。线扎图均采用 1:1 的比例绘制，如果导线过长，线扎图无法按照实际长度绘制，要采用断开画法，其上标注实际长度。装配时要将线扎固定在产品底座上，高频电路的导线要先屏蔽后再扎入线扎，不同回路引出的高频线不应放入同一线扎或平行放置，可以垂直交叉放置。

6. 整机装配图

整机装配图指出了各零部件装配位置和整机的全貌，图 9-4 为 HX108-2 型超外差收音机的整体装配图。

9.3.2　装联过程

装联过程包括元器件的筛选、零部件的加工、导线与电缆的加工、印制电路板的焊接及零部件的装配。这一过程直接决定了电子产品的质量，是整机装配的重要环节，其中每一步的注意事项已在本书部分章节中叙述，此处不再说明。

9.3.3　整机总装

整机总装是指将全部组成整机的部分经检验合格后，安装到指定位置，开始连线。安装产品机箱时注意机箱的螺钉不要拧得太紧，以免损坏（塑料）机箱。

在装配完毕后，必须进行整机调试，使整机达到规定技术指标的要求，保证产品能稳定、可靠地工作。

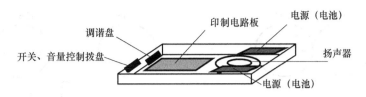

图 9-4　HX108-2 型超外差收音机的整体装配图

9.4　电子产品装配过程中的静电防护

9.4.1　静电及静电的产生

1. 静电

静电是一种电能，它存留于物体表面，是正、负电荷在局部范围内失去平衡的结果，是通过电子或离子的转换而形成的。通常情况下，物体对外是不显电性的，而当两个物体相互摩擦时，一个物体中一部分电子会转移到另一个物体上，于是这个物体失去了电子，并带上"正电荷"，另一个物体得到电子带上"负电荷"。电荷不能创造，也不能消失，它只能从一个物体转移到另一个物体。静电现象就是电荷在产生和消失过程中产生的电现象的总称。

如前所述，通常物体具有的正、负电荷是相等的，因此对外不显电性。但是如果两种不同材料的物体接触或静电感应导致电荷的转移，这样就产生了静电。

2. 静电产生的方式

静电产生的方式有很多种，例如两物体的接触和摩擦、电解、温差等。主要形式包括两种：摩擦产生静电和感应产生静电。

在日常生产和生活中，人们经常会感受到摩擦起电的现象。其产生的原理如图 9-5 所示。摩擦起电通常分成两个过程：①接触—电子转移的过程。当两种物体接触时，在交界面处形成"双电层"；②摩擦、分离—起电的过程。当两物体接触后又迅速分离时，总有一部分转移出来的电子来不及返回到它们原来所在的物体，从而使一个物体因电子过剩而带负电，而另一个物体因电子不足而带正电。

实际上，只要两种不同的物体接触再分离就会产生静电，而摩擦产生的热量为电子转移提供了能量，而使静电作用大大加强。摩擦产生静电主要发生在绝缘体之间。

当一个导体靠近带电体时，在靠近带电体的表面会感应出异种电荷，而远离带电体的表面出现同种电荷，这就是感应产生静电的过程，如图 9-6 所示。显然，非导体不会出现感应起电现象。

9.4.2　静电放电

处于不同静电电位的两个物体间的静电电荷的转移称为"静电放电"，简写 ESD（Electrostatic Discharge）。

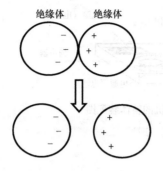

图 9-5 摩擦产生静电

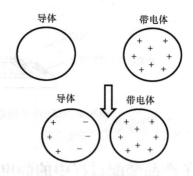

图 9-6 感应产生静电

9.4.3 静电放电对电子产品的损伤

静电放电对电子产品的损伤是指当带静电的物体与电子元器件接触，静电会转移到元器件上或通过元器件放电，或元器件本身带电，通过其他物体放电。这两个过程都会给电子元器件及产品造成损伤。损伤的程度与静电放电模式有关，主要分为三种，具体如下：

1. 带电人体的静电放电

因为在进行电子产品生产的过程中，人体会和各种物体间发生接触和摩擦，所以人体易带静电，然后带电的人体又与元器件进行接触，这样也容易对元器件造成静电损伤。通常，大部分电子元器件的静电损伤都是人体静电造成的。

2. 带电机器的静电放电

与人体带静电相似，机器因为摩擦或感应也会带静电。带静电的机器接触电子元器件也会放电而对元器件造成损伤。

3. 充电器件的静电放电

在元器件的组装、测试、运输和储存过程中，由于机壳与其他物体摩擦，壳体也会带静电。如果元器件的引线接地，壳体将通过元器件芯体和引线对地放电。

电子行业或产品使用者因为静电造成的损失和危害是非常严重的。据美国 1988 年的报道，在美国电子行业中，由于 ESD 的影响，每年的损失可达 50 亿美元。在日本，不合格的电子元器件中有 45% 是由于静电引起的。

ESD 对电子元器件的损伤还表现在它的潜在性上，有时元器件受到 ESD 影响后并不是马上失效，而是会在使用过程中功能逐渐退化或突然失效。这时的元器件称为"带电工作"。有时，人们对这种潜在的损伤不够重视，实际上，ESD 对元器件损伤的潜在性和累积性会严重影响元器件的使用可靠性。通常这些潜在的损伤是无法鉴别的，而一旦上电应用时元器件失效，会造成更大的损失。避免或减少这种潜在性损伤的最有效的办法就是采用静电防护措施。静电放电的危害还表现在 ESD 产生的电磁场幅度很大，频谱非常宽，会对元器件造成电磁干扰甚至损坏。

除了 ESD，静电本身也会对电子产品造成损伤。静电吸附灰尘、污物到电子元器件时，可降低元器件绝缘电阻，从而缩短元器件的使用寿命。

9.4.4 静电防护的目的和原则

静电防护的目的是在电子元器件、组件、设备的制造和使用过程中，通过各种防护手段，防止因静电的力学和放电效应而产生或可能产生的危害，或将这些危害限制在最小程度，以确保元器件、组件、设备的设计性能及使用性能不因静电作用受到损伤。

静电防护的原则是控制静电的产生和控制静电的消散。控制静电产生主要是控制工艺过程和工艺过程中材料的选择。控制静电的消散则主要是快速而安全地将产生的静电泄放和中和。通过这两方面共同的作用，就有可能使静电电平不超过安全限度，达到静电防护的目的。

9.4.5　静电防护的具体措施

1. 建立静电安全工作区

采用各种控制方法，将区域内可能产生的静电电压保持在对最敏感的元器件都安全的阈值下。

通常构成一个完整的静电安全工作区应包括如下一些静电防护器材：有效的导电桌垫、专用接地线、防静电腕带和地垫、用于对导体上的静电进行泄放。同时，应配以静电消除器，用以中和绝缘体上无法用泄放接地的方法释放掉的电荷。常见的防静电器材如图9-7所示。

图 9-7　常见的防静电器材

a) 防静电手腕带　b) 防静电服装　c) 防静电脚腕带　d) 防静电包装袋　e) 防静电储物拿
f) 防静电 IC 包装管　g) 防静电机房高架地板　h) 防静电地垫　i) 防静电消除器

2. 包装、运输和储存过程的静电防护

在这一过程中主要是防止静电的产生，例如防静电包装、元器件引线等电位、避免摩擦

和即时接地消电等方法。

3. 静电检测

利用静电检测仪器，例如静电电位计、兆欧计、腕带检测仪等定时对静电进行检测，从而做到有效地防护。

4. 做好静电防护的管理工作

这包括建立完整、严格的静电控制流程，并贯彻到设计、采购、生产工艺、质量保证、包装、储存和运输等各环节和部门，张贴醒目的静电防护标志。各种防静电标志如图9-8所示。此外，还要做好定期静电防护的培训工作。

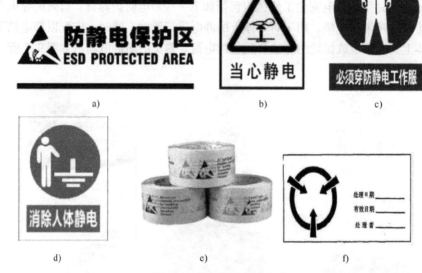

图9-8　常见的防静电标志

a）防静电保护区标志　b）当心静电标志　c）必须穿静电工作服标志
d）消除人体静电标志　e）防静电警示标志胶带　f）经防静电处理的物品和场所

最后，对静电防护总结如下：

（1）将所有元器件都当成静电敏感元器件；

（2）在没有良好接地的情况下，永远不要接触敏感元器件或组件；

（3）如果IC没有在防静电工作台上时，要将它们保存在接地屏蔽的容器内；

（4）带有IC的电路板必须在防静电的工作台处理；

（5）腕带和鞋套应每天检测，以保证其满足防静电的要求；

（6）所有仪器和设备都要接地；

（7）流过IC的气体和液体要保持低速；

（8）在没有其他静电防护措施时，不要拿装在防静电管中的IC；

（9）在可能产生静电的工序中使用定点离子风消电器；

（10）腕带要保持人体和地等电位；

（11）ESD保护工作台要保持电子元器件和地等电位；

（12）不能在防静电安全区内任意放置静电绝缘材料。

第 **10** 章

常用仪器仪表介绍

仪器仪表的使用在电子产品焊接及检验中必不可少，本章介绍 MF47 型万用表、MUL-TIMETER 数字式万用表、YB4328/YB4328D 型双踪示波器及 AS2173D/AS2173E 系列交流毫伏表。这几种仪表是广大电子爱好者、电子产品维修者必备的工具，下面分别进行介绍。

10.1 MF47 型万用表

MF47 型万用表是磁电系整流式便携多量限模拟万用表，因其用指针指示测量结果，所以又称作指针式万用表，它是电子技术领域中使用最多的仪表之一。MF47 型万用表主要用来测量直流电流、交直流电压、直流电阻等，具有 26 个基本量限和电平、电容、电感、晶体管直流参数等，其特点是量限多、分档细、灵敏度高、性能稳定、过载保护可靠、读数清晰及使用方便等。MF47 型万用表如图 10-1 所示。

刻度盘与档位盘印制成红、绿、黑三种颜色，分别按交流红色，晶体管绿色，其余黑色对应制成，方便使用时读取示数。标度盘共有六条刻度，第一条专供测量电阻用，称为欧姆刻度线；第二条供测量交、直流电压，直流电流之用，称为交流、直流电压电流刻度线；第三条供测量晶体管放大倍数用，称为晶体管直流电流放大系数刻度线；第四条供测量电容用，称为电容测量刻度线；第五条供测量电感用，称为电感测量刻度线；第六条供测量音频电平之用，称为音频测量刻度线。MF47 型万用表的刻度盘如图 10-2 所示。

10.1.1 MF47 型万用表的特点

1）测量机构采用高灵敏度表头，性能稳定，并置于单独的表壳中，保证密封性并延长使用寿命。表头罩采用塑料框架和玻璃相结合，从而避免静电的产生，保证测量精度。

2）线路采用印制电路板，保证万用表可靠、耐磨、维修方便。

3）测量机构采用硅二极管保护，保证过载时不损坏表头，线路设有 0.5A 熔丝装置以防止误用时烧坏电路。

4）有温度和频率补偿，使温度对万用表测量精度的影响减小，频率范围宽。

5）低电阻档选用 2 号干电池，容量大，寿命长。二级电池装于盒内，换电池时只需卸下电池盖板，不必打开表盒。

6）有一档晶体管静态直流放大系数检测装置以供检查晶体管之用。

7）标度盘与开关指示盘印制成红、绿、黑三色。

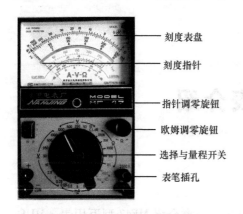

刻度表盘

刻度指针

指针调零旋钮

欧姆调零旋钮

选择与量程开关

表笔插孔

图 10-1 MF47 型万用表实物图

图 10-2 MF47 型万用表刻度盘图片
1—欧姆刻度线 2—交流、直流电压电流刻度线 3—晶体管直流放大系数刻度线 4—电容测量刻度线
5—电感测量刻度线 6—音频测量刻度线

8）除交直流 2500V 和直流 5A 分别有单独插座之外，其于各档只需转动选择开关，因此使用方便。

10.1.2　MF47 型万用表的使用方法

使用前应检查表的指针是否指示在机械零位上，如果不指示在零位上，可旋转表盖上的调零器使指针指示在零位上。例如测量交直流 2500V 或直流 5A 时，红插头则应分别插到标有"2500V"或"5A"的插座中。

1. 直流电流测量

测量 0.05~500mA 时，转动开关至所需要电流档，测量 5A 时，转动开关可放在 500mA 直流电流量程上然后将红、黑表笔串联于被测电路中，或者用导线将万用表串接在电路中进行测量。

注意：将万用表串接在电路中之前要先将电路的电源关闭，禁止在电流插孔与 COM 插孔之间输入高于 36V 的直流电压和 25V 的交流电压。

2. 交直流电压的测量

测量交流 10~1000V 或直流 0.25~1000V 时，转动开关至所需电压档。测量交直流 2500V 时，开关应分别旋至交直流 1000V 位置上，而后将红、黑表笔跨接于被测电路两端。

若配以高压探头则可测量电视机 ≤25kV 的高压。测量时，开关应放在 50μA 位置上，高压探头的红黑插头分别插入"+"、"−"插座中，接地夹与电视机金属底板连接，而后握住红、黑表笔进行测量。

注意：将万用表串接在电路中之前要先将电路的电源关闭。

3. 直流电阻测量

装上电池，转动开关至所需测量的电阻档，红、黑表笔分别插入"+"、"−"插座中，将红、黑表笔两端短接，如果指针不指在欧姆档零位上需要调整欧姆调零旋钮直到指针对准欧姆"0"位上，指针指到欧姆零位上为止，如图 10-3 所示。然后分开红、黑表笔进行测试。

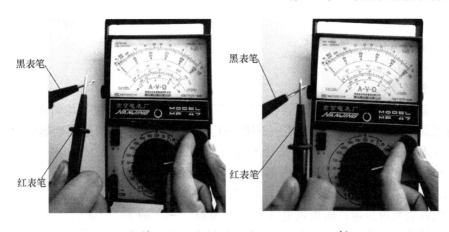

图 10-3　MF47 型万用表调零方法

a）调零之前　b）调零之后

注意：测量电阻时被测电阻不能处于带电状态，测量电路中的电阻时必须切断电源，如电路中有电容则应先进行放电；如果在测试电路中不能确定被测电阻是否有并联电阻的存在时，应把被测电阻的一端从电路中断开，之后才能进行测量；当检查电解电容漏电电阻时，可转动开关至 R×1k 档，红表笔必须接电容器负极，黑表笔接电容器正极；测量电阻时不能用手触及电阻器的两端。

4. 音频电平测量

在一定的负载阻抗上，用以测量放大极的增益和线路输送的损耗，测量单位以分贝表示。

音频电平与功率电压的关系式是：

$$NdB = 10\lg(P_2/P_1) = 20\lg(U_2/U_1) \tag{10-1}$$

式中　P_2、U_2——被测功率或被测电压。

音频电平的刻度系数按 0dB = 1mW600Ω 的输送线标准设计。即

$$U_1 = \sqrt{PZ} = \sqrt{0.001 \times 600} = 0.775V \tag{10-2}$$

音频电平是以交流 10V 为基准刻度，如指示值大于 +22dB 可在 50V 以上各量限测量，其指示值修正见表 10-1。

表 10-1　各量限测量时修正值

量程/V	按电平刻度增加值/dB	电平的测量范围/dB
10	—	−10 ~ +22
50	14	+4 ~ +36
250	28	+18 ~ +50
500	34	+24 ~ +56

测量方法与交流电压相似，旋动开关至相应的交流电压档，并使指针有较大偏转。如果被测电路中带有直流电压成分时，可在" + "插座中串联一个 0.1μF 的隔直通交电容器，将直流电压滤去。

5. 电容测量

转动开关至交流 10V 位置，被测电容串接于任一表笔后跨接于 10V 交流电压电路中进

行测量。

6. 电感测量方法

与电容测量方法相同。

7. 晶体管的测试

（1）电阻档测量时指针式万用表红、黑表笔极性问题及表盘刻度不均匀问题。

在讲述晶体管测量之前首先阐述一下指针式万用表电阻档测量时红黑表笔极性问题。

指针式万用表测电阻时，将转换开关拨到"Ω"档，这时外部没有电源接入，因此必须使用内部电池作为电源。由于红表笔（从万用表的"+"端子引出）与万用表表内电池的负极相接，因此红表笔带负电；而黑表笔（从万用表的"−"端子引出）与万用表表内电池的正极相接，因此黑表笔带正电。假设此时外接被测电阻为 R_L，万用表表内总电阻为 R_0，电池电动势为 E，此时由被测电阻，表内总电阻，通过表内电池构成闭合回路，如图 10-4 所示。

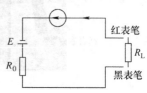

图 10-4　指针式万用表测电阻时红黑表笔极性

此回路中的电流为

$$I = E/(R_L + R_0) \tag{10-3}$$

由式（10-3）可知，回路中的电流 I 和被测电阻 R_L 不成线性关系，因此指针式万用表表盘上欧姆刻度线上的刻度是不均匀的。被测电阻 R_L 越小，回路中的电流越大，指针摆动越大，因此欧姆刻度线的标度尺刻度是反向刻度。

当万用表红、黑两表笔短接时，此时 $R_L = 0$，那么

$$I = E/(R_L + R_0) = E/R_0 \tag{10-4}$$

此时通过万用表表头的电流最大，指针摆动也是最大的，指针指向满刻度向右偏转最大，显示被测电阻阻值为 0Ω。

当万用表红黑两表笔开路，此时 $R_L \to \infty$，R_0 可以忽略不计，那么

$$I = E/(R_L + R_0) \approx E/R_L \to 0 \tag{10-5}$$

此时通过表头的电流最小，因此指针指向 0 刻度处，显示被测电阻阻值为 ∞。

测量二极管和晶体管放大倍数时万用表红、黑表笔的正负极性同测电阻时极性相同。

测电压和电流时，表内电源不起作用即测量电压和电流时可以不装表内电池，此时黑表笔接的是外接电压负极，红表笔接外接电压正极，例如测外接 10V 电压时测试原理图如图 10-5 所示。

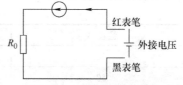

图 10-5　指针式万用表测电阻时红黑表笔极性

由以上分析可以简单地将指针式万用表的表笔正负极性理解为电流流向，流入电流的是红色表笔，流出电流的是黑色表笔。

（2）晶体二极管的测试。

晶体二极管的正负极性和二极管管子的好坏与否，可以用万用表来测量。

用万用表对晶体二极管进行测试的理论依据是晶体二极管的单向导电性。在已知二极管极性的前提下，测试时，先旋转旋钮让万用表指针指到"Ω"档，一般用 R×1000 档进行测量，因为如果用 R×10k 档测量，此时表内有 9V 电压，可能会将二极管的 PN 结击穿；如

果用 R×1 档测量，有可能因电流过大（约 90mA），而损坏二极管。测试时，将两根表笔分别与二极管的两端相接，由于红表笔与万用表表内电池的负极相接，而黑表笔与万用表表内电池的正极相接，因此红表笔带负电、黑表笔带正电。图 10-6a 所示的二极管上加的是正向电压，故万用表测出的是二极管的正向电阻。图 10-6b 所示的二极管上加的是反向电压，故万用表测出的是二极管的反向电阻。

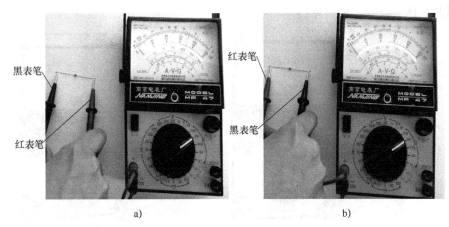

黑表笔
红表笔
红表笔
黑表笔

a)　　　　　　　　　　　　　　　b)

图 10-6　万用表测量晶体二极管
a）测量二极管正向电阻　b）测量二极管反向电阻

在二极管完好，但是不知道二极管极性的前提下，看万用表测得的电阻值，如果指针指向 0，则黑表笔接触一端为二极管正极，红表笔接触的一端为二极管负极，如果指针指向 ∝，则正、负极性正好相反。对于晶体二极管，反向电阻的阻值相差越大越好。

如果测试时管子的正、反向电阻都很大或者都很小，说明晶体二极管内部已经断路或者短路，管子已经损坏，不能再继续使用。

小功率二极管，在万用表的 R×1000 这一档测得数值在下述范围内是正常的。

锗晶体二极管：

正向电阻为 100Ω 到几百欧；反向电阻为几十千欧。

硅晶体二极管：

正向电阻为 7～10kΩ；反向电阻为 10MΩ 以上。

大功率晶体二极管，正、反向电阻的阻值相差则较小。

注意：二极管是非线性元器件，正向电压和反向电压不成正比，欧姆档选用不同的倍率测得的正向电阻有所不同。

（3）晶体三极管的特性和各主要参数的测试。

1）PNP 型晶体三极管管型及管脚 e、b、c 的测定。

（a）先确定基极 b。晶体三极管 b 到 c，b 到 e 是两个 PN 结，因此根据 PN 结正向电阻小，反向电阻大的原理进行测试。测试时选晶体管任意一引线并假设其为基极 b，选好电阻档，用 R×100 或 R×1k 档，将万用表红表笔放在假定的基极引线上，黑表笔分别放在另外两只引线上测量电阻值。如果两次所测得的电阻都很小，则此管子为 PNP 型三极管，如图 10-7 所示，并且红表笔所接引线即为基极 b。这是因为红表笔（接表内电源负极）放在基极（N 区）而黑表笔（接表内电源正极）放在发射极和集电极（均为 P 区）时，测出的都是正向电阻，因而电阻值都很小。为了验证判断正确与否，可交换红、黑表笔进行测量，如果两次测得的电阻值都接近无穷大，则验证上述判断是正确的。如果将黑表笔接在基极上，红表笔接在其他两级上测出电阻值，则为 NPN 型管，如图 10-8 所示，红表笔所接之引线为基极。如果测量时两个引线测得的电阻阻值差异很大，可选一个引线并假定其为基极重新测量，直到满足上述条件为止。如果所有引线都假定完毕，测得的结果仍然不满足条件，那么可以判断此晶体三极管已经损坏。

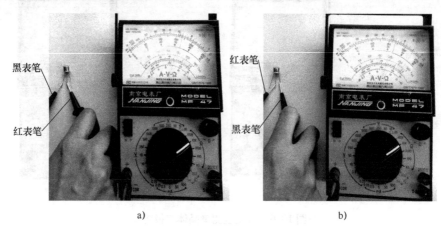

a)　　　　　　　　　　　b)

图 10-7　万用表测量 PNP 型晶体三极管

a）b、c 之间的电阻值　b）b、e 之间的电阻值

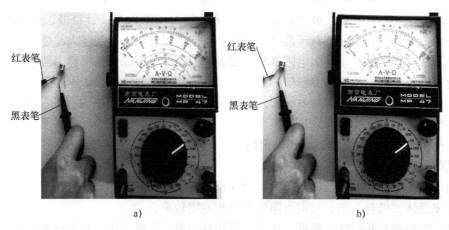

a)　　　　　　　　　　　b)

图 10-8　万用表测量 NPN 型晶体管

a）c、b 之间的电阻值　b）e、b 之间的电阻值

（b）基极 b 确定之后，确定发射极 e 和集电极 c。

对 PNP 型管，用红表笔接假定的集电极 c，黑表笔接假定的发射极 e，再用手拿住基极 b 和假定的集电极 c，但不能使 b 和 c 极直接接触，如图 10-9a 所示。由于人体有电阻，相当于在 b 和 c 之间接一电阻，若假定是正确的，则发射极和集电极之间就有较大的电流流过，万用表测得的电阻就较小。图 10-9b 所示为此法测量所依据的原理图，因为手拿住 b 和 c，就相当于在 b 和 c 之间接上一个电阻 $R_手$（约为 50～100kΩ），这样的电路明显是导通的，因基极有偏流，故测得的电阻小。若假定不正确，则测出的电阻值很大。图 10-10b 为测量 PNP 型晶体管的实际操作图。

2）NPN 型晶体三极管的测量。对 NPN 型管，用黑表笔接假定的集电极 c，红表笔接假定的发射极 e，用手拿住基极 b 和假定的集电极 c，但不能使 b 和 c 直接接触，由于人体有一定的电阻，相当于 b 和 c 极之间接一电阻，若假定是正确的，则发射极 e 和集电极 c 之间就有较大的电流流过，万用表测量的电阻就较小。如图 10-9c 所示为此法测量所依据的原理图，图中手拿住 b 和 c，就相当于在 b 和 c 之间接上一个电阻 $R_{手}$（约为 $50 \sim 100 k\Omega$），电路明显是导通的，因基极有偏流，故测得的电阻小，若假定不正确则测出的电阻值很大。图 10-10a 为测量 NPN 晶体管的实际操作图。

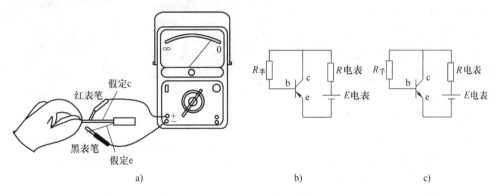

图 10-9　万用表测量 NPN 型三极管 c、e 极示意

图 10-10　万用表测量 NPN 型三极管 c、e 极

a）NPN 型晶体三极管　b）PNP 型晶体三极管

3）直流放大倍数 h_{FE} 的测量。确定晶体管各个引线之后，测放大倍数及反向截止电流可以利用用万用表的晶体管测试座。先转动开关至晶体管调节 ADJ 位置上，将红、黑表笔短接，调节欧姆旋钮，使指针对准 $3000h_{FE}$ 刻度线上，将要测量的晶体管引线分别插入晶体管测试座的 e、b、c 管座内，指针偏转所示数值为晶体管的直流放大倍数 h_{FE} 值。N 型晶体管应插入 N 型管孔内，P 型晶体管应插入 P 型管孔内，如图 10-11 所示。

测量共发射极电流放大系数和集电极 – 发射极穿透电流。用万用表估测 I_{ceo} 和 h_{FE}，见表 10-2。

4）指针式万用表使用注意事项。万用表是比较精密的仪器，如果使用不当，不仅可能造成测量结果不准确而且极易损坏万用表，因此在使用万用表时一定要注意如下事项：

（a）在使用万用表之前，应先进行"机械调零"，即在进行测量之前，必须使万用表指针指在零电压或零电流的位置上。

（b）测量电流与电压时旋钮不能旋错档位。如果误用电阻档或电流档去测电压，就极易烧坏万用表。万用表不用时，最好将档位旋至交流电压最高档，避免因使用不当而损坏。

（c）万用表在使用时，必须水平放置，以免造成误差。同时，还要注意避免外界磁场对万用表的影响。

（d）测量时如果事先不知道被测电压或电流的大小，那么测量时必须先选

a)   b)

图 10-11　用万用表测量三极管直流放大倍数

a）NPN 型三极管的测量　b）PNP 型三极管的测量

用电压或者电流的最高档，而后将档位逐级下调，根据最后能显示出的电压或电流值再选用最合适的档位进行测试，由此可以避免电压值或电流值过大，而选择的档位满足不了要求导致的万用表指针偏转过度损坏表头的现象发生。所选用的档位越靠近被测值，测量的数值就越准确。

（e）测量直流电压和直流电流时，注意"＋"、"－"极性，不能接反。如发现指针反转，表明极性接错，应立即调换表笔位置，避免损坏指针和表头。

（f）在测量某一电量时，发现档位选择不合适，不能在测量的同时进行换档，尤其是在测量高电压或大电流时更应注意，否则会损坏万用表或者引起触电事故。如果需要换档，正确的做法是先断开表笔，换档后再去测量。

（g）测量电阻时，不要用手触及元器件裸露的两端（或两支表笔的金属部分），避免人体电阻与被测电阻并联，使测量结果不准确。

（h）测量电阻时，如将两表笔短接，调"零欧姆"旋钮至最大，指针仍然达不到 0 点，这种现象通常是由于表内电池电压不足造成的，应换上新电池方能准确测量。

（i）万用表不使用时，应将转换开关置于交流电压的最大档，不能旋在电阻档，因为表内有电池，如不小心很容易使两根表笔相碰短路，不仅耗费电池，严重时甚至会损坏表头。如果长期不使用，还应将万用表内部的电池取出，以免电池腐蚀表内其他元器件。

（j）选择合适的倍率。在万用表欧姆档测量电阻时，应选择合适的倍率，使指针指示在中值附近。最好不使用刻度左边三分之一刻度密集的部分，这部分测量误差大。

（k）用万用表不同倍率的欧姆档测量非线性元器件的等效电阻时，测出电阻值是不相同的。这是由于各档位的中值电阻和满度电流各不相同所造成的，机械表中，一般倍率越

表 10-2 用万用表估测 I_{ceo} 和 h_{FE}

方法/内容	PNP 型小功率管	PNP 型大功率管	NPN 型小功率管
I_{ceo}	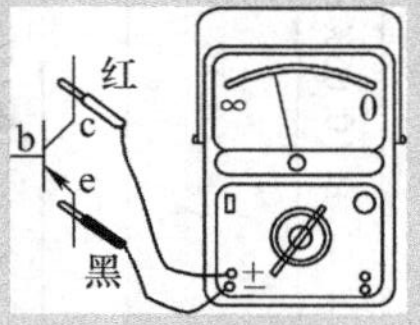 高频管读数在 50kΩ 以上；低频管读数为几千欧到几十千欧	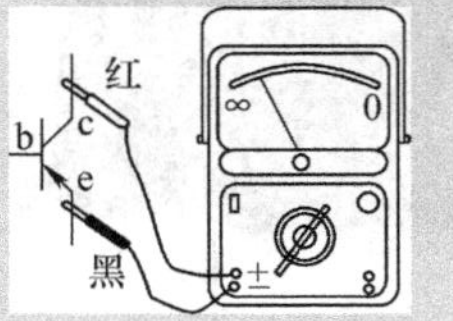 读数应大于几百欧	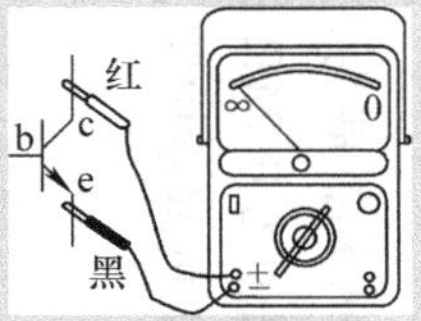 读数在几百千欧以上，一般应指针不动
h_{FE}	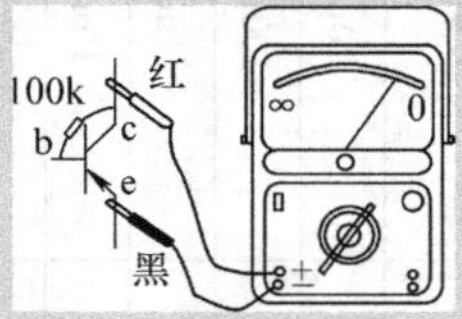 读数为 1~10kΩ，h_{FE} 约为 200~30	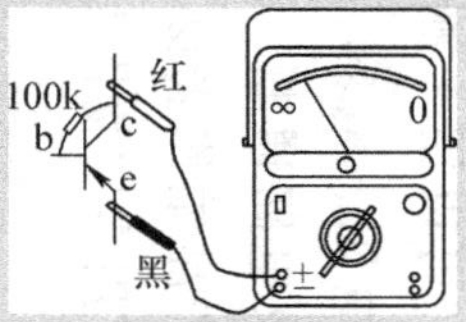 读数在 10~100kΩ	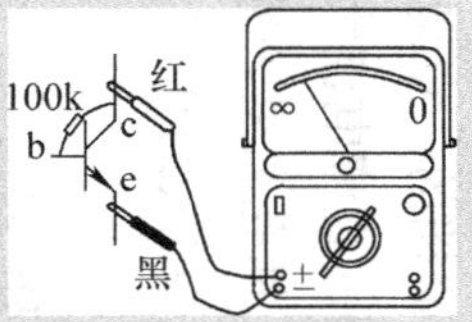 读数在 10~15kΩ

说明：1. 测量时，欧姆档量程如图中所示。2. 如被测管的测量结果与表中数据相等，则该管的穿透电流大，有一定的放大能力。3. 估测 I_{ceo} 时读数越大，穿透电流 I_{ceo} 越小，若指针漂移，表明管子不稳定。4. 估测 h_{FE} 时，读数越小，β 越大；读数越大，β 越小。若同时与估测 I_{ceo} 时的读数相比较，差值越大，放大倍数 h_{FE} 越高。

小，测出的阻值越小。

（1）使用万用表电流档测量电流时，应将万用表串联在被测电路中，因为只有串连联接才能使流过电流表的电流与被测支路电流相同。测量时，应断开被测支路，将万用表红、黑表笔串联接在被断开的两点之间，特别要注意电流表不能并联接在被测电路中，因为这样做极易使万用表烧毁。

（m）当选取用直流电流的2.5A档时，万用表红表笔应插在2.5A测量插孔内，量程开关可以置于直流电流档的任意量程上。

（n）如果被测的直流电流大于2.5A，则可将2.5A档扩展为5A档。方法很简单，使用者可以在"2.5A"插孔和黑表笔插孔之间接入一个阻值为0.24Ω的电阻，这样该档位就变成了5A电流档了。接入的0.24Ω电阻应选取2W以上的线绕电阻，如果功率太小会烧毁。

10.2 数字万用表

"UT50"系列中的UT56是一种性能稳定、高可靠性、手持式4 1/2位数字多用万用表，整机电路设计以大规模集成电路，双积分A-D转换器为核心并配以全功能过载保护，可以用来测量交、直流电压及电流、电阻、电容、二极管、晶体管、频率以及电路通断，是广大电子爱好者和电子产品维修者必备的理想工具之一。数字万用表实物图如图10-12所示。

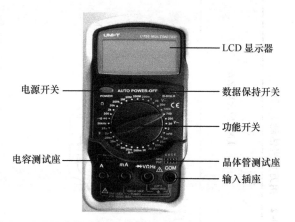

图10-12 数字万用表实物图

10.2.1 数字万用表的技术指标

（1）直流电压。直流电压档的量程、分辨力及准确度见表10-3。

表10-3 直流电压档的技术指标

量程	分辨力	准确度
		40~400Hz
200mV	10μV	±（0.05% rdg + 3 digits）
2V	100μV	±（0.1% rdg + 3 digits）
20V	1mV	
200V	10mV	
1000V	100mV	±（0.15% rdg + 5 digits）

输入阻抗：所有量程均为10MΩ。

过载保护：对于200mV，量程为250V DC或AC有效值。其余量程为750V（方均根值）或1000V（峰–峰值）。

（2）交流电压档的量程、分辨力及准确度见表10-4。

表 10-4　交流电压档的技术指标

量程	分辨力	准确度	
		40 ~ 400Hz	
2V	100μV	± （0.5% rdg + 10digits）	
20V	1mV	± （0.6% rdg + 10digits）	
200V	10mV		
750V	100mV	± （0.8% rdg + 15digits）	

输入阻抗：所有量程为 2MΩ。

频率范围：40 ~ 400Hz。

过载保护：对于 200mV，量程为 250V DC 或 AC 有效值。其余量程为 750V（方均根值）或 1000V（峰 – 峰值）。

显示：平均值响应（正弦波有效值）。

（3）直流电流档的量程、分辨力及准确度见表 10-5。

表 10-5　直流电流档的技术指标

量程	分辨力	准确度
2mA	0.1μA	± （0.5% rdg + 5digits）
20mA	1μA	± （0.8% rdg + 5digits）
200mA	10μA	
20A	1mA	± （2% rdg + 10digits）

过载保护：200mA 以下为 0.3A/250V 熔丝保护，20A 无熔丝保护。

最大流入电流：20A（10A 以上电流测量时间应不超过 15s）。

测量电压降：满量程为 200mV。

（4）交流电流档的量程、分辨力及准确度见表 10-6。

表 10-6　交流电流档的技术指标

量程	分辨力	准确度
2mA	0.1μA	± （0.8% rdg + 1digits）
20mA	1μA	± （1.2% rdg + 10digits）
200mA	10μA	
20A	1mA	± （2.5% rdg + 10digits）

过载保护：200mA 以下为 0.3A/250V 熔丝保护，20A 无熔丝保护。

最大流入电流：20A（10A 以上电流测量时间应不超过 15s）。

测量电压降：满量程为 200mV。

显示：平均值响应（正弦波有效值）。

（5）电阻档的量程、分辨力及准确度见表 10-7。

表10-7 电阻档的技术指标

量程	分辨力	准确度
200Ω	0.01Ω	±（0.5%rdg+10digits）
2kΩ	0.1Ω	±（0.3%rdg+3digits）
20kΩ	1Ω	±（0.3%rdg+1digits）
200kΩ	10Ω	
2MΩ	100Ω	
20MΩ	1kΩ	±（0.5%rdg+1digits）
200MΩ	10kΩ	±（5.0%（rdg−1000digits）+10digits）

过载保护：所有量程为250V DC 或 AC 有效值。

注意：

1）在200MΩ档，红、黑表笔短路，显示器显示1000个字，在测量中应从读数中减去1000个字；

2）使用200Ω档时，先将红、黑表笔短接，此时显示为表笔导线的电阻值，实测中减去这一电阻值，得到的才是实际被测电阻阻值。

（6）电容档的量程、分辨力及准确度见表10-8。

表10-8 电容档的技术指标

量程	分辨力	准确度
2nF	0.1pF	±（4%rdg+20digits）
20nF	1pF	
200nF	10pF	
2μF	0.1nF	
20μF	1nF	

测试信号为：约400Hz，40mV（方均根值）。

（7）频率档的技术指标见表10-9。

表10-9 频率档的技术指标

量程	分辨力	准确度
20kHz	1Hz	±（1.5%rdg+5digits）

输入灵敏度：≤200mV（方均根值），测量范围为30V（方均根值）以下。

过载保护：250V（方均根值）

（8）二极管档的技术指标见表10-10。

表10-10 二极管档的技术指标

量程	说明	测试条件
⊶	显示二极管正向电压值单位为"V"	正向直流电流约1mA，反向直流电压约3.0V
·)))	电阻≤50Ω时内蜂鸣器响，显示电阻近似值，单位为"kΩ"	开路电压约3.0V

过载保护：250V DC 或 AC 有效值。

（9）晶体管 h_{FE} 测试档的技术指标见表 10-11。

表 10-11　晶体管档的技术指标

量程	说明	测试条件
h_{FE}	可测 NPN 型或 PNP 型晶体管 h_{FE} 参数，显示范围：$0 \sim 1000$	基极电流约 $10\mu A$，U_{ce} 约 $3.0V$

10. 2. 2　数字万用表的使用方法

1. 操作前注意事项

（1）将 POWER 开关按下，检查 9V 电池，如果电池电压不足，"⊟⊟"将显示在显示器上，这时则需要换电池。

（2）测试笔插孔边的"▲"符号，表示输入电压或电流不应超过示值，这是为了保护内部线路免受损坏。

（3）测试之前，功能开关应置于使用者所需要的量程上。

2. 直流电压测量

（1）将黑表笔插入 COM 插孔，红表笔插入 V 插孔。

（2）将功能开关置于 V⎓量程范围，并将测试表笔并接到待测电路中，红表笔所接端子的极性将同时显示，如图 10-13a 所示。

注意事项：

（1）如果不知被测电压范围。则应将功能开关置于最大量程处，逐级减小档位，测出电压实际大小，然后根据电压大小选择最合适量程。

（2）如果显示屏幕上只显示"1"，则表示被测量超过此量程，功能开关应置于更高量程。

（3）"▲"表示不能让输入电压高于 1000V。如果输入电压高于 1000V 也可能显示，但有可能会损坏内部线路。

（4）当测量高电压时要格外注意避免触电事故发生。

3. 交流电压测量

将黑表笔插入 COM 插孔，红表笔插入 V 插孔。并将功能开关置于 V～量程范围，并将测试表笔并接到待测线路上，如图 10-13b 所示。

注意事项：

（1）参看直流电压注意事项（1）、（2）、（4）。

（2）"▲"表示不能让输入电压高于 750V。显示更高的电压值是可能的，但有损坏内部线路的危险。

4. 直流电流测量

将黑表笔插入 COM 插孔，当测量最大值为 200mA 以下的电流时，红表笔插入 mA 插孔。当测量最大值为 20A 的电流时，红表笔插入 20A 插孔。

功能开关置于 A⎓量程，并将测试表笔串联接到待测回路里，电流值显示的同时，将显示红表笔的极性，如图 10-14a 所示。

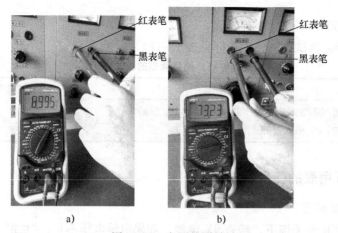

红表笔
黑表笔
红表笔
黑表笔

a)　　　　　　　　　　　b)

图 10-13　电压的测量

a）直流电压的测量　b）交流电压的测量

注意事项：

（1）如果使用前不知被测电压范围。将功能开关置于最大量程测出实际电流大小后选择合适的量程。

（2）如果显示器只显示"1"，表示过量程，功能开关应置于更高量程。

（3）"▲"表示最大输入电流为 200mA，超过 200mA 的电流将烧坏熔丝，应及时更换，电流超过 200mA 时应选用 20A 量程进行测量，但是 20A 量程无熔丝保护。

5. 交流电流测量

（1）将黑表笔插入 COM 插孔，当测量最大值为 200mA 以下的电流时，红表笔插入 mA 插孔。当测量最大值为 20A 的电流时，红表笔插入 20A 插孔，如图 10-14b 所示。

（2）功能开关置于 A 量程，并将测试表笔串联接到待测回路中。

注意事项：

参看直流电流测量注意事项（1）、（2）、（3）。

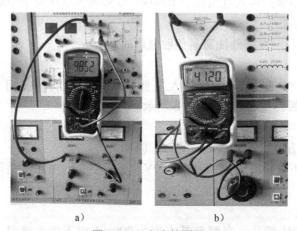

a)　　　　　　　　　　　b)

图 10-14　电流的测量

a）直流电流的测量　b）交流电流的测量

6. 电阻测量

（1）将黑表笔插入 COM 插孔，红表笔插入 Ω 插孔，如图 10-15 所示。

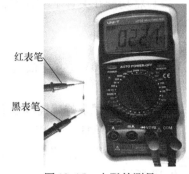

红表笔

黑表笔

图 10-15 电阻的测量

（2）将功能开关置于 Ω 量程，并将测试表笔并接到待测电阻上。

注意事项：

（1）如果被测电阻值超出所选择量程的最大值，将显示过量程"1"，应选择更高的量程，对于大于 1MΩ 或更高的电阻，要几秒钟后读数才能稳定，对于高阻值读数这是正常的。

（2）当无输入时，例如开路情况，仪表显示为"1"。

（3）当检查线路阻抗时，被测线路必须所有电源断开，要将电容电荷放尽。

（4）200MΩ 档，当表笔短路时，万用表显示值为 10.00，不为 0，该值为表笔线的电阻值（根据实际情况此值会稍有不同）。在实际测量时，所测量的电阻值应为数字万用表的显示值减去该值，如测 100MΩ 电阻时，显示为 110.00，1000 个字应被减去（即 110.00 – 10.00 = 100.00MΩ）。

7. 电容测试

连接待测电容之前，注意每次转换量程时复零需要时间，有漂移读数存在不会影响测试精度，如图 10-16 所示。

注意事项：

（1）仪表本身虽然对电容档设置了保护，但仍需将待测电容先放电然后进行测试，以防损坏数字万用表或引起测量误差。

（2）测量电容时，将电容插入电容测试座中。

（3）测量大电容时稳定读数需要一定的时间。

（4）单位：$1pF = 10^{-6}\mu F$，$1nF = 10^{-3}\mu F$。

8. 频率的测量

（1）将红表笔插入 Hz 插孔，黑表笔插入 COM 插孔，如图 10-17 所示。

图 10-16 电容的测量

图 10-17 频率的测量

（2）将功能开关置于 kHz 量程，并将测试表笔并接到频率源上可直接从显示器上读取频率值。

注意事项：

被测值超过 30V（方均根值）时不保证测量精度并应注意安全，因为此时电压已属危险带电范围。

9. 二极管测试及蜂鸣连续性测试

（1）将黑表笔插入 COM 插孔，红表笔插入 VΩ 插孔（红表笔极性为"＋"）将功能开关置于"▶┤、᠉)"档，并将表笔连接到待测二极管，读数为二极管正向压降的近似值，如图 10-18 所示。

（2）将表笔连接到待测线路的两端，如果两端之间电阻值低于约 50Ω，内置蜂鸣器发声。

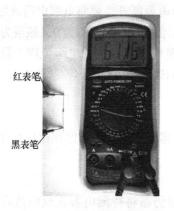

红表笔

黑表笔

图 10-18　晶体二极管的测量　　　　图 10-19　晶体三极管的测量

10. 晶体管 h_{FE} 测试

（1）将功能开关置 h_{FE} 量程。

（2）确定晶体管是 NPN 或 PNP 型，将基极、发射极和集电极分别插入面板上相应的插孔，如图 10-19 所示为 NPN 型晶体管的测量。

（3）显示器上将读出的近似值、测试条件：

$I_b \approx 10\mu A$，$U_{ce} \approx 3.0V$。

11. 自动电源切断使用说明

（1）该数字万用表设有自动电源切断电路，当仪表工作时间约 30min 左右，自动切断电源，仪表进入睡眠状态。

（2）当该数字万用表电源切断后若要重新开启电源，需要重复按动电源按钮两次。

12. 万用表保护套的三种使用形式

（1）水平放置，支架不打开，如图 10-20a 所示。

（2）小角度放置，支架 1 打开，如图 10-20b 所示。

（3）大角度放置，支架 1 打开，支架 2 拉出，如图 10-20c 所示。

13. 使用注意事项

UT56 仪表符合 IEC1010 – 1CATI 1000V、CATII 600V 和 CATIII300V 超电压标准。使用

图 10-20　保护套使用示意图

a) 支架不打开　b) 支架 1 打开　c) 支架 1 打开，2 抽出

时要注意以下事项，否则可能会损坏万用表。

（1）后盖没有盖好前严禁使用，否则有电击危险。

（2）量程开关应置于正确测量位置。

（3）检查红、黑表笔绝缘层应完好，无损坏和断线。

（4）红、黑表笔应插在符合测量要求的插孔内，并保证接触良好。

（5）输入信号不允许超过规定的极限值，以防电击和损坏万用表。

（6）严禁量程开关在电压测量或电流测量过程中改变档位，以防损坏万用表或发生触电事故。

（7）必须使用同类型规格的熔丝更换坏掉熔丝。

（8）为防止电击，测量公共端"COM"和大地"⏚"之间电位差不得超过 1000V。

（9）被测电压高于直流 60V 或交流 30Vms 的场合，应小心测量，防止发生触电事故。

（10）液晶显示"⊟"符号时，表示电池电压不足，应及时更换电池，从而确保测量精度。

（11）不要在功能开关处于"电流档位"、"Ω"和"↦、⁾⁾"位置时，将电压源接入。

（12）测量完毕后应及时关断电源，长期闲置不用时应及时取出电池。

（13）不要在高温、高湿环境中使用，尤其不要在潮湿环境中存放，受潮后万用表性能可能变劣。

（14）不能随意改变仪表线路，以免损坏仪表和危及测量者安全。

（15）需要定期使用湿布和温和的清洁剂清洗外壳，不要使用研磨剂或溶剂。

（16）各种符号的意义如下：

⊟　电池不足	⏚　接地	▣　双重绝缘
▲　警告	∽　交流	↦　二极管
⚌　直流	⎅　熔断器	⁾⁾　蜂鸣器

10.3　YB4328/YB4328D 型双踪示波器

示波器是一种广泛应用于科研、生产实践和实验教学的综合性电子图示测量仪器。它既可以定性观察电压、电流的波形和元器件的特性曲线，还可以定量测量信号的振幅、周期、频率、相位等。如果与传感器配合，也可用于非电量的测量。示波器具有频响范围宽和输入阻抗高的特点。下面将简单介绍 YB4328/YB4328D 型示波器的使用方法。

10.3.1　各控件在示波器上的位置及使用时的合适位置

示波器前面板空间位置如图 10-21 所示，后面板各控件的位置如图 10-22 所示。

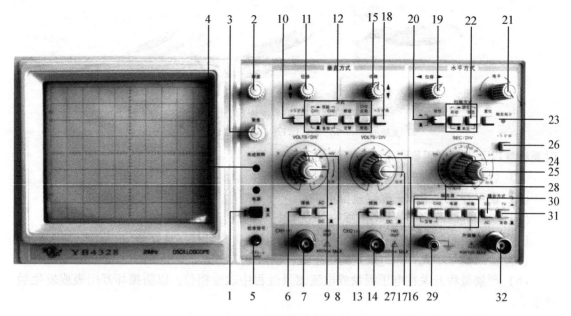

图 10-21 示波器前面板空间位置

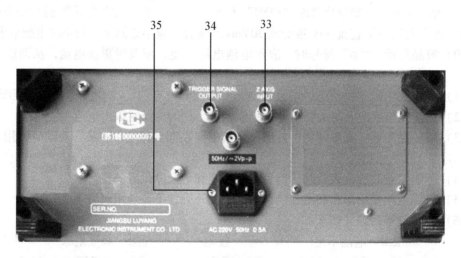

图 10-22 示波器后面板空间位置

各控件的作用：

1. 电源开关（POWER）

按下此开关，仪器电源接通，指示灯亮。

2. 亮度（INTENSITY）

光迹亮度调节，顺时针旋转光迹增亮。

3. 聚焦（FOCUS）

用以调节示波管电子束的焦点，使显示的光点成为细而清晰的圆点。

4. 光迹旋转（TRACE ROTATION）

调节光迹与水平线平行。

5. 探极校准信号（PROBE ADJUST）

此端口输出幅度为 0.5V，频率为 1kHz 的方波信号，用以校准 Y 轴偏转系数和扫描时间系数。

6. 耦合方式（AC AND DC）

垂直通道 1 的输入耦合方式选择。AC：信号中的直流分量被隔开，用以观察信号的交流成分；DC：信号与仪器通道直接耦合，当需要观察信号的直流分量或被测信号的频率较低时应选用此方式；GND：输入处于接地状态，用以确定输入端为零电压时光迹所在位置。

7. 通道 1 输入插座 CH1（X）

双功能端口。在常规使用时，此端口作为垂直通道 1 的输入口，当仪器工作在 X – Y 方式时此端口作为水平信号输入口。

8. 通道 1 灵敏度选择开关（VOLTS/DIV）

选择垂直轴的偏转系数，从 5mV ~ 10V/div 分 11 个档级调整，可根据被测信号的电压幅度选择合适的档级。

9. 微调（VARIABLE）

用以连续调节垂直轴的偏转系数，调节范围 ≥ 2.5 倍，该旋钮顺时针旋足时为校准位置，此时可根据"VOLTS/DIV"开关度盘位置和屏幕显示幅度读取该信号的电压值。

10. 通道扩展开关（PULL ×5）

按下此开关，增益扩展 5 倍。

11. 垂直位移（POSITION）

用以调节光迹在垂直方向的位置。

12. 垂直方式（MODE）

选择垂直系统的工作方式。CH1：只显示 CH1 通道的信号。CH2：只显示 CH2 通道的信号。交替：用于同时观察两路信号，此时两路信号交替显示，该方式适合于在扫描速率较快时使用。断续：两路信号断续工作，适合于在扫描速率较慢时同时观察两路信号。叠加：用于显示两路信号相加的结果，当 CH2 极性开关被按下时，则两信号相减。CH2 反相：此键未按下时，CH2 的信号为常态显示。按下此键时，CH2 的信号被反相。

13. 耦合方式（AC GND DC）

作用于 CH2，功能同控件 6。

14. 通道 2 输入插座

垂直通道 2 的输入端口。在 X – Y 方式时，作为 Y 轴输入口。

15. 垂直位移（POSITION）

用以调节光迹在垂直方向的位置。

16. 通道 2 灵敏度选择开关

功能同 8。

17. 微调

功能同 9。

18. 通道 2 扩展（×5）

功能同 10。

19. 水平位移（POSITION）

用以调节光迹在水平方向的位置。

20. 极性（SLOPE）

用以选择被测信号在上升沿或下降沿触发扫描。

21. 电平（LEVEL）

用以调节被测信号在变化至某一电平时触发扫描。

22. 扫描方式（SWEEP MODE）

选择产生扫描的方式。自动（AUTO）：当无触发信号输入时，屏幕上显示扫描光迹。一旦有触发信号输入，电路自动转换为触发扫描状态，调节电平可使波形稳定地显示在屏幕上，此方式适合观察频率在 50Hz 以上的信号。常态（NORM）：无信号输入时，屏幕上无光迹显示。有信号输入时，且触发电平旋钮在合适位置上，电路被触发扫描，当被测信号频率低于 50Hz 时，必须选择该方式。锁定：仪器工作在锁定状态后，无需调节电平即可使波形稳定地显示在屏幕上。单次：用于产生单次扫描，进入单次状态后，按动复位键，电路工作在单次扫描方式，扫描电路处于等待状态，当触发信号输入时，扫描只产生一次，下次扫描需要再次按动复位按键。

23. 触发指示（TRIGGER READY）

该指示灯具有两种功能指示。当仪器工作在非单次扫描方式时，该灯亮表示扫描电路工作在被触发状态；当仪器工作在单次扫描方式时，该灯亮表示扫描电路在准备状态，此时若有信号输入将产生一次扫描，指示灯随之熄灭。

24. 扫描速率（SEC/DIV）

根据被测信号的频率高低，选择合适的档级。当扫速"微调"置校准位置时，可根据刻度盘的位置和波形在水平轴的距离读出被测信号的时间参数。

25. 微调（VARIABLE）

用于连续调节扫描速率，调节范围≥2.5 倍。顺时针旋足为校准位置。

26. 扫描扩展开关（×5）

按下此按键，水平速率扩展 5 倍。

27. 慢扫描开关

用于观察低频脉冲信号。

28. 触发源（TRIGGER SOURCE）

选择不同的触发源。CH1：在双踪显示时，触发信号来自 CH1 通道。单踪显示时，触发信号则来自被显示的通道。CH2：在双踪显示时，触发信号来自 CH2 通道。单踪显示时，触发信号则来自被显示的通道。交替：在双踪交替显示时，触发信号交替来自于两个 Y 通道，此方式用于同时观察两路不相关的信号。电源：触发信号来自于市电。外接：触发信号来自于触发输入端。

29. ⊥

机壳接地端。

30. AC/DC

外触发信号的耦合方式。当选择外触发源，且信号频率很低时，应将开关置 DC 位置。

31. 常态/TV（NORM/TV）

一般测量时此开关置常态位置，当需观察电视信号时，应将此开关置 TV 位置。

32. 外触发输入（EXT INPUT）

当选择外触发方式时，触发信号由此端口输入。

33. Z 轴输入

亮度调制信号输入端口。

34. 触发输出（TRIGGER SIGNAL OUTPUT）

CH2 通道输入信号，方便于外加频率计等。

35. 带熔丝电源插座

即电源进线插口。

测量时各控件的合适位置见表 10-12。

表 10-12　各控件的合适位置

控 件 名 称	作 用 位 置	控 件 名 称	作 用 位 置
亮度（INTENSITY）	居中	输入耦合	DC
聚集（FOCUS）	居中	扫描方式（SWEEP MODE）	自动
位移（三只）（POSITION）	居中	极性（SLOPE）	上
垂直方式（MODE）	CH1	SEC/DIV	0.5ms
VOLTS/DIV	0.1V	触发源（TRIGGERSOURCE）	CH1
微调（三只）（VARIABLE）	顺时针旋足	耦合方式（COUPLING）	AC 常态

10.3.2　电气物理量的示波器测量

1. 电压的测量

如图 10-23 所示，直接从示波器屏幕上读出被测电压所占的格数 h，再换算成电压值，即

$$U_m = D_Y \times h \qquad (10\text{-}6)$$

式中　U_m——被测电压的振幅（V）；

$\quad D_Y$——示波器 Y 轴的偏转灵敏度（V/DIV）（注意将示波器输入衰减微调旋钮顺时针旋到底，置于 CAL 位置）；

$\quad h$——被测电压最大值所占格数（DIV），通常 1DIV 的长度等于 1cm。

例如，若输入通道垂直衰减开关的灵敏度置 2V/DIV 档，屏幕上显示被测电压最大值的高度为 2DIV，则电压的最大值为 $U_m = 2 \times 2V = 4$ V，电压的有效值为

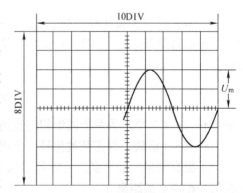

图 10-23　交流电压的测量

$$U = \frac{U_m}{\sqrt{2}} = \frac{4}{\sqrt{2}}V = 2.83V \qquad (10\text{-}7)$$

测量精度取决于示波器的分辨率和输入衰减器以及 Y 轴放大器的总电压增益的稳定性等。

2. 周期和频率的测量

如图 10-24 所示，直接从示波器屏幕上读出被测信号一个周期所占的格数，再换算成周期值，即

$$T = D_X \times h \tag{10-8}$$

式中　T——被测信号的周期；

D_X——示波器扫描速度开关的偏转灵敏度（注意将扫描速度微调旋钮置于 CAL 位置）；

h——被测信号一个周期所占的格数。

例如，若扫描速度开关的偏转灵敏度置于 0.2ms/DIV 档，屏幕显示被测信号一个周期所占的格数为 5DIV，则周期和频率分别为

$$T = 0.2 \times 5\ \mathrm{ms} = 1.0\ \mathrm{ms} \qquad f = 1/T = 1000\ \mathrm{Hz} \tag{10-9}$$

3. 相位差的测量方法

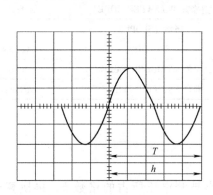

图 10-24　周期的测量

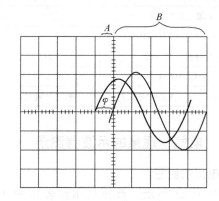

图 10-25　双踪法测量相位差

（1）双踪法。把要比较的两个正弦信号分别送入示波器的 CH1 通道和 CH2 通道，并将触发信号源选择开关置于 CH1 或 CH2 位置，屏幕上直接显示两个信号的波形，如图 10-25 所示。

$$\varphi = 2\pi \frac{A}{B} \tag{10-10}$$

式中　A——（格数）为两个波形相应点的距离；

B——（格数）为正弦波信号一个周期的距离。

为了提高测量的准确度，可以利用示波器的水平扩展功能键（×10MAX）来测量两个正弦信号相应点的距离 A。

（2）振幅测量法。用示波器的 CH1 和 CH2 通道分别观察某电路中电压和电流波形，如图 10-26 所示。调节示波器 CH1 或 CH2 通道的垂直灵敏度旋钮及微调旋钮，使示波器上显示的电压和电流波形幅度相等，如图 10-26b 所示，可求得电压和电流波形的相位差

$$\varphi = 2\arccos\left(\frac{h}{H}\right) \tag{10-11}$$

这样，只要测出图 10-26b 所示波形中 H 和 h 所占的格数，就可计算出相位差。

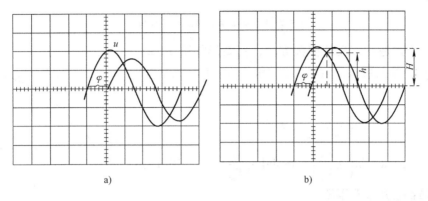

a)　　　　　　　　　　　　b)

图 10-26　振幅法测量相位角

把两个频率相同的正弦信号 u_1 和 u_2 分别送到示波器的 CH1 通道和 CH2 通道，在 X – Y 工作方式下，示波器屏幕上显示的曲线被称为李沙育图形。一般情况下，该图形为一椭圆或直线，椭圆的形状和两个输入信号的振幅、相位差有关。如果取 u_2 的初相为零，则 u_1 和 u_2 可分别表示为

$$u_1 = U_{m1}\cos(\omega t + \psi)$$
$$u_2 = U_m\cos(\omega t)$$

$$(10\text{-}12)$$

图 10-27 分别显示了 u_1 和 u_2 不同相位差时的李沙育图形。

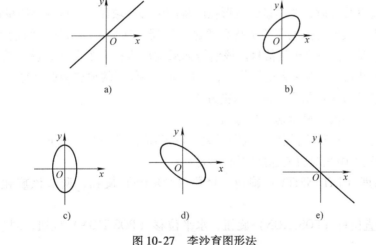

a)　　　　　　　　　　　　b)

c)　　　　　　　　d)　　　　　　　　e)

图 10-27　李沙育图形法

a) $\varphi = 0°$　b) $\varphi = 45°$　c) $\varphi = 90°$　d) $\varphi = 135°$　e) $\varphi = 180°$

典型 j 值椭圆形状：根据示波器的工作原理可知，荧光屏上光点的位移正比于输入信号的瞬时值。因此有：

$$y = Y_m\cos(\omega t + \varphi)$$
$$x = X_m\cos(\omega t)$$

$$(10\text{-}13)$$

式中　y、x——光点在垂直和水平方向的位移；

Y_m、X_m——最大值。

由上式得

$$y = \frac{Y_m}{X_m}(x\cos\varphi \pm \sqrt{X_m^2 - x^2}\sin\varphi) \tag{10-14}$$

显然，该式是一广义的椭圆方程，其图形如图 10-28 所示。从示波器上可读出（0，y_0）和（x_0，0），代入上式得

$$\sin\varphi = \pm\frac{y_0}{Y_m} = \pm\frac{x_0}{X_m}$$

$$\varphi = \arcsin\left(\pm\frac{y_0}{Y_m}\right) = \arcsin\left(\pm\frac{x_0}{X_m}\right) \tag{10-15}$$

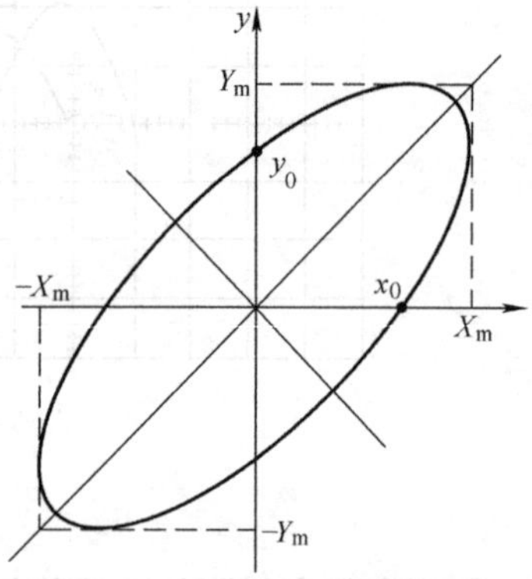

图 10-28 李沙育图形法测量相位差

4. 示波器使用注意事项

（1）低频信号发生器的输出端不允许短接。

（2）示波器输入信号的电压请勿超过规定的最大值。

（3）为防止显示器的荧光屏烧毁，波形显示的亮度要适中，不能过亮。

（4）用示波器的 X – Y 方式时，请勿使用 ×10MAG 功能，以避免波形中有干扰信号产生。

（5）示波器暂时不用时，不必关机，只需将"灰度"调暗一些。

（6）示波器上所有开关和旋钮都有一定的调节范围，按顺时针或逆时针方向调节时不可用力过猛，以免损坏示波器。

（7）定量观察波形时，要尽量让波形在屏幕的中心区域显示，以减小测量误差。

（8）通常电子仪器交流电源的干扰会通过变压器一次侧、二次侧之间杂散电容耦合到副边，在仪器地端存在一些干扰信号。该信号如果被串入被测通路中，就会造成测量误差。因此，实验中如果同时存在多台电子仪器，一般应将各仪器的地连接在一起。

5. 示波器使用过程中常见问题及解决方法

（1）示波器屏幕没有显示初始状态的光迹。

1）检查示波器电源是否接好，电源开关（POWER）按钮是否按下。

2）检查触发源中相应通道选择按钮是否按下。

3）检查亮度（INTENSITY）旋钮、聚焦（FOCUS）旋钮，调节该旋钮至作用位置居中。

4）检查垂直位移（POSITION）旋钮、水平位移（POSITION）旋钮，调节该旋钮至作用位置居中。

（2）示波器屏幕上显示的光迹倾斜。

调节光迹旋转（TRACE POSITION）旋钮，使光迹与水平位置平行。

（3）信号发生器中给定的信号与示波器显示波形不同。

应检查示波器，对其进行校准，移去被测信号，示波器探头接校准位置，调节电压微调（VARIABLE）旋钮和频率微调（VARIABLE）旋钮，使得示波器屏幕上显示的波形与示波器本身给出的校准信号一致。校准后微调旋钮就不应再旋动，如果不小心碰到那么需要重新进行校准。

（4）在示波器屏幕上显示被测信号的波形不稳定。

1）选择适合的水平扫描速率（SEC/DIV）档级。

2）调节电平（LEVEL）旋钮，直到波形稳定为止。

（5）示波器通道 CH1 通道 CH2 输入端 INPUT 有信号输入，但在屏幕中没有显示出被测信号波形。

1）检查是否将耦合方式（AC AND DC）置 GND 档。如果选择了 GND 档位，那么只需将档位旋至 AC 或 DC。

2）检查示波器探头。如果屏幕中显示一条直线光迹，说明探头正极损坏；如果屏幕中显示信号波形抖动，说明示波器探头负极损坏，需更换探头。

（6）被测信号波形在示波器屏幕中显示不完整。

1）检查通道扩展开关（PULL ×5）是否按下。如果开关被按下，则需取消。

2）检查扫描扩展开关（PULL ×5）是否按下。如果开关被按下，则需取消。

3）在示波器屏幕中波形上下显示不全，该通道灵敏度选择开关（VOLTS/DIV）选择的量程太小，调节该旋钮选择合适的档级。

4）在示波器屏幕中波形左右显示不全，该通道扫描速率（SEC/DIV）选择的量程太大，调节该旋钮选择合适的档级。

5）检查示波器探头衰减档级，看其是置于 ×1 档还是 ×10 档，如果是 ×1 档，那就需要改变档级选择 ×10 档。

（7）在示波器屏幕中被测信号波形显示太小，不易读数。

1）检查通道扩展开关（PULL ×5）是否按下。如果开关未被按下，则需按下开关。

2）检查扫描扩展开关（PULL ×5）是否按下。如果开关未被按下，则需按下开关。

3）在示波器屏幕中波形上下显示太小，该通道灵敏度选择开关（VOLTS/DIV）选择的量程太大，调节该旋钮选择合适的档级。

4）在示波器屏幕中波形左右显示太小，该通道扫描速率（SEC/DIV）选择的量程太小，调节该旋钮选择合适的档级。

5）检查示波器探头衰减档级，看其是置于 ×1 档还是 ×10 档，如果是 ×10 档，那就需要改变档级选择 ×1 档。

（8）示波器读数不准确。

1）确定测量之前是否已对示波器进行校准。

2）示波器扫描速率档级（SEC/DIV）是否选择合适，如果选择不当会导致读数误差大。

3）最好将一个周期或波峰值对应在示波器屏幕上方便、易于读数的位置。

10.4 AS2173D/AS2173E 系列交流毫伏表

测量交流电压，大家首先会想到用万用表。可是有许多交流电用普通万用表难以测量，因为万用表主要是以测量工频 50Hz 的交流电为标准进行设计生产的，而交流信号的频率范围很宽，低到几赫兹的低频信号，高到数千兆赫的高频信号。而且有些交流电的幅度很小，甚至可以小到毫微伏，再高灵敏度的万用表也无法测量。交流毫伏表主要是为了测量微弱的正弦交流电压而设计。在此介绍 AS2173D/AS2173E 系列交流毫伏表。

AS2173D/AS2173E 系列交流毫伏表如图 10-29 所示。

交流毫伏表刻度面板有三条刻度线。第一、二条刻度线是用来观察电压值指示刻度，与量程转换开关对应，标有 0~10 的第一条刻度线适用于 0.1、1、10 量程档位，标有 0~3 的第二条刻度线适用于 0.3、3、30、300 量程档位，例如量程开关指在 0.1 档位时，用第一条刻度线读数，满度 10 读作 0.1V，其余刻度均按比例缩小，若指针指在刻度 6 处，即读作 0.06V（60mV）。如果量程开关指在 0.3V 档位时，用第二条刻度线读数，满度 3 读作 0.3V，其余刻度也均按比例缩小。交流毫伏表的第三条刻度线用来表示测量电平的分贝值，它的读数与上述电压读数不同，是以表针指示的分贝读数与量程开关所指的分贝数的代数和来表示读数的，例如量程开关置于 +10dB（3V），表的指针指在 -2dB 处，则被测电平值为 +10dB + （-2dB）= 8dB。

图 10-29 交流毫伏表
1—信号输出插座 2—电源开关 3—输入
插座 4—刻度面板 5—输入量程旋钮

10.4.1 工作特性

（1）测量电压范围为 10~300V，分 13 档级，分别为 1mV、3mV、30mV、100mV、300mV、1V、3V、10V、30V、100V、300V。

（2）测量电平范围为 -90~+50dBV，-90~+50dBm。

（3）测量电压频率范围为 5Hz~2MHz。

（4）固有误差（在基准工作条件下）电压测量误差：±3%（满度值），频率影响误差（以 1kHz 为基准）：20Hz~20kHz 频段内为 ±3%；5Hz~1MHz 频段内为 ±5%；5Hz~2MHz 频段内为 ±7%。

（5）工作误差（以 1kHz 为基准）。电压测量误差：±5%（满度值），频率影响误差：20Hz~20kHz 频段内为 ±5%；5Hz~1MHz 频段内为 ±7%；5Hz~2MHz 频段内为 ±10%。

（6）噪声电压在输入端良好短路时 ≤10μV。

（7）输入特性输入阻抗为在 1kHz 时约 2MΩ；输入电容：300μV~100mV/1mV~300V 档 ≤50pF，300mV~100V/1V~300V 档 ≤30pF。

（8）输出特性如下：

1）开路输出电压 100MV（输入电压满刻度时）。

2）输出阻抗约 600Ω。

3）失真≤5%。

（9）正常工作条件如下：

1）环境温度：0～+40℃。

2）相对湿度：40%～80%。

3）大气压力：86～106kPa。

4）电源电压：~（220±22）V，（50±2）Hz。

5）电源功率：7VA。

10.4.2 使用方法

1. 开机之前的准备工作及注意事项

（1）测量仪器的放置以水平放置为宜，即交流毫伏表要垂直放置在水平工作台上，因为测量精度以表面垂直放置为准。

（2）仪器在通电之前，先观察指针机械零位，如果未在零位上应左右拨动小孔调到零位。

（3）仪器在通电之前，一定要将输入电缆的红黑夹子相互短接，防止仪器在通电时因外界干扰信号通过输入电缆进入电路放大后，再进入表头将指针打弯。

（4）开机 3s 后，将量程置于最高档级 300V。因为交流毫伏表灵敏度较高，打开电源后，在较低量程时由于干扰信号（感应信号）的作用，指针会发生偏转，称为自起现象，所以在不测试信号时应将量程旋钮旋到较高量程档位，以防打弯指针。测试过程中需要变换测试点时，应先将量程置于 3V 以上档位，然后移动红夹子，红夹子接好之后再选择合适的量程。接线时，先接上地线黑夹子，再接红夹子。测量完毕拆线时正好相反，先拆红夹子，再拆地线黑夹子。这样可避免当人手触及不接地的另一夹子时，交流电通过仪表与人体构成回路，形成数十伏的感应电压，打坏指针。

（5）接通电源后进行电气调零，将输入电缆的红、黑夹子短接，并使量程开关处于合适档位上，调节电气调零旋钮使表头指针指示为零，且每改变一次量程都应重新进行电气调零。有的毫伏表有自校零功能，因此可以不进行电气调零。

（6）交流毫伏表表盘刻度分为 0～1 和 0～3 两种刻度，量程旋钮切换量程分为逢一量程（1mV、10mV、0.1V……）和逢三量程（3mV、30mV、0.3V……），凡逢一的量程直接在 0～1 刻度线上读取数据，凡逢三的量程直接在 0～3 刻度线上读取数据，单位为该量程的单位，无需换算。

（7）测量 30V 以上电压时，需要注意安全，以防发生触电事故。

（8）所测交流电压中的直流分量不得大于 100V。

（9）测量交流电压时，当不知被测电路中电压值大小时，必须先将交流毫伏表的量程开关置于最高量程档位，然后根据指针所指的范围，采用递减法合理选择档位。将输入测试探头上的红、黑鳄鱼夹断开后与被测电路并联（红夹子接被测电路的正端，黑夹子接地端），观察表头指针在刻度盘上所指的位置，若指针在起始点位置基本没动，说明被测电路中的电压很小，且交流毫伏表量程选得过高，此时用递减法由高量程向低量程变换，直到表头指针指到满刻度的 2/3 左右即可。

（10）若要测量高电压，输入端黑色夹子必须接在"地"端，以防干扰。

（11）该系列交流毫伏表不需要要检查旋钮与量程是否一致，因为对应量程会有指示灯表示，但是如果没有指示灯的交流毫伏表，使用前应先检查量程旋钮与量程标记是否一致，若错位会产生读数错误。

（12）交流毫伏表只能用来测量正弦交流信号的有效值。若测量非正弦交流信号要经过换算。

（13）量程转换时，由于电容的放电过程，AS2173D 的指针有所晃动，需要等到指针稳定后才能读取数值。

（14）AS2173E 选择自动量程档位时，由于电容器充放电有一时间常数，在换档的临界处，指针有晃动、建议使用手动档。

2. 其他使用

AL2173D／AL2173E 系列交流毫伏表具有输出功能，因此可作为独立的放大器用。

当 300μV 量程输入时，输出端具有 316 倍的放大（即 50dB）；

当 1mV 量程输入时，输出端具有 100 倍的放大（即 40dB）；

当 3mV 量程输入时，输出端具有 31.6 倍的放大（即 30dB）；

当 10mV 量程输入时，输出端具有 10 倍的放大（即 20dB）；

当 30mV 量程输入时，输出端具有 3.16 倍的放大（即 10dB）。

3. 交流电压的测量

（1）仪器在接通电源之前，先观察指针机械零位，如果不在零位上应调到零位。

（2）将量程开关预置于 100V 档。

（3）接通电源，数秒内表的指针有所摆动，然后稳定。

（4）将被测信号输入，将量程开关逆转动，使表的指针指在适当的位置便可按档级及表针的位置读出被测电压值。

4. dB 的测量

当测量 dB 值时，可将量程开关所置的 dB 值与指针所指的 dB 值相加读出。

5. 输出端的使用

当输入信号使仪器在任一档的刻度指针在满度值时，可在仪器面板输出端得 100mV 的输出，这可用于示波器的前置放大器。

6. 维修方法

（1）设备接通电源后，指示灯不亮，表头也无反应，应拔掉电源插头，检查电源插座处的熔丝是否熔断。

（2）如果熔丝完好，则需打开机壳，先检查机内电源，再检查发光二极管，放大部分及电表电路控制系统等。

（3）经检修后需对其测量电压进行精度校正，应对其不同的量程，不同的额定频率进行全性能的计量，如有困难需送生产厂修理。

注意：如不熟悉该仪器电路及维修方法千万不能擅自修理，以免愈修愈坏。

7. 保存方法

（1）应放在干燥及通风的地方，并保持清洁，久置不用时应该盖上塑料套。

（2）仪器使用时应避免剧烈振动，仪器周围不应有高热及强电磁场干扰。

（3）使用电压为 220V（50Hz），应注意不应过高或者过低。

（4）仪器应垂直放置，面板开关不应频繁剧烈的拨动、旋转，以免人为损坏。

第 11 章

焊接实例：HX108 – 2 型超外差式 收音机的焊接、调试及收音

本章详细介绍了 HX108 – 2 型超外差式收音机的工作原理、焊接、调试、收音及故障检测全过程。

11.1 收音机的技术指标及工作原理

收音机因用于接收空中无线电广播信号而得名。其种类很多，按接收的波段，可分为中波收音机、短波收音机、全波段收音机等；按电子元器件划分，有电子管收音机、半导体收音机、集成电路收音机等；按调制方式划分，有调幅收音机（AM）、调频收音机（FM）、AM/FM 调幅调频收音机；按电路特点划分，有直接放大式收音机、超外差式收音机、调频立体声收音机等；按体积分，可分为台式收音机、便携式收音机、微型收音机等。

本章介绍的 HX108 – 2 型收音机属于超外差式收音机。超外差式是指本机振荡信号与外来信号经变频后产生 465kHz 的差频信号，这个差频通常叫做中频，它是比低频信号高的超音频信号，因此这种接收方式叫做超外差式。HX108 – 2 型收音机采用全硅管标准二级中放电路，采用两只二极管正向压降作为稳压电路，稳定从变频、中放到低放的工作电压，因此不会因为电池电压降低而影响到收音机的接收灵敏度，可以使其在电池电压降低的情况下保持正常工作。该机体积小巧外观精致，便于携带收听。

11.1.1 技术指标

HX108 – 2 型收音机的频率范围为 525 ~ 1605kHz，中频频率为 465kHz，灵敏度≤2mV/M，S/N 为 20dB，扬声器规格为 ϕ57mm，8Ω，输出功率为 50mW，静态电流在无信号情况下 <20mA，电源为 3V 直流电，在收音机中采用 2 节 5 号电池串联方式获得。

11.1.2 工作原理

如图 11-1 所示，B_1 及 C_1 组成的天线调谐电路，当调幅信号感应该电路后会选出我们所需要的电信号 f_1 进入晶体管 V_1 的基极；本振信号调谐在高出 f_1 频率一个中频的 f_2（$f_2 = f_1 + 465kHz$），例如：$f_1 = 700kHz$，则 $f_2 = 700kHz + 465kHz = 1165kHz$，进入晶体管 V_1 的发射极，由晶体管 V_1 进行变频处理后，通过中周 B_3 选出 465kHz 中频信号经晶体管 V_2 和 V_3 组成的二极中频放大电路处理后进入晶体管 V_4 检波，检出音频信号经晶体管 V_5 进行低频

放大后进入由晶体管 V_6、V_7 组成的功率放大器进行功率放大，推动扬声器发声。图11-1中二极管 VD_1、VD_2 组成1.3V±0.1V稳压电路，固定变频电路、一中放电路、二中放电路、低放电路的基极电压，从而稳定各级电路的工作电流，保持灵敏度。晶体管 V_4 用作检波。电阻 R_1、R_4、R_6、R_{10} 分别为晶体管 V_1、V_2、V_3、V_5 的工作点调整电阻，电阻 R_{11} 是晶体管 V_6、V_7 功放级的工作点调整电阻，电阻 R_8 为中放的AGC电阻，B_3、B_4、B_5 为内置谐振电容的中周，既是放大器的交流负载又是中频选频器，该极的灵敏度、选择性等主要指标靠中频放大器保证。B_6、B_7 为音频变压器，起交流负载及阻抗匹配作用。

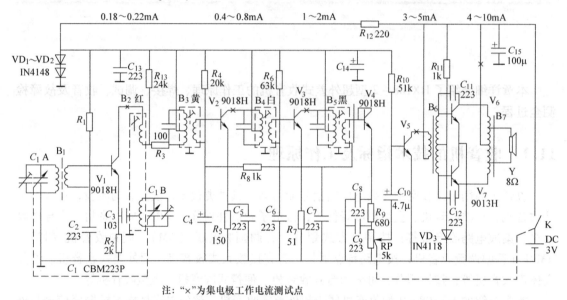

图11-1 HX108-2型收音机电路原理图

11.2 HX108-2型收音机各部分电路的作用、构成及工作原理

收音机包括输入回路，变频回路，中频放大电路，检波及自动增益控制（AGC）电路，低频放大电路及电源六部分，如图11-2所示，下面分别介绍各部分构成及作用。

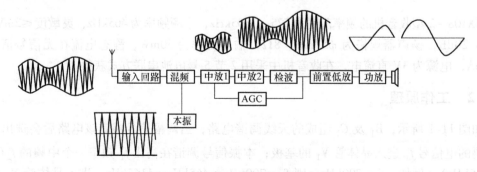

图11-2 HX108-2型收音机方框图

1. 输入回路

该回路具有选择所需电台信号和抑制干扰信号的作用。

由磁性天线 B_1 的初级线圈 L_1 和可变电容器天线 C_1A 组成。调节双连可变电容器的容量，使之调谐到所需要接收的电台频率，该频率信号在 L_1 上就可以产生较强的电压信号，而其他频率的信号则被严重衰减，以此达到选频的目的。

2. 变频电路

该回路由本机振荡电路和变频电路组成。

利用非线性元件的作用，把本机振荡信号与接收信号差频出一个固定的中频信号。由晶体管 V_1，天线线圈 B_1 的次级线圈 L_2，电阻 R_1、R_2，电容 C_1、C_2、C_3，可变电容 C_{1B} 和振荡线圈 B_2 组成。经天线及调谐回路选择后的信号电压感应给 L_2，经过 L_2 将要接收的信号电压加到变频晶体管 V_1 的基极。由振荡变压器的振荡线圈与 C_{1B} 组成并连谐振回路，与晶体管 V_1 配合组成振荡电路，从而产生本机振荡信号，加到晶体管 V_1 的发射极。这两个不同频率的电压信号同时作用在晶体管 V_1 的基极和发射极回路中，在晶体管 V_1 的集电极产生接收信号，其中本振信号接收信号的差频正是中放所需要的中频信号。

3. 中频放大电路

由两极中频放大器构成。

具有放大中频信号的作用。由中频变压器 B_3，晶体管 V_2，电阻 R_4、R_5，电容 C_4、C_5 等组成第一极中放；由中频变压器 B_4，晶体管 V_3，电阻 R_6、R_7，电容 C_6 等组成第二极中放；由变频电路产生的差频信号经过中频变压器 B_3 的调谐作用，使之调谐在 465kHz 上，同时对其他信号起到衰减作用。465kHz 的中频信号经过 B_3 的次级耦合到中放晶体管 V_2 的基极，使之得到放大，再经中频变压器 B_4，晶体管 V_3 得到进一步的调谐与放大。

4. 检波及自动增益控制（AGC）电路

从中频调幅信号中检出音频信号。

AGC 电路能自动调节收音机的增益，由中频变压器 B_5、晶体管 V_4、音量控制电位器 RP，电阻 R_8、R_9，电容 C_7、C_8、C_9 组成。经过两极中放得到的中频信号经 B_5 调谐，耦合到晶体管 V_4 的基极，利用晶体管 V_4 发射结的单向导电性得到单向调幅波，中频信号经电容 C_8 滤出，在发射极、音量控制电位器上得到低频信号和直流成分，由于晶体管具有电流放大作用，将检波与放大适当结合起来，可以提高整体的增益。AGC 电压由晶体管 V_4 发射极取出，交流信号由电容 C_7、C_4 滤掉。直流信号由 R_8 送到晶体管 V_2 的基极达到自动控制的目的。

5. 低频放大电路

包括前置低频放大器和功率放大器。

音频信号经过前置低频放大后去激励功率放大器，以足够的功率输出来推动扬声器发音。由晶体管 V_5，电阻 R_{10}，电容 C_{10} 组成前置低频放大电路，由输入变压器 B_6，晶体管 V_6、V_7，电阻 R_{11}，二极管 VD_3，电容 C_{11}、C_{12}，输出变压器 B_6 组成功率放大电路；由检波器，负载电位器 RP 取出的音频信号和直流成分经电容 C_{10} 隔直后得到音频信号耦合到低放晶体管 V_5 的基极，经晶体管 V_5 放大后从其集电极输出音频信号电压，经过输入变压器耦合到晶体管 V_6 和 V_7 的基极，经晶体管 V_6 和 V_7 推挽放大后得到足够大的功率推动扬声器发出声音。

6. 电源

由两节 5 号电池串联提供 3V 直流电压。

收音机各级公用一个电源，各级信号电流都流经电源。在各级公共电源上设置由电阻 R_{12}、电容 C_{15} 组成的退耦电路，以消除自激振荡。

11.3 元器件的作用及检测

本机所用的元器件见表 11-1。

表 11-1 HX108 - 2 型收音机元器件明细表

						元器件位号目录					结构件清单		
位号	名 称 规 格	位号	名 称 规 格	序号	名 称 规 格	数量
R_1	150K	C_{11}	元片电容 0.022μF	1	前框	1
R_2	2.2K	C_{12}	元片电容 0.022μF	2	后盖	1
R_3	100Ω	C_{13}	元片电容 0.022μF	3	周率板	1
R_4	20K	C_{14}	电解电容 100μF	4	调谐盘	1
R_5	150Ω	C_{15}	电解电容 100μF	5	电位盘	1
R_6	62K	B_1	磁棒 B5×13×55 天线线圈	6	磁棒支架	1
R_7	51Ω			7	印刷板	1
R_8	1K	B_2	振荡线圈（红）	8	正级片	2
R_9	680Ω	B_3	中周（黄）	9	负极簧	2
R_{10}	51K	B_4	中周（白）	10	拎带	1
R_{11}	1K	B_5	中周（黑）	11	调谐盘螺钉 沉头 M2.5×4	1
R_{12}	220Ω	B_6	输入变压器（黄、绿）			
R_{13}	24K	B_7	输出变压器（黄、红）	12	双联螺钉 M2.5×5	2
RP	电位器5K	D_1	二极管 IN4148			
C_1	双联 CBM223P	D_2	二极管 IN4148	13	机芯自攻螺钉 M2.5×6	1
C_2	元片电容 0.022F	D_3	二极管 IN4148			
C_3	元片电容 0.01μF	V_1	晶体管 9018H	14	电位器螺钉 M1.7×5	1
C_4	电解电容 4.7μF	V_2	晶体管 9018H			
C_5	元片电容 0.022μF	V_3	晶体管 9018H	15	正极导线	1
C_6	元片电容 0.022μF	V_4	晶体管 9018H	16	负极导线	1
C_7	元片电容 0.022μF	V_5	晶体管 9013H	17	扬声器导线	2
C_8	元片电容 0.022μF	V_6	晶体管 9013H			
C_9	元片电容 0.022μF	V_7	晶体管 9013H			
C_{10}	电解电容 4.7μF	Y	$2^{1/2}$扬声器 8Ω			

1. 变压器的作用及检测

变压器是一种电磁耦合元器件，它既能耦合初、次级各有关回路的直流分量，便于直流分量的调整，又能通过适当的初、次级的匝数比，达到前级与后级的近似匹配，使下级获得尽可能大的传输功率，还可以在高频变压器的线圈两端接上电容器，构成调谐回路，从而实现选频功能。

B$_1$ 是高频变压器（天线线圈），可用万用表欧姆档区分 L$_1$、L$_2$。L$_1$ 两端电阻为 6Ω 左右，L$_2$ 两端电阻为 1Ω 左右。

振荡线圈 B$_2$ 磁帽为红色。中周即中频变压器 B$_3$、B$_4$、B$_5$，在这里用磁帽的颜色区分中周，B$_3$ 是第一级中周，磁帽为黄色；B$_4$ 是第二级中周，磁帽为白色；B$_5$ 是第三级中周，磁帽为黑色。

输入变压器 B$_6$ 为黄、绿色，其次级电阻在 220Ω 左右。输出变压器 B$_7$ 为黄、红色，其次级电阻为 1Ω 左右。可用万用表测量变压器电阻以区分输入变压器和输出变压器。

2. 电阻的作用及检测

电阻 R$_1$、R$_4$、R$_6$、R$_{10}$、R$_{11}$ 为各级晶体管的偏流电阻，用以调整各晶体管的基极电流，使各晶体管均工作在合适的工作状态。

电阻 R$_2$、R$_5$、R$_7$ 以及电位器 RP 为各晶体管的发射极电阻，具有直流负反馈的作用，用来提高电路的稳定性。电阻 R$_{12}$ 为电源的退耦电阻，电位器 RP 是带开关的音量控制电位器，即用来控制电源的通断，又用来控制音量的大小。

电阻用 MF47 型万用表欧姆档来测量或用色环标志区别。二极管相当于一个热敏电阻，具有温度补偿作用，可用 MF47 型万用表电阻档检测二极管的好坏，并测定二极管正负极性。

3. 电容的作用和检测

电容具有隔断直流，通过交流的作用，可分为旁路电容，耦合电容，滤波电容等。电容器的电容量由万用表电容档测量。电解电容要注意正负极性。

4. 晶体管

用万用表电阻档判断晶体管的引线，并测量其 β 值。

5. 扬声器

把电路中经过放大的电信号转换成声音。用万用表欧姆档测量其电阻值为 8Ω。

各种元器件的检测方法在 10.1 节已阐述，此处不再介绍。

11.4 焊接

在装配工作中，焊接操作非常重要。收音机元器件的焊接工作主要利用锡焊，它不但能固定零件，而且能保证可靠的电流通路，焊接质量的好坏将直接影响到收音机质量。下面具体介绍收音机的焊接工作。

11.4.1 焊接工具的准备

焊接收音机所需的工具有电烙铁、烙铁架、尖嘴钳、斜口钳、砂纸或锉刀、带松香芯的焊锡丝、松香块或松香膏、吸锡器、剥线钳、万用表及示波器。其中电烙铁、烙铁架、带松香的焊锡丝、松香用于焊接，这里选用 25W 的内热式电烙铁；锉刀或砂纸、松香或焊锡膏用于电烙铁的修整；剥线钳用于电源线及扬声器导线的剥皮；尖嘴钳用于引线剪断；万用表用于检测元器件好坏及调试；示波器用于观测波形；吸锡器用于调试维修拆焊。

11.4.2　元器件的分类

将调幅收音机的元器件进行清点分类，大体分为电阻类、电容类、电感类、晶体管类、导线类、螺钉类、其他配件类。

1. 电阻类元器件

包括 $R_1 \sim R_{13}$ 13 个电阻以及一个电位器 RP，如图 11-3 所示。

2. 电容类元器件

包括 $C_2 \sim C_3$、$C_5 \sim C_9$、$C_{11} \sim C_{13}$ 10 个瓷片电容、4 个电解电容 C_4、C_{10}、C_{14}、C_{15}，1 个双联电容 C_1，如图 11-4 所示。

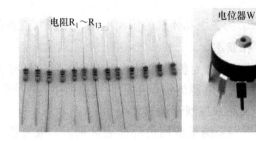

图 11-3　电阻类元器件

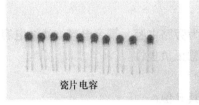

图 11-4　电容类元器件

3. 电感类元器件

包括一个天线线圈 B_1，1 个振荡线圈 B_2，3 个中周 B_3、B_4、B_5，1 个输入变压器 B_6，1 个输出变压器 B_7，如图 11-5 所示。

图 11-5　电感类元器件

4. 二极管、晶体管类

包括 3 个二极管 $VD_1 \sim VD_3$，7 个晶体管 $V_1 \sim V_7$，如图 11-6 所示。

5. 导线类

包括电源正负极导线，1 根红色正极导线长 9cm，1 根黑色负极导线长 9cm，2 根白色扬声器导线长 9cm，如图 11-7 所示。

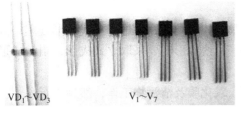

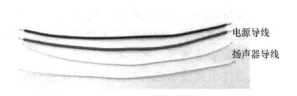

图 11-6　二极管、晶体管类　　　　　　　图 11-7　导线类

6. 螺钉类

包括 1 个调谐盘螺钉，规格为沉头 M2.5×4，2 个双联螺钉，规格为沉头 M2.5×5，1 个机芯自攻螺钉，规格为盘头 M2.5×6，1 个电位器螺钉，规格为盘头 M1.7×4，如图 11-8 所示。

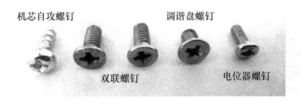

图 11-8　螺钉类

7. 其他配件

包括：1 个 8Ω 扬声器，1 个前框，1 个后盖，1 个周率板，1 个调谐盘，1 个电位盘，1 个磁棒支架，1 个印制电路板，1 个正极片，1 个负簧片，1 个拎带，如图 11-9 所示。

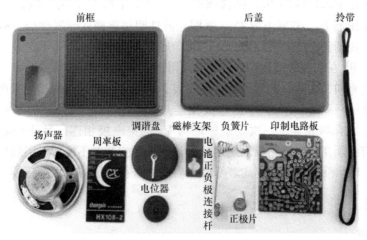

图 11-9　其他配件

11.4.3　元器件准备

将元器件分类归整之后，对其进行焊接前的检查及预焊等准备工作。

用 MF47 万用表检查电阻类、电容类、电感类以及晶体管类元器件的好坏，具体检查方法 10.1 节中已经阐述，此处不再介绍。

元器件检测完毕将电阻类、电容类、电感类以及晶体管类元器件进行引线成形处理，因该印制板空间有限，所以要求元器件采用立式插装，引线成形时要采取立式成形，引线成形方法如 3.3 节所阐述，此处不再介绍。

元器件引线成形之后对元器件引线进行除漆膜、氧化膜及清污物工作，然后进行预焊。

11.4.4 组合件准备

（1）将电位器拨盘装在 K4 – 5K 电位器 RP 上，用 M1.7 × 4 螺钉固定，安装时拨盘的安装要对准孔，并用手固定拨盘后拧上螺钉，这样可以避免拧紧螺钉时损坏电位器，如图 11-10 所示。

（2）将磁棒套入天线线圈及磁棒支架，如图 11-11 所示。

图 11-10　装好电位器拨盘　　　　　图 11-11　磁棒套入天线线圈及磁棒支架

11.4.5 找出"特殊元器件"在印制电路板上的位置

特殊元器件包括天线线圈 B_1，振荡线圈 B_2，三个中周 B_3、B_4、B_5，一个输入变压器 B_6，一个输出变压器 B_7，双联电容 C_1。根据元器件明细表确认元器件后，根据其代表符号在印制电路板上找到其对应安装位置。

输入变压器 B_6 在安装之前要用 MF47 型万用表 R × 10 档检测其一次和二次绕组的关系，从而确定其一次侧和二次侧，然后才能进行安装，避免安装错误。根据原理图可以看到输入变压器的二次绕组一端与晶体管 V_6 的基极相连，另一端与晶体管 V_7 的基极相连，中间抽头与二极管 VD_3 的阳极相连，一次绕组一端与 V_5 的集电极相连，另外一端与电源正极相连。在插装之前必须在印制电路板上确定好上述事项，安装时不能对其引线拉拽，避免损伤内部绕组线圈。输出变压器以及中周、双联电容引线查找方法同输入变压器。

11.4.6 焊接

1. 焊接原则

焊接时按照先小后大、先轻后重、先里后外、先低后高、先普通后特殊的次序进行焊接，即先分立元件，后集成元件，不耐热元器件，最后焊接对外连线。

HX108 – 2 型收音机中元器件焊接顺序大致如下：电阻；瓷片电容；中周，输入、输出变压器；二极管、晶体管；电解电容、双联；电位器，天线线圈；电池夹引线，喇叭引线。

2. 焊接步骤

HX108 – 2 型收音机印制电路板图如图 11-12 所示。

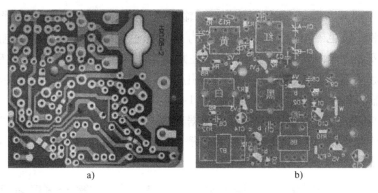

图 11-12　HX108 - 2 型收音机印制电路板图

a）铜箔面　b）元件面

（1）安装电阻。按照印制电路板图上的标记安装电阻 $R_1 \sim R_{13}$，将元器件引线从印制电路板下面对应的焊盘孔插入，不能插错位置，插装时要保持电阻安装高度一致，色环方向一致（色环方向应该方便检查读数）。电阻插装完毕，借助绝缘小板，将绝缘小板覆盖在元器件面上，然后将其和印制电路板一起翻转，这样可以避免插装好的元器件掉落，同时也省去了弯角的工序，节省了时间。翻转后将电阻引线焊接牢固，焊接时间要稍微长于双面印制电路板的焊接时间，避免焊接不牢，焊接后用斜口钳将多余引线剪断。电阻焊接步骤如图11-13 所示。

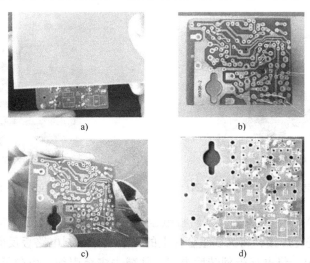

图 11-13　电阻焊接步骤

a）在插装好电阻的印制电路板上覆盖绝缘小板

b）翻转绝缘小板进行焊接　c）剪掉多余的引线　d）电阻焊接完毕

（2）安装瓷片电容的方法与安装电阻相同，按照印制电路板图所示将瓷片电容进行插装、焊接、剪断多余引线，瓷片电容焊接完毕如图 11-14 所示。

（3）安装二极管、晶体管。根据印制电路板图上二极管、晶体管的引线位置安装。二极管插装时要注意极性问题，安装高度应该和电阻一致。晶体管安装时注意三个极性不能弄错，插装时不能对三个引线用力，焊接的时间要尽可能短，避免损坏晶体管。二极管、晶体管焊接完毕如图 11-15 所示。

（4）安装中周 $B_3 \sim B_5$，输入变压器 B_6，输出变压器 B_7。安装中周变压器时一定要按磁帽颜色区分安装，黄色磁帽为 B_3，白色磁帽为 B_4，黑色磁帽为 B_5，在印制电路板图上找到其符号并确定安装方向。安装中周时一定要注意将中周引线外壳与铜箔焊接牢固，如果 B_3 不牢固可能引起调谐盘卡盘，B_4 不牢固可能引起啸叫，B_5 不牢固可能在拆装机芯板时容易损坏。中周及输入输出变压器焊接完毕如图 11-16 所示。

（5）安装电解电容、双联电容 C_1A 根据印制电路板图标记将电解电容、双联电容 CBM-223P 安装在印制电路板正面，安装电解电容时要注意极性不能装错。电解电容、双联电容焊接完毕如图 11-17 所示。

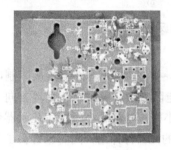 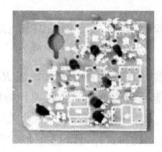 

图 11-14　瓷片电容焊接完毕　　　图 11-15　二极管、晶体管　　　图 11-16　中周及变压
焊接完毕　　　　　　　　　器焊接完毕

图 11-17　双联电容、电解电容焊接完毕　　　　图 11-18　电位器及天线焊接安装完毕

（6）安装电位器 RP，并安装天线。将电位器 RP 的 5 个引线按照印制电路板上的位置插入到对应插孔中进行焊接，将天线组合件上的支架放在印制电路板反面双联上，然后用 2 只 M2.5×5 螺钉固定，将电路板翻转后焊牢，并减去多余引线。电位器及天线安装完毕如图 11-18 所示。

（7）最后将天线线圈 1 端引出并焊接于双联 CA-1 端，2 端引出焊接于双联中点，3 端引出焊接于 V_1 基极，4 端引出焊接于 R_1、C_2 公共点。

每次焊接完一类元器件后均要检查一遍焊接质量，看是否有错焊、漏焊等问题，发现问题要及时纠正，这样可以保证焊接收音机的一次成功而进入下一道工序。

11.4.7　检查

1. 目视检查

首先检查元器件是否有过高现象，元器件过高将盖不上后盖，因此需要对过高元器件进行修正。其次检查是否有漏焊现象，如果有漏焊现象应及时将该元器件进行补焊，然后用放大镜检查各焊点是否有虚焊、拉尖、桥连等焊接缺陷存在，焊盘是否有脱落，铜箔是否有翘起等现象。检查焊点是否光滑、圆润，是否满足合格焊点要求，最后检查印制电路板上是否有残留钎剂。

2. 触摸检查

在目视检查之后对目视检查出的各种虚焊、假焊等焊接缺陷处进行手触摸检查，用手触摸缺陷处看其是否松动，用镊子轻拨焊接部位或用镊子夹住该处的元器件引线轻轻拉动，观察是否松动，将缺陷处进行修正。

3. 电路元器件检查

电路元器件检查中分为两种方法，一种是对应电路原理图检查元器件，这种检查需要对应电路原理图逐一排查，确定所有元器件没有漏焊现象，有极性的元器件极性没有焊错现象；另一种是对应电路板上的实际元器件连接，把该元器件每个引线的走向依次查清，然后对照电路原理图检查是否所有的连接都存在，如果不存在则需要检查错误出现的原因，这种方法不仅能检查出错线和少线，还能检查出多线。

4. 用万用表进行检查

检查怕热易损元器件在焊接过程中是否有损坏现象。

5. 前框准备

（1）将 YD57 喇叭（即扬声器）安装在前框，如图 11-19 所示安装时要注意扬声器的接线柱方向，使其一侧紧靠电路板一边，用一字小螺钉旋紧固定脚左侧，利用突出的喇叭定位圆弧的内侧为支点，将其导入带钩压脚固定。

（2）将负极簧、正极片安装在塑壳卡槽上，如图 11-20 所示。焊好连接点及黑色、红色引线，安装时注意极性。焊接时要注意不能烫损导线绝缘覆皮。周率板（也称为频标纸）安装时将其反面双面胶保护纸去掉，然后贴于前框，要安装到位，并撕去周率板正面保护膜。注意安装时频标纸指示线与拨盘上的指示线相对应，粘贴要平整牢固。

（3）调谐盘安装在双联轴上，如图 11-21 所示。用 M2.5×4 螺钉固定，注意调谐盘指示方向，并且调谐盘要保持水平。

图 11-19　安装喇叭　　　图 11-20　安装正极片和　　　图 11-21　安装调谐盘

负极簧的连接片

（4）按图纸要求分别将两根白色（或黄色）导线焊接在喇叭上，将正极（红）负极（黑）电源线分别焊接在印制电路板的指定位置，焊接时要注意导线走向，不能使导线缠绕，焊接要牢固，注意不能烫损导线绝缘覆皮，如图 11-22 所示。

（5）安装电路板。安装电路板时要注意将其插入卡槽，并保持水平，用螺钉固定，如图11-23所示。全部装配完毕检查元器件导线位置是否正确整齐，并清洁机壳，用电池试音，电台频率试音，电台频率应与刻度盘一致。然后安装拎带，最后盖上机壳后盖。

图11-22 安装导线

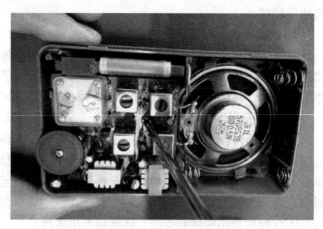

图11-23 安装电路板

11.5 收音机的调试方法

11.5.1 晶体管静态工作点的测量

收音机质量好坏与晶体管质量有密切关系，因此在频率调整之前首先要进行晶体管静态工作点的测量调整，收音机各级晶体管的静态工作电流见表11-2。

表11-2 收音机各级晶体管的静态工作电流

晶体管	V_1	V_2	V_3	V_4	V_5	V_6、V_7
集电极电流 I_C/mA	0.18~0.22	0.4~0.8	1~2	—	2~5	4~10

静态工作点测量时要求收音机无外接信号输入，可采用导线将收音机天线线圈次级短路的方法或者是将可变电容器调谐至无电台的位置获得。

测量时首先用 MF47 型万用表 $R \times 10\Omega$ 档测整机电阻，万用表红表笔接电池正极板，黑表笔接电池负极板。如果测得电阻值为 360Ω 左右，则说明收音机正常，如测得电阻值为 0Ω 则说明机心电源有短路处，需要对印制电路板上电源正极走线和负极走线进行排查。如果电阻值基本正常，则断开电源开关，装入两节五号电池进行静态工作点电流测量，所测电流满足表11-2的电流范围则各个晶体管满足要求。

11.5.2 频率调整方法

1. 调整中频频率

HX108－2 型收音机所提供的中频变压器（中周）出厂时都已经将中周频率调整在

465kHz，但是由于新安装的收音机中与其并联的电容器存在容量误差，不能与理论值完全符合，而且印制电路板线路之间也存在分布电容，所以会造成各中频变压器不同时谐振在一个频率上，因此对于新装配的收音机需要进行中频频率调整，此时调整范围不能太大，一般调整在半圈左右，因此调试工作较简单。打开收音机，随便在高端找一个能接收到的电台，从最后一个中周 B_5 开始调整，然后 B_4、B_3，用无感螺钉旋具（可用塑料、竹条或者不锈钢制成）向前顺序调节，直到声音响亮为止。由于自动增益控制作用，当声音很响时，往往不易调精确，这时可以改为接收较弱的外地电台信号或者转动磁性天线方向以减小输入信号，再调到声音最响为止。按上述方法从后向前的次序反复细调 2~3 遍到最佳即完成中频频率的调整工作，此方法简单适合业余调试。

注意：中周在出厂时已经用仪器调整好，一般不用调整，即使需要调整也应细心略作调整，千万不能随意调整旋动，避免调乱造成整机无法收音。

2. 调整频率范围（对刻度）

（1）调低端。在（550~700）kHz 范围内选一个电台，例如中央人民广播电台频率为640kHz，参考调谐指针指在 640kHz 的位置，慢慢调整红色磁帽振荡线圈 B_2 的磁心，当收到这个电台后调到声音较大为止。这样，当双联全部旋进容量最大时的接收频率约在（525~530）kHz 附近，低端刻度就对准了。

（2）调高端。在（1400~1600）kHz 范围内选一个已知频率的广播电台，例如1500kHz，再将调谐盘指针指在周率板刻度 1500kHz 这个位置，调节振荡回路中双联顶部左上角的微调电容，使这个电台在这个位置出现声音最高。这样当双联全部旋出容量最小时接收频率必定在（1620~1640）kHz 附近，从而使高端位置对准。以上（1）、（2）两步骤需反复二、三次，频率刻度才能调准。

（3）统调，又称为灵敏度调整，也叫跟踪。其目的是使双联可变电容不论旋转到何一角度，天线线圈的谐振频率和本机振荡回路的频率差都等于 465kHz，此时称两个谐振回路同步。这样就可在下一级中频放大器中得到最大放大量，从而得到最高灵敏度。低端统调时利用最低端收到的电台，调整天线线圈在磁棒上的位置（即改变天线线圈的电感量），使声音最响，达到低端统调。高端统调时利用最高端收听到的电台，调节天线输入和回路中双联底部右下角的微调电容，使声音最响，达到高端统调。高、低端统调之间相互影响，因此需要将上述步骤重复调整数次，直到高低端都达到最佳效果为止。

注意：在统调时，应随时调节电位器 RP 使音量合适，从而在调整时能明显分辨出收音机的音量变化情况。

11.5.3 后盖装配

在收音机完成统调之后，装入两节 5 号电池进行试听，收听到高、中、低端都有电台即可将后盖盖好，完成收音机的装配调整。

11.6 组装调整中易出现的问题

1. 变频部分

判断变频级是否起振，用 MF47 型万用表直流 2.5V 档红表笔接 V_1 发射极，黑表笔接地，然后用手触摸双联振荡开关（即连接 B_2 端），此时如果万用表指针向左摆动，则说明电路工作正常，否则说明电路有故障。变频级工作电流不宜太大，否则噪声大，红色振荡线圈外壳两脚均匀折弯并焊牢，以防调谐盘卡盘。

2. 中频部分

如果三个中频变压器位置搞错，会导致灵敏度和选择性降低，有时会产生自激。

3. 低频部分

如果输入、输出变压器位置搞错，虽然各级工作电流正常，但音量会很低，如果晶体管 V_6、V_7 集电极（c）和发射极（e）接错，则收音机工作电流调不上，那样收音机的音量会极低。

11.7 检测修理方法

11.7.1 常用检查方法

1. 直观检查法

通过视觉、嗅觉、听觉、触觉来检查发现故障。

目视检查接线、焊点、元器件是否有误，确定无误后装上电池，给收音机通电后听有无异声，如无异声闻有无焦糊味道，并用手触摸晶体管看其是否烫手，看电解电容是否有涨裂现象。

2. 电阻法

用 MF47 型万用表检测电路中电阻元器件的阻值是否正确，检查电容是否断线、击穿或者漏电，检查晶体二极管、晶体管是否正常。

3. 电压法

用 MF47 型万用表直流电压档检测电源，晶体管的静态工作电压是否正确，如不正确找出原因，同时也可以检测交流电压值。

4. 波形法

用示波器检查电路波形，此时需要在有外部信号输入的情况下进行，用示波器检查各个晶体管输出波形。

5. 电流法

用 MF47 型万用表直流电流档检测晶体管的集电极静态电流，看其是否符合标准。

6. 元器件替代法

经过上述检查之后如果怀疑某元器件出现问题，可用同一规格、完好的元器件替代该元器件。如果替代后电路工作正常，则说明原来替换掉的元器件已经损坏。对于成本较高的元器件不宜采用此方法，因为如果不是元器件损坏，会造成不必要的浪费，对于成本较高元器件必须在确定元器件损坏后才能进行替换。

7. 逐级排查分隔法

逐级排查分隔法可采取从前级向后级排查的方法，也可采取从后级向前级排查的方法。在各级之间设置测试断点，这样在测试时可将检测范围缩小，逐级排查，这样更容易检查出故障点所在位置。

11.7.2　修理方法

1. 整机静态总电流测量

整机静态总电流≤25mA，无信号时，如果测量值大于 25mA，则说明该机出现短路或局部短路故障，如果无电流则说明电源没接上。

2. 工作电压测量（总电压 3V）

正常情况下，VD_1、VD_2 两二极管电压在 $1.3V \pm 0.1V$。如果此电压大于 1.4V 或小于 1.2V，该收音机均不能正常工作。该电压大于 1.4V 时可能是二极管 VD_1 或 VD_2 极性接反或损坏，此时首先应检查二极管极性问题。如果极性接反，则需拆焊重新插装焊接。如果极性正确，那么必定有二极管损坏，查出损坏二极管进行拆焊更换。如果该电压小于 1.3V 或无电压时应检查三个问题：首先检查电源 3V 是否接上；电源 3V 已经接上则检查电阻 R_{12} 是否接对或接好；如果前述两种情况都正常那么检查中周（特别是白色中周和黄色中周）初级与外壳，看其是否短路。

3. 变频级无工作电流

出现此种情况时首先需要检查天线线圈次级，看其是否接好；如果天线线圈接好那么检查晶体管 V_1 是否已经损坏或未按要求接好；如果前述两种情况都正常那么检查振荡线圈 B_2（红）次级看其是否接通，电阻 R_3（100Ω）是否虚焊、错焊或接了大阻值电阻；最后检查电阻 R_1（100kΩ）和 R_2（2kΩ）是否接错或虚焊。

4. 一中放无工作电流

出现该问题时首先检查晶体管 V_2 是否损坏，引线是否插错（e，b，c 脚）；其次检查电阻 R_4（20kΩ）是否接错或未接好；然后检查黄中周次级，看其是否开路；然后再检查电解电容 C_4，看其是否短路；最后检查电阻 R_5，看其是否开路或虚焊。

5. 一中放工作电流大

例如达到 $1.5 \sim 2mA$（标准是 $0.4 \sim 0.8mA$），出现该问题首先检查电阻 R_8（1kΩ）是否接好或连接 1k 电阻的铜箔里是否有断裂现象；然后检查电容 C_5（223）是否短路或电阻 R_5（150Ω）是否错接成 51Ω；接着检查电位器 RP，看其是否损坏，是否能测量出阻值，然后检查电阻 R_9（680Ω）是否接好；最后检查作为检波管的晶体管 V_4（9018）是否有损坏或引线插错情况。

6. 二中放无工作电流

出现该问题首先检查中周 B_5（黑），看其初级是否开路；然后检查黄中周 B_3，看其次级是否开路；接着检查晶体管 V_3，看其是否有损坏或引线接错情况；然后再检查电阻 R_7（51Ω），看其是否接上；最后检查电阻 R_6（62kΩ），看其是否接上。

7. 二中放电流大于 2mA

出现该问题应检查电阻 R_6（62kΩ），看其是否接错，看其阻值是否远小于 62k。

8. 低放级无工作电流

出现该问题首先检查输入变压器 B_6（黄、绿），看其初级是否开路；然后检查晶体管 V_5，看其是否损坏或接错引线；最后检查电阻 R_{10}（51kΩ），看其是否焊好或错焊。

9. 低放级电流大于 6mA

出现此问题应检查电阻 R_{10}（51kΩ），看其是否焊错，看其阻值是否太小。

10. 功放级无电流（晶体管 V_6、V_7）

出现此问题应首先检查输入变压器 B_6，看其次级是否接通；然后检查输出变压器 B_7，看其是否接通；接着检查晶体管 V_6、V_7，看其是否损坏或接错引线；最后检查电阻 R_{11}（1kΩ），看其是否接错。

11. 功放级电流大于 20mA

出现该问题应首先检查二极管 VD_4 是否损坏或极性接反，引线是否焊好；然后检查电阻 R_{11}（1kΩ）是否装错或者用了小电阻（远小于 1k 的电阻）。

12. 整机无声

出现该问题首先需要检查电源是否加上，音量电位器是否加上；然后检查二极管 VD_1、VD_2 两端电压是否是 1.3V ± 0.1V；然后检查静态电流是否 ≤25mA；然后检查各级工作电流是否正常，变频级 0.2mA ± 0.02mA；一中放 0.6mA ± 0.2mA；二中放 1.5mA ± 0.5mA；低放 3mA ± 1mA；功放 4mA ± 10mA；（注：15mA 左右属正常）；然后用 MF47 型万用表欧姆档检查喇叭，应有 8Ω 左右的电阻，表笔接触喇叭引出接头应有"喀喀"声，若无阻值或无"喀喀"声，说明喇叭已损坏（测量时应将喇叭焊下，不可连机测量）；最后检查黄中周 B_3 外壳是否焊接或焊好。

整机无声用 MF47 型万用表检查故障方法：用万用表 R × 1 档，黑表笔接地，红表笔从后级向前找寻，对照原理图，从喇叭开始沿着信号传播的方向逐级向前碰触，喇叭应发出"喀喀"声。当碰触到某级喇叭无声时，故障就发生在该级，可用测量工作点是否正常，并检查各元器件有无接错、焊错、桥连、虚焊等进行故障排除。若在整机上无法查出元器件好坏，则可拆下检查，直到找出原因为止。

参 考 文 献

[1] 朱向阳，罗伟. 电子整机装配工艺实训 [M]. 北京：电子工业出版社，2007.

[2] 秦曾煌，姜三勇. 电工学：下册 [M]. 7 版. 北京：高等教育出版社，2009.

[3] 辽宁工业大学电工教研室. 电工电子技术实验教程 [M]. 沈阳：东北大学出版社，2009.

[4] 田中和吉. 电子产品焊接技术 [M]. 梦令国，黄琴香，译. 北京：电子工业出版社，1984.

[5] 小田龙夫. 电子产品组装技术 [M]. 2 版. 孟令国，李德，译. 北京：国防工业出版社，1990.

[6] 毕满清. 电子工艺实习教程 [M]. 北京：国防工业出版社，2009.

[7] 殷小贡，黄松，蔡苗. 现代电子工艺实习教程 [M]. 武汉：华中科技大学出版社，2009.

[8] 张学亮，张玉明，邓延安，等. 电子产品生产过程实训教程 [M]. 北京. 高等教育出版社，2009.

[9] 美国焊接学会钎焊委员会. 钎焊手册 [M]. 3 版. 曹雄夫，译. 北京：国防工业出版社，1982.

[10] 张联盟，黄学辉，宋晓岚，等. 材料科学基础 [M]. 2 版. 湖北：武汉理工大学出版社，2008.

[11] 薛松柏，何鹏. 微电子焊接技术 [M]. 北京：机械工业出版社. 2012.

[12] 焦辐厚. 电子工艺实习教程 [M]. 哈尔滨：哈尔滨工业大学出版社. 1992.

[13] 杰里米，瑞安. 电子装配工艺 [M]. 厉长城，罗家清，译. 北京：新时代出版社. 1985.

[14] 陈俊安. 电子元器件及手工焊接 [M]. 北京：中国水利水电出版社，2006.

[15] 吴九辅. 电子装置的锡焊接技术 [M]. 西安：陕西科学技术出版社，1986.

[16] Christopher T Roberston. PCB 设计基础 [M]. 刘勇，潘艳，袁辉，译. 北京：机械工业出版社，2007.

[17] 张义和. Protel PCB 99 电路板设计教程 [M]. 青岛：青岛出版社，2000.

[18] 薛楠. Protel DXP2004 原理图与 PCB 设计使用教程 [M]. 北京：机械工业出版社，2012.

[19] 张启运. 钎焊手册 [M]. 2 版. 北京：机械工业出版社，2008.

[20] 宣大荣. 无铅焊接、微焊接技术分析与工艺设计 [M]. 北京：电子工业出版社，2008.

[21] Dongkai Shangguan. 无铅焊料互联及可靠性 [M]. 刘建影，孙鹏，译. 北京：电子工业出版社，2008.

[22] 薛松柏，顾文华. 钎焊技术问答 [M]. 北京：机械工业出版社，2007.

[23] 全明. 电子装配与调试工艺 [M]. 南京：东南大学出版社，2005.

[24] 杨海祥. 电子整机产品制造技术 [M]. 北京：机械工业出版社，2005.

[25] 王文利，闫焉服. 电子组装工艺可靠性 [M]. 北京：电子工业出版社，2011.

[26] 曹白杨. 电子组装工艺与设备 [M]. 北京：电子工业出版社，2008.

[27] 王奎英. 电子整机装配工艺与调试 [M]. 北京：电子工业出版社，2012.

[28] 黄德超. 电烙铁的百问百答（一）[J]. 电子世界. 2002 (7)：66.

[29] 黄德超. 电烙铁的百问百答（二）[J]. 电子世界. 2002 (8)：65.

[30] 黄德超. 电烙铁的百问百答（三）[J]. 电子世界. 2002 (9)：65.

[31] 黄德超. 电烙铁的百问百答（四）[J]. 电子世界. 2002 (10)：59.

[32] 黄德超. 电烙铁的百问百答（五）[J]. 电子世界. 2002 (11)：60.

[33] 黄德超. 电烙铁的百问百答（六）[J]. 电子世界. 2002 (12)：53 ~ 54.

[34] 王春霞，赵凤贤. 实验教学中模拟示波器的使用及常见问题分析 [J]. 辽宁工业大学学报：社会科学版，2009，11：138 ~ 140.

［35］http：//eol. bit. edu. cn/res2006/data/080307/U/10/index. htm.

［36］http：//eol. bit. edu. cn/res2006/data/080307/U/10/dzzzhjjs/dzzzhjjs_ zpjs_ 03. htm.

［37］上海爱仪电子设备有限公司 AS2173 系列交流毫伏表使用说明书.

［38］江苏绿杨电子仪器有限公司 YB4328/YB4328D 二踪示波器使用说明书.

［39］UT50 系列 MULTIMETER 数字万用表操作说明书. 深圳市优利德电子有限公司.